甘肃岗岔-克莫金矿床
成矿规律与找矿预测

Metallogenic Regularity and Prospecting Prediction
of the Gangcha-Kemo Gold Deposit in Gansu Province

申俊峰　杨永强　李金春　彭自栋
刘海明　徐立为　聂　潇　王书豪　著
杜佰松　牛　刚　江志成　鲍　霖
李　杰

扫一扫查看全书彩图

北　京
冶 金 工 业 出 版 社
2022

内 容 提 要

本书共分 12 章，内容包括绪论、区域地质、矿区地质、矿床地质、岗岔-克莫金矿区岩浆活动与成矿、矿床地球化学、岗岔-克莫金矿床成因矿物学研究、"珠滴构造"与成矿、岗岔-克莫金矿床近红外光谱勘查与找矿、岗岔-克莫一带地球化学和地球物理勘查、成岩成矿年代学研究、成矿模式与找矿预测。

本书可供地质行业工程技术人员和管理人员阅读，也可供高等院校相关专业的师生参考。

图书在版编目（CIP）数据

甘肃岗岔-克莫金矿床成矿规律与找矿预测／申俊峰等著. —北京：冶金工业出版社，2022.10
ISBN 978-7-5024-9263-2

Ⅰ.①甘… Ⅱ.①申… Ⅲ.①金矿床—成矿规律—研究—甘肃②金矿床—成矿预测—研究—甘肃 Ⅳ.①P618.51

中国版本图书馆 CIP 数据核字（2022）第 163071 号

甘肃岗岔-克莫金矿床成矿规律与找矿预测

出版发行	冶金工业出版社	电 话	（010）64027926
地　址	北京市东城区嵩祝院北巷 39 号	邮　编	100009
网　址	www.mip1953.com	电子信箱	service@mip1953.com

责任编辑　王　颖　美术编辑　彭子赫　版式设计　郑小利
责任校对　梁江凤　责任印制　李玉山　窦　唯
北京建宏印刷有限公司印刷
2022 年 10 月第 1 版，2022 年 10 月第 1 次印刷
710mm×1000mm　1/16；15.75 印张；302 千字；237 页
定价 99.90 元

投稿电话　（010）64027932　投稿信箱　tougao@cnmip.com.cn
营销中心电话　（010）64044283
冶金工业出版社天猫旗舰店　yjgycbs.tmall.com
（本书如有印装质量问题，本社营销中心负责退换）

序

　　大约在 10 年前，中国地质大学（北京）成因矿物学研究团队申俊峰教授等开始了与甘肃合力矿业和鼎丰矿业两个矿业公司在甘肃省合作市岗岔-克莫一带以黄金找矿为目的的科研合作。这里海拔高、地形复杂、野外工作条件十分艰苦，深部找矿预测难度大。毫无疑问，这项工作充满了挑战性，但又是检验成因矿物学在找矿方面应用效果的极佳机会。

　　此后几年，申俊峰教授等人在岗岔-克莫地区开展了详细的成矿地质背景和矿区地质特征研究，查明了矿区广泛发育的火山岩地层与邻区德乌鲁岩体及金矿化在时代和成因方面的紧密联系，确立了围绕火山机构找矿的总体思路。在此基础上，他们下大力气深入开展成因矿物学与找矿矿物学的精细研究，对该区发现的超浅成闪长质岩浆岩成岩作用和矿化流体叠加活动的矿物学与岩石学记录做了细致观察描述，从反映岩浆多阶段上涌、矿物多阶段结晶和透岩浆流体活动的多斑结构与"珠滴构造"等岩石组构特征，反映岩浆成岩和流体活动矿物演化序列与矿物共生组合，反映成矿特殊性的"珠滴"内 6 种金属硫化物组合，反映流体性质和流体演化条件的矿物标型特征如石英中的流体包裹体与黄铁矿热电性等多个方面，揭示了该闪长质岩浆岩形成过程中矿化流体叠加及其对成矿类型、成矿深度、成矿强度和剥蚀程度等关键性找矿要素的指示意义。他们还利用现代近红外光谱分析技术完成了大比例尺热液矿物学填图，划定了成矿流体蚀变分带；并根据包裹方解石的囊状体和角砾岩等相对微观标志，提出深部有过剧烈的气水热液隐爆作用；根据矿区围岩的性质特征及其与流体可能存在的交代作用，提出深部也可能存在一定程度的矽卡岩化。他们综合多种标志，提出岗岔-克莫地区的金矿床属于斑岩成矿系统，预测深部可能存在隐爆角砾岩型、矽卡岩型和斑岩型矿床的重要认识。

近几年来，申俊峰教授和他的学生们陆续发表或提交了有关该区找矿预测研究的各类论文，两个矿业公司也加大了对预测成果的验证勘查投入，探明金矿储量已达中型规模，地质科研与矿业生产密切结合，终于结出了令人兴奋的黄金硕果。我们在这里读到的《甘肃岗岔-克莫金矿床成矿规律与找矿预测》专著，就是这些成果的集中体现。本书分享了申俊峰教授等人运用成因矿物学理论找矿的可贵经验，相信一定会对黄金矿业的发展产生显著的积极效果。

中国矿物岩石地球化学学会成因矿物
与找矿矿物专业委员会主任
中国地质大学（北京）教授

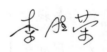

2022 年 3 月

前　　言

甘南地区岗岔-克莫金矿床是近年来新发现的中型矿床。2007年，首先由甘肃省合作市合力矿业有限责任公司和甘肃鼎丰矿业有限责任公司分别在该区原有民采点基础上申请设置了法定矿业权。这两个矿业权沿近东西向岗岔河北岸设界为邻，而且矿界内分别涵盖岗岔和克莫两个自然村庄。经过多年的勘查生产和科研实践，认为这两个近南北位居的强矿化区实属同一矿带或同一成矿系统，故本书称为岗岔-克莫金矿区。其中，北部矿化区被称为岗岔矿段，南部矿化区被称为克莫矿段。

2011年开始，中国地质大学（北京）成因矿物学科研小组陆续与上述两个矿业公司开展科研合作，共同实施以找矿增储为主要目标的成矿规律和控矿因素等研究工作，陆续执行了矿体地质特征、围岩岩相学、矿田构造、矿床地球化学、成因矿物学、岩浆活动与成矿、成岩成矿年代学、近红外光谱勘查、地球化学与地球物理勘查和成矿预测等专题研究。

经过多年的工作积累和不断总结，我们认为该区存在较大找矿潜力，特别提出了"以下家门沟口为重点区可能存在斑岩型成矿系统"的新认识，即目前在下家门村一带探明的中型储量矿床抑或仅仅是该斑岩型成矿系统的低温浅成热液矿床，深部还可能存在隐爆角砾岩型、矽卡岩型和斑岩型矿床。为此，开展了"岗岔-克莫斑岩型 Cu-Au 成矿系统研究和深部找矿潜力评价"攻关研究，野外调查过程中不断获得矿床地质新发现，大大深化对该区成矿规律的认识，特别是如下几方面认识对于下一步找矿勘查具有重要指导意义：

（1）矿区内主要赋矿围岩是一套长期被认为属于侏罗纪的安山质-英安质火山岩地层，经锆石 U-Pb 同位素精细测年（243~245Ma）和详细的地层年代学研究，厘定其为早中三叠系地层，是与矿区西北侧邻近的德乌鲁岩体属于同时代岩浆活动产物。

（2）详细的野外调查、大比例尺地质填图和火成岩岩相学研究，厘定出工作区至少存在三个爆发式古火山口（分别为岗岔矿区 4 号金矿脉、下家门沟口和岗岔村东），至少存在两个"火山集块岩—火山角砾岩—凝灰岩"序列的喷发旋回。下家门村、下家门沟口和岗岔村三点围限成的"金三角"地段（位于德乌鲁岩体的东南侧）存在古火山盆地。

（3）在"金三角"地段甄别出一套超浅成闪长质侵入岩或侵出相岩石，锆石 U-Pb 同位素精细测年结果（239~246Ma）证实其与上述赋矿火山岩属于同期岩浆活动产物。特别是其具有显著不均一多斑结构（暗示多斑晶粥的极不均匀冷却条件），其中含有大量椭圆形、近球形和不规则形状，直径在 2mm~10cm 的不均一"珠滴构造"（珠滴内含有黄铁矿、毒砂、白铁矿、方铅矿、闪锌矿、黄铜矿等多种金属硫化物，矿物组合与岗岔金矿区矿石矿物组合非常一致），初步认为"金三角"地段存在岩浆通道转化为成矿流体上升的通道。

（4）岗岔金矿石黄铁矿 Rb-Sr 同位素测年结果表明：成矿事件发生在 225~229Ma，是滞后于上述岩浆活动事件后至少 10Ma 的地质事件。

（5）基于矿石石英流体包裹体研究结果认为，成矿流体属于有岩浆热液参与的低盐低密度含矿热液，具有多期次叠加成矿作用。矿石黄铁矿热电性特征和流体包裹体结果一致表明：矿区剥蚀较浅，勘查工程揭露的矿体仍属于矿床中上部，深部找矿潜力较大。

（6）认为自岗岔金矿区北侧的下看木仓金矿区，以及向南延伸的岗岔金矿区和克莫金矿区存在一致的控矿断裂系统，该断裂系统仍有向南部嘎日村一带延伸趋势。

（7）地表土壤化探、岩石化探、钻孔岩心原生晕分析结果揭示，下看木仓金矿-岗岔金矿-克莫金矿区以及南延嘎日村一带具有相同的地球化学块体效应，即 Au-Ag-As-Sb-Pb-Zn 具有套合很好的正相关关系，特别是地表下 500m 左右仍存在高强 Au-Ag-As-Sb-Pb-Zn-Cu 组合异常，局部地段显示向深部出现强烈 Cu 异常，暗示深部 Au-Cu 找矿潜力巨大。

（8）"金三角"地段出现多个隐爆和震碎现象，并伴有较大（个别超过 10cm）的碳酸盐囊包，说明深部有过剧烈的气水热液活动，推测深部存在矽卡岩化成矿作用；强烈的蚀变分带系统（下家门沟口存在强烈绢英岩化带，其西南侧依次出现绢英岩化与青盘岩化叠加带和典型青盘岩化带，绢英岩化带强烈发育黄铁矿化、毒砂化、褐化和泥化等），暗示该地段属于斑岩成矿系统的中心区域。因此，"金三角区"是今后优先勘查靶区。

上述成果已经陆续分别以中国地质大学（北京）多部博士、硕士学位论文和多篇国内、国外公开期刊出版物发表。本书是多部博士、硕士论文和多篇公开刊物发表论文的汇集和进一步梳理之后的系统总结，目的是为后续找矿勘查工作部署提供依据，也为围绕德乌鲁岩体的金矿田成矿规律研究提供拙见。

本书编写时参考了《甘肃省合作市岗岔一带金矿普查》和《甘肃省合作市地瑞岗一带金矿普查报告》，具体编写分工如下：前言由申俊峰、李金春、杨永强编写；第1章由杨永强、申俊峰、李金春、江志成、牛刚编写；第2章由杨永强、李金春、杜佰松、牛刚编写；第3章由李金春、申俊峰、牛刚编写；第4章由李金春、杨永强、申俊峰编写；第5章由申俊峰、刘海明、聂潇、杜柏松编写；第6章由杜佰松、刘海明、鲍霖、李杰、申俊峰编写；第7章由刘海明、彭自栋、申俊峰、李杰编写；第8章由刘海明、聂潇、彭自栋、申俊峰编写；第9章由彭自栋、王书豪、杜佰松、申俊峰编写；第10章由徐立为、李金春、彭自栋、杜佰松编写；第11章由彭自栋、江志成、李杰、刘海明、申俊峰编写；第12章由王书豪、申俊峰、李金春、杨永强、江志成编写。最后，由申俊峰统稿。

野外工作和部分室内研究工作得到了甘肃省合作市合力矿业有限责任公司和甘肃鼎丰矿业有限责任公司的大力支持。特别是甘肃省合作市合力矿业有限责任公司历任董事长曹卫东、胡斌、仲学文和总经理魏竹君以及甘肃鼎丰矿业有限责任公司董事长秦玉良等给予野外工作的鼎力支持。参加野外工作的还有薄海军、王佳新、李可、王冬丽、刘圣强、刘畅等。窦润吾高级工程师、刘柏崇高级工程师、孙际茂高级工程师、陈建生高级工程师等参加了研讨工作，并提出宝贵意见和建议。严铁雄高级工程师、任丰寿高级工程师、李伟博士给予勘探工作指导，并提出宝贵意见和建议。

　　在研究过程中，得到了中国地质大学（北京）李胜荣教授、罗照华教授、刘家军教授指导，在此一并表示谢意。

　　由于编者水平所限，书中难免存在不妥和疏漏之处，敬请广大读者批评指正。

作　者

2022 年 3 月

目　　录

1　绪论 ………………………………………………… 1

　1.1　西秦岭地质演化背景与成矿条件 …………………… 1

　1.2　西秦岭金成矿潜力 …………………………………… 2

　1.3　西秦岭金矿的主要类型和特征 ……………………… 3

　1.4　甘南一带金成矿特点 ………………………………… 4

2　区域地质 …………………………………………… 6

　2.1　研究区大地构造位置 ………………………………… 6

　2.2　区域构造背景及演化 ………………………………… 6

　2.3　区域地层 ……………………………………………… 7

　2.4　区域构造 ……………………………………………… 8

　2.5　区域岩浆岩 …………………………………………… 9

　2.6　区域地球物理 ………………………………………… 10

　2.7　区域地球化学 ………………………………………… 10

　2.8　区域遥感地质特征 …………………………………… 11

　2.9　区域金矿特征 ………………………………………… 12

3　矿区地质 …………………………………………… 14

　3.1　矿区地层 ……………………………………………… 15

　　3.1.1　二叠系大观山组（P_{1dg}） ……………………… 15

　　3.1.2　三叠系隆务河组（T_{1l}） ……………………… 15

　　3.1.3　新近系甘肃群（Ng） …………………………… 15

　　3.1.4　第四系 ………………………………………… 15

　3.2　矿区构造 ……………………………………………… 15

　　3.2.1　褶皱构造 ……………………………………… 16

　　3.2.2　断裂构造 ……………………………………… 16

　　3.2.3　火山机构裂隙系统 …………………………… 19

　3.3　矿区岩浆岩 …………………………………………… 21

3.3.1　火山岩 ………………………………………………… 21

3.3.2　侵入岩 ………………………………………………… 25

4　矿床地质 …………………………………………………… 27

4.1　矿体地质 …………………………………………………… 27

4.2　矿石特征 …………………………………………………… 29

4.2.1　矿石类型 ……………………………………………… 29

4.2.2　矿石结构和构造 ……………………………………… 29

4.2.3　矿石矿物组成 ………………………………………… 32

4.3　金的赋存状态 ……………………………………………… 43

4.4　围岩蚀变 …………………………………………………… 45

4.5　成矿期次与成矿阶段 ……………………………………… 48

5　岗岔-克莫金矿区岩浆活动与成矿 ………………………… 51

5.1　火山岩地质特征 …………………………………………… 52

5.2　侵入岩地质特征 …………………………………………… 61

5.3　成岩时代 …………………………………………………… 63

5.4　岩浆温度估算 ……………………………………………… 64

5.5　火成岩成因探讨 …………………………………………… 65

5.6　岩浆活动与成矿作用 ……………………………………… 66

6　矿床地球化学 ……………………………………………… 68

6.1　成矿元素在岗岔-克莫金矿区的空间分布特征 …………… 68

6.2　矿床原生晕特征 …………………………………………… 68

6.2.1　矿床原生晕研究方法 ………………………………… 68

6.2.2　岗岔金矿段 Au-3 金矿脉原生晕特点 ……………… 70

6.3　成矿流体特征 ……………………………………………… 71

6.3.1　流体包裹体岩相学特征 ……………………………… 72

6.3.2　包裹体激光拉曼测试结果 …………………………… 73

6.3.3　包裹体均一温度和盐度 ……………………………… 73

6.3.4　成矿流体密度和成矿压力估算 ……………………… 76

6.4　硫-铅-氢-氧同位素特征 …………………………………… 78

6.4.1　硫-铅同位素 ………………………………………… 78

6.4.2　氢-氧同位素 ………………………………………… 81

7 岗岔-克莫金矿床成因矿物学研究 ………………………………… 84

7.1 黄铁矿成因矿物学研究 ……………………………………… 84
7.1.1 黄铁矿产出特征及其分类 ……………………………… 84
7.1.2 黄铁矿成分标型 …………………………………………… 84
7.1.3 黄铁矿热电性特征及找矿意义 ………………………… 90

7.2 角闪石成因矿物学研究 ……………………………………… 95
7.2.1 角闪石形态特征 …………………………………………… 95
7.2.2 角闪石成分特征 …………………………………………… 95
7.2.3 角闪石成因类型判别 ……………………………………… 97
7.2.4 成岩物理化学条件及形成深度估算 …………………… 98

7.3 金红石成因矿物学研究 ……………………………………… 101
7.3.1 金红石的矿物学特征 ……………………………………… 101
7.3.2 岗岔-克莫金矿床的金红石 ……………………………… 102
7.3.3 金红石 Zr 温度计 ………………………………………… 102

8 "珠滴构造"与成矿 ………………………………………………… 109

8.1 "珠滴构造"与寄主岩石的地质特征 ……………………… 109
8.2 "珠滴"野外基本特征 ……………………………………… 110
8.3 "珠滴"的矿物学特征 ……………………………………… 112
8.4 "珠滴构造"分类 …………………………………………… 127
8.5 "珠滴"的形成温度估算 …………………………………… 127
8.5.1 绿泥石温度计 ……………………………………………… 127
8.5.2 二长石温度计 ……………………………………………… 128

8.6 "珠滴"的地球化学特征 …………………………………… 130
8.6.1 "珠滴"主量元素特征 …………………………………… 130
8.6.2 "珠滴"稀土元素特征 …………………………………… 130

8.7 "珠滴构造"成因探讨 ……………………………………… 133
8.7.1 "珠滴"矿物组成与流体作用 …………………………… 133
8.7.2 "珠滴"与寄主岩石的稀土元素地球化学比较 ……… 133
8.7.3 "珠滴构造"成因探讨 …………………………………… 134

8.8 "珠滴构造"及其成矿指示意义 …………………………… 135

9 岗岔-克莫金矿床近红外光谱勘查与找矿 …………………… 138

9.1 近红外光谱勘查技术方法简介 …………………………… 138

9.1.1　概述 ……………………………………………………… 138

9.1.2　近红外矿物分析的基本原理 ……………………………… 138

9.1.3　近红外光谱参数的地质意义 ……………………………… 139

9.2　岗岔-克莫金矿区近红外光谱分析结果 ……………………… 140

9.3　岗岔-克莫金矿区伊利石近红外光谱标型特征 ……………… 143

10　岗岔-克莫一带地球化学和地球物理勘查 ……………………… 153

10.1　地球化学勘查 ………………………………………………… 153

10.1.1　土壤地球化学勘查 ………………………………………… 153

10.1.2　地表原生晕 ………………………………………………… 158

10.2　地球物理勘查 ………………………………………………… 164

10.2.1　矿区岩/矿石电性特征 …………………………………… 164

10.2.2　激发极化法勘查结果 ……………………………………… 165

10.2.3　可控源音频大地电磁法勘查结果 ………………………… 169

11　成岩成矿年代学研究 …………………………………………… 174

11.1　岗岔-克莫金矿区火成岩年代学研究 ……………………… 174

11.2　岗岔-克莫金矿成矿年代学研究 …………………………… 182

12　成矿模式与找矿预测 …………………………………………… 186

12.1　岗岔-克莫金矿成岩成矿动力学背景 ……………………… 186

12.2　岗岔-克莫金矿床成因浅探 ………………………………… 186

12.2.1　岗岔-克莫地区存在斑岩成矿系统的可能性 …………… 187

12.2.2　成矿时代对矿床成因的约束 ……………………………… 190

12.2.3　成矿流体性质及来源 ……………………………………… 191

12.2.4　成矿物质来源 ……………………………………………… 192

12.3　成矿模式 ……………………………………………………… 193

12.4　找矿预测 ……………………………………………………… 194

12.4.1　区域成矿地质条件 ………………………………………… 194

12.4.2　主要找矿标志 ……………………………………………… 195

12.4.3　矿区深部预测 ……………………………………………… 196

参考文献 ……………………………………………………………… 214

1 绪 论

1.1 西秦岭地质演化背景与成矿条件

秦岭造山带是我国中部的重要造山带，也是分隔华北板块与扬子板块的界线。该造山带由于形成和演化时间长，且构造组合复杂，被认为是经历不同构造体制发展演化而形成的复合型大陆造山带（李春昱，1980；张国伟等，2000；冯益民等，2003）。由于该带东与大别-苏鲁高压-超高压造山带相接，西与东昆仑造山带和柴达木陆块毗连，北与祁连造山带相邻，因此其演化过程强烈地受到周边几大构造体系的影响而显示出复杂性，也常常被认为是几大造山体系协同华北与扬子两大板块的夹持作用塑造形成的构造体系（姜春发等，1993，2002；张国伟等，2004；杨经绥等，2010）。

关于秦岭造山带的形成演化以及对成矿的影响一直是国内外地学工作者关注的焦点。目前比较一致的看法是：自新元古代以来，秦岭地区依次经历了Rodinia超级大陆裂解、秦祁昆洋形成、洋陆俯冲造山、大陆碰撞造山和板内伸展等多个构造演化过程，其中晚古生代至三叠纪的拉分断陷构造演化以及其后的碰撞造山作用为秦岭地区目前构造格架的形成起了关键作用。张国伟等（1996）结合早前寒武纪的构造演化史，将整个秦岭造山带的演化过程总结为三大构造旋回：（1）早前寒武纪华北古陆和扬子古陆的增生作用旋回；（2）晚前寒武纪和古生代华北古陆与扬子古陆的进一步增生作用旋回；（3）早中生代碰撞造山作用和中-新生代陆内造山演化旋回。

可以看出，该造山带最后的构造作用主要是碰撞造山作用和陆内造山作用，因此人们常常将秦岭地区称为"碰撞-陆内复合型"造山带（冯益民等，2003），或多旋回复合大陆碰撞造山带（姚书振等，2006）。可以说，秦岭地区目前的主要构造格架主要形成于印支期（张国伟等，2004），并由之后的中-新生代构造作用逐渐塑造为现今的秦岭构造体系。或者说，秦岭造山带雏形源于中生代华北古陆与华南古陆的碰撞造山作用，总体上属于陆-陆碰撞作用的产物（李春昱，1980；张国伟等，1996，1997；冯益民等，2000）。显然，这一特殊的大地构造位置及其复杂的演化过程必然伴随多期次强烈的构造-岩浆活动，因而是多金属成矿作用的有利区带。

西秦岭是指秦岭中央造山带的西段或西延部分，同时也是中国大陆东西向中央造山带与近南北向贺兰-川滇构造带交汇，并与中-新生代强烈隆升的青藏高原东缘交接的关键地区（喻学惠等，2009），也被定义为中国大陆最大的构造结（张国伟等，2001，2004；冯益民等，2003）。按照大地构造区划理论，西秦岭的构造位置属于秦（岭）-祁（连）-昆（仑）一级构造单元（Ⅰ级）的秦岭活动带（Ⅱ级）。具体可以划分为三个Ⅲ级构造单元，即华北板块西部边缘北秦岭早古生代活动陆缘及弧后盆地褶皱带、西秦岭中部-中秦岭华力西期前陆盆地褶皱带和扬子板块北缘南秦岭华力西-印支褶皱带（牛翠祎等，2009）。

值得强调的是，西秦岭造山带发育强烈而复杂的构造-岩浆活动虽然增加了精细认识其演化过程的难度，但对金属矿成矿是十分有利的（陈毓川等，1994；霍福臣等，1996；张国伟等，2001；冯益民等，2002；朱赖民等，2008；徐东等，2014），其中在如下几个方面表现较为显著：

第一，多个时代的沉积建造为区域成矿奠定了良好物源条件。例如，元古至早古生代的中基性火山岩建造是金、银、铜、铅、锌等矿产的良好矿源层；泥盆-三叠纪的细碎屑岩、泥质岩和碳酸盐岩等建造，也恰好是很多金矿形成的有利赋矿层位。上述地层广泛显示 Au、Ag、Hg、Sb、Cu、Pb、Zn、Fe 等地球化学异常，显然是成矿最重要的基础条件之一。

第二，从晋宁期到燕山期持续发育岩浆活动，其中印支期的岩浆活动范围较广。强烈的岩浆热作用分异出的水和活化的地层水，促进了成矿元素的迁移和再分配，是成矿物质富集的重要动力学条件。

第三，西秦岭的造山过程持续时间长，且该带的作用强烈而复杂。其中表现明显的不同尺度韧性剪切、逆冲推覆、伸展滑脱等区域性断裂及其次生断裂，在联通地球深部与浅表起到了重要作用，为岩浆、成矿物质和热液的向上运移提供了通道，显然也开辟了成矿物质堆储富集空间。

可以看出，西秦岭的地层、构造和岩浆的组合作用为成矿创造了优越的基础条件，具备了典型多金属成矿区带的源、运、储条件。特别是已有的研究认为（刘家军等，1997），该区金矿的形成和分布与其大地构造演化存在明显的时空关联，说明该区是寻找金矿的最佳远景区之一。

1.2　西秦岭金成矿潜力

如前所述，西秦岭是我国重要的多金属成矿带。其中，金矿在该区表现出分布广、潜力大等特点（张国伟等，2004；李永琴等，2005），使得该区已经成为我国继胶东之后第二大金矿远景区，近年来倍受地学工作者关注。

实际上，西秦岭的金矿资源开发从明、清时代就开始了。中华人民共和国成立后，国家根据战略需求部署了一些以找矿为主要目的的科研和生产项目，对西秦岭的基础地质条件与成矿的关系又有了较为清晰的认识，其中金、银等贵金属找矿工作有了较大突破，一度将该区称为"川陕甘金三角"，明确了该区是我国金矿找矿的重要战略远景区。20世纪80年代初，随着该区地质找矿工作的不断深入，金矿的找矿勘查工作屡有突破，发现的独立金矿床数量超过50个，典型金矿如大水金矿田、鹿儿坝金矿床、寨上金矿、拉尔玛金矿床、李坝金矿床等就是这一时期发现的，暗示该区金矿资源潜力巨大。

2000年以来，西秦岭地区金成矿规律的认识有了大幅提高，金矿找矿工作再次取得重大突破。继大水金矿田等矿床发现后，相继新发现了阳山金矿、早子沟金矿和加甘滩金矿等大型-超大型金矿床，而且还有11处金矿储量达到了中型规模（殷先明等，2005），而且初步估计金资源在500t以上（葛良胜等，2009；贾慧敏，2011；徐东等，2014）。截至2014年的统计结果显示（雷时斌等，2010；殷勇等，2013；秦锦丽，2014），西秦岭共发现金矿床/点超过183处，其中大型-超大型金矿床达9处、中型金矿床16处、小型金矿/矿化点148处，累计探明金储量达到了650t。年代学统计认为，这些矿床的形成时间集中在印支期-燕山期，充分显示出西秦岭地区巨大的金成矿潜力和找矿远景（李永琴等，2006；肖力等，2009）。

1.3 西秦岭金矿的主要类型和特征

西秦岭既是东西部构造的交汇过渡地带，也是南北两大板块的汇聚带。由于印支期强烈的构造岩浆活动和造山过程，加之其后燕山运动和喜山运动的影响，该区成矿作用必然具有强烈的叠加效应，而且复杂且广泛。也正是这一特点，使得该区具备了良好的成矿地质条件，并形成了一大批金矿床。统计结果（姚书振等，2006）显示，该区仅已发现的构造蚀变岩型金矿和微细浸染型金矿就达数百个，显然是我国非常重要的黄金资源基地。同时，复杂的构造演化历史也使得该区金矿床类型具有多样化特点。

从区域看，秦岭地区的金矿床/点及金异常的分布总体上呈北西西向展布，且具有分段集结和成群成带特点（肖力等，2009），显然其成矿作用是受北西西向秦岭构造带控制的。同时，不同地段显示出明显的空间差异性，因此金矿成因类型相对较多（刘家军等，1997）。毛景文等（2001）将这些矿床划分为卡林-类卡林型金矿床、造山带型金矿床、浅成低温热液型金矿床和爆破角砾岩型金矿床等，并认为卡林-类卡林型和造山型金矿是该区主要的金矿类型。

在西秦岭，目前已发现的主要金矿类型有卡林-类卡林型、火山岩型、石英脉型和构造蚀变岩型，而且金矿床/点分布格局具有北西西向"成带分段"特点（郭俊华等，2009），最明显的是与中-低温热液有关的构造蚀变岩型金矿明显受北西西向断裂控制。该地区卡林-类卡林型金矿被认为是分布最广泛的金矿类型（陈衍景等，2004；毛景文等，2005）。对于分布广泛且储量可观的卡林-类卡林型金矿，陈衍景等（2004）认为多属于中低温中浅成热液矿床，因为其成矿流体具有建造水特点，富含 C_2H_6，暗示有机流体参与了成矿过程。

徐东等（2014）将西秦岭的金矿做了如下分类，认为主要包括矽卡岩型、石英脉型、卡林型、碳酸盐型、绿岩型、砂砾岩型及碳酸岩型等。

1.4 甘南一带金成矿特点

甘南地区位于西秦岭成矿带的西北缘，横跨西秦岭北、中两个成矿亚带。区域内岩浆活动发育，岩体众多，大小岩体有百余个，形成一个北西西向展布的岩浆岩带，主要为中酸性侵入岩，年龄集中在 200～245Ma（殷勇和殷先明，2009）。该岩带除发育美武岩体、德乌鲁岩体、夏河岩体，以及西延部分的阿姨山岩体、达尔藏岩体等大型岩基外，还有众多小型岩株及中酸性岩脉。近几十年来，随着金成矿规律认识程度不断提高和找矿勘查力度不断加大，沿着该岩带发现了一系列金属矿床/矿化点。殷勇和殷先明（2009）将其划分为 7 个岩浆矿化集中区。该区除发现多个 Fe-Cu-Au-W 多金属矿床/点外，仅金矿床/点就超过 30 处，其中包括最近几年取得重大找矿突破的早子沟金矿床（金金属量超140t）和加甘滩金矿（金金属量超100t）等特大型金矿，显然说明该区是最具金矿找矿潜力地区之一。

对于该区的金成矿特点，周会武等（2003）依据区域化探异常、矿区地质特征及矿床与岩浆岩的关系，将夏河-合作成矿带以夏河-合作断裂为界划分为南北两个成矿亚带，即以 Au-Sb 矿化为主且主要赋存于具浊积岩性质的下三叠统海相硅质细碎屑岩之南成矿带和以 Fe-Cu-Au-W 多金属矿化为主且严格受断裂构造控制并与岩浆岩关系密切的北成矿带。

刘春先等（2011）基于赋矿岩石、蚀变特征、矿物共生组合以及金的赋存状态，认为该区规模最大的早子沟金矿床应属于卡林型金矿，其与夏河-合作断裂以南的早仁道金矿、隆瓦寺院金矿、索拉贡玛金矿等金矿床共同构成了卡林-类卡林型金矿成矿带。隋吉祥等（2013）对早子沟金矿区内出露的闪长玢岩脉以及成矿期绢云母进行同位素测年后认为，广泛出露的闪长玢岩侵位年代 243～236Ma，与该区的夏河岩体和冶力关岩体的侵位时代 245～238Ma（金维浚等，2005）基本一致，说明夏河-合作地区于印支早期具有一次重要的岩浆活动。金矿区蚀变矿物绢云母 $^{40}Ar/^{39}Ar$ 同位素测年结果为 219～230Ma，说明早子沟金成矿略晚于印支早期岩浆活动时间，也暗示该区有一次重要的岩浆期后成矿事件。此外，早子沟金矿石 H-O 同位素组成和流体包裹体的测温结果，说明印支期岩浆活动为早子沟金成矿提供了成矿流体和成矿物质，也说明该区与早子沟类似的卡林-类卡林型金矿的成矿作用与岩浆活动关系密切。

实际上，在夏河-合作断裂带北侧除发育多个 Fe-Cu-Au-W 多金属矿床/点外，还发育了大量受控北西-南东向断裂构造的独立金矿床（李道喜和赵军，2006），如老豆金矿、下看木仓金矿、吉利金矿、以地南金矿、答浪沟金矿等。这些矿床的宏观地质特征与岩浆岩关系非常密切，其中一些金矿体直接赋存于石英闪长岩或石英闪长玢岩体的内或外接触带，如老豆金矿、下看木仓金矿、吉利金矿等，而且蚀变特征主要以黄铁矿化、绢云母化、毒砂化及辉锑矿化为主，局部发育矽卡岩化。矿石矿物除黄铁矿、毒砂和辉锑矿外，还有大量的黄铜矿、方铅矿和闪锌矿等贱金属硫化物（杨秉进和鲁燕伟，2004），这些特征说明夏河-合作断裂带是甘南地区 Fe-Cu-Au-W 多金属成矿的重要控矿构造。

殷勇和殷先明（2009）收集了包括夏河-合作地区的西秦岭北岩浆岩带 32 个印支期中酸性岩体的岩石地球化学资料分析后发现，这些岩体大多属于高钾钙碱性系列，具有富钾特征，物源来自下地壳部分熔融产物，$Mg^{\#}$ 值变化较大（多大于 0.5），说明其岩浆演化存在壳幔混合过程。此外还注意到，该区印支期岩体多属于埃达克型和喜马拉雅型花岗岩，岩体形成时的压力较大，其中的德乌鲁岩体和冶力关岩体等多个岩体属典型埃达克岩，暗示岩浆活动有深部物质加入，其富水富硫高氧逸度特征还说明其有利于金铜成矿作用（Thieblemont et al.，1997）。粗略统计显示，与埃达克岩和喜马拉雅型花岗岩时空关系密切的 Cu、Au、Mo 矿床/点近 50 处，且多为斑岩型、矽卡岩型和热液型。例如，斑岩型矿（点）床有阿芒沙吉铜矿、阿芒沙吉金矿、龙得岗铜矿、尼克疆铜矿、兴时沟钼铜矿、铁沟铜铅锌矿、上浪卡木铜矿、温泉钼矿、红铜沟铜矿、铜牛山钼铜矿、太阳山铜钼矿等 11 处，而且很多地区勘查程度较低。值得强调的是，多数斑岩型矿床与小岩株成因有关，也有一些矿床存在爆破角砾岩现象。

由此看来，夏河-合作地区抑或存在一个与埃达克岩和喜马拉雅型花岗岩成因有关的斑岩成矿带。特别是德乌鲁-黑河地区，地表地球化学异常分布广泛且异常强度大，暗示该区极具成矿潜力。

2 区 域 地 质

2.1 研究区大地构造位置

研究区是西秦岭造山带的重要组成部分。从大的构造域看，西秦岭正好处于古亚洲、特提斯和滨太平洋三大构造域的交汇部分（冯益民等，2003），也可以说西秦岭就是由扬子板块和华北板块呈北东-南西向夹持形成的北西-南东向狭长地质廊带。

具体来说，西秦岭是以文县-武都-徽成盆地-凤太盆地一线与东秦岭分界（姜春发等，2000；范效仁，2001；冯益民等，2003），向西分别和祁连-昆仑构造带及松潘-甘孜构造带相衔接（杜子图等，1998），一般以同仁-玛曲南北构造带所穿插位置（位于104°东附近）作为西秦岭西界的构造单元，也有人进一步把西秦岭自西向东分为西段、中段和东段。其中，西段是指以"共和盆地"为主的地区（张宏飞等，2006），合作-凤县一带常被统称为中-东段，有时也被称为狭义上的"西秦岭"（张宏飞等，2005；Zhu et al.，2011）。本书研究区属于中-东段西段。

2.2 区域构造背景及演化

秦岭造山带东西延伸超过1500km，东与大别-苏鲁超高压造山带相连，西与东昆仑、祁连造山带及柴达木地块相连，南北介于扬子板块和华北板块之间（冯益民等，2003），整个造山带结构表现为"三板加两缝"（三板指华北板块、扬子板块和秦岭微板块，两缝指商丹缝合带和勉略缝合带）。其中，商丹缝合带被看作南秦岭和北秦岭的分界线，秦岭造山带以其成因复杂、构造演化史长及蕴含丰富矿产资源而备受地学界关注。

对于秦岭的构造演化史，多数学者认为（张国伟等，1988，1996，1998，2003，2004；许志琴等，1988，1991；任纪舜等，1991；殷鸿福，1995，1998；Zhang et al.，1997；Yu and Meng，1995；Meng and Zhang，1999，2000；Dong et al.，2011）主要经历了如下几个重要发展阶段：（1）新元古代至寒武纪的Rodinia大陆裂解，扬子板块和华北板块沿商丹带拉开，古秦岭洋（或称为商丹洋）盆形成。（2）中奥陶世至中泥盆世，秦岭洋盆开始向华北板块俯冲，同时形成岛弧构造体系。晚泥盆世，华北板块和北秦岭发生碰撞，同时勉略洋盆开始扩张，南秦岭从扬子板块分离出来。（3）二叠纪至晚三叠世，勉略洋盆开始收缩，其洋壳向南秦岭俯冲。扬子板块与华北-秦岭联合大陆发生陆-陆碰撞，伴随碰撞造山发育强烈而广泛的变质变形作用和岩浆活动。（4）侏罗纪开始，勉略缝合带转入陆内隆升造山阶段。

具体到西秦岭的构造演化，肖力等（2009）在综合前人研究成果（霍福臣等，1996；冯益民等，2003）基础上，认为主要经历如下几个主要阶段：（1）太古宙-古元古代，西秦岭地区主要是原始陆核演化期和基底雏形形成期。（2）中元古代，原始陆核裂开形成华北和扬子两个古大陆。（3）中元古代长城纪，扬子地块北缘活动陆缘形成裂谷或裂陷槽，形成一套变质海相火山-沉积岩系。（4）新元古代晋宁造山运动，华北板块与扬子板块对接形成联合古大陆，随后进入古陆抬升阶段。（5）古生代-三叠纪，联合古陆发生裂解，形成近东西向古特提斯海域，开始了特提斯构造的漫长演化历史。其中，早古生代主要形成裂陷槽，发育海相复理石沉积建造。早古生代末期加里东运动使南北陆块再次拼接，形成稳定的滨-浅海台地沉积。晚古生代至中三叠世早期，在滨-浅海台地沉积环境中发育台地相碳酸盐为主的沉积建造。中晚三叠世地壳再次活化，发生裂陷作用形成巨厚深海-半深海复理石沉积建造。（6）三叠纪末期进入印支运动，南北大陆俯冲碰撞造山，伴随造山运动发育广泛的岩浆活动和变质作用，奠定了本区基本构造格架。（7）中生代中晚期至新生代，经历了燕山-喜马拉雅陆内造山运动，受古亚洲构造域、特提斯-喜马拉雅构造域和滨太平洋构造域的复合作用影响，整个西秦岭进入陆内造山阶段，表现为急剧隆升造山，发育推覆、走滑剪切和断隆-断拗，形成当今构造格局。

2.3 区域地层

西秦岭地层发育齐全，从元古界到新生界地层均有不同程度出露。其中，南北两侧地层大部分为老地层，受构造运动影响多发生了浅变质作用，一般为板岩、片岩等；造山带中部多为中生代以后受构造运动影响较小的年轻地层，地层整体呈近东西向或北西向展布。

新远古界碧口群主要分布于西秦岭东南部，为一套巨厚的角闪岩相火山-沉积变质建造，岩性以中基性火山岩和火山碎屑沉积岩为主。

前寒武系分布于清水、张家川一带及北秦岭的武山、甘谷和天水以南地区，属一套浅-深变质岩系。上部为泥质碎屑岩夹中酸-中基性火山岩变质岩系，下部为云母石英片岩、角闪片岩、大理岩、石英岩和片麻岩等，局部发育混合岩。震旦系地层主要为一套遭受绿片岩相区域变质的河流相陆源碎屑沉积建造，局部以角闪片岩、大理岩和石英岩等为主。

古生界主要出露于白龙江流域和岷江断裂带以东的松潘-文县及康县-略阳一带，为一套低绿片岩相海相复理石碎屑岩变质岩系、碳酸岩盐和硅质岩沉积建造。受燕山-喜马拉雅推覆构造影响，不同层位之间多为断层接触。奥陶系岩性以浅灰色-深灰色板岩、浅灰色绢云千枚岩夹中性凝灰岩、变粉砂岩等，偶夹黑色含炭板岩。炭质板岩中有原生黄铁矿和残余水平层理存在。局部呈中酸性火山凝灰岩、流纹英安岩夹板岩和千枚岩。志留系地层主要分布在迭部-徽县一带，与奥陶系均为整合接触，沉积厚度较大，夹有玄武岩、蛇绿岩套及硅质岩等。泥盆系主要分布于岷县-礼县-凤县一带，岩性主要为粉砂质板岩、钙质板岩、灰岩、变质砂岩等，夹有透镜状灰岩、砾岩、石英砂岩、粉砂岩等。石炭系主要分布于西北部，主要岩性为含砾砂岩、钙质泥岩、页岩夹砾屑灰岩、灰色碳酸盐岩夹泥岩和碎屑岩等。二叠系也是同样主要分布于区域的西北部，主要出露一套细粒碎屑岩、泥灰岩、厚层灰岩、生物碎屑灰岩等，局部碎屑岩夹生物碳酸盐岩、角砾灰岩及泥灰岩等。

中生界主要出露三叠系地层，主要分布于夏河-合作-岷县以南区域，岩性为含钙泥质板岩、粉砂质板岩、泥质板岩夹砂岩、粉砂岩、薄层状透镜状灰岩等，以及砂岩和粉砂岩夹千枚岩、板岩、碳酸盐岩组合。其中局部夹有火山岩地层。

新生界地层包括第三系山陆相砂岩、泥岩和砾岩等，以及第四系黄土、河谷砂砾层和坡积层等。

2.4 区域构造

西秦岭造山带的地质构造格局遭受了多旋回多期次造山运动的影响，其构造体制演化复杂多样，是典型复合造山作用的结果（张国伟等，1996；姜春发等，2000）。区内多期次的构造活动为成矿提供了良好的导矿和容矿空间，同时由于多期次的构造活动常常伴有岩浆活动和热液活动，为成矿元素的萃取、富集、运移提供了热力学条件。总体看，区域构造呈现以北西-北西西向断裂为主的构造格架，其中主要断裂有玛曲-文县-略阳断裂、武曲-天水断裂及位于这两条断裂之间的夏河-岷县-两当断裂、郎木寺-武都断裂和舟曲-成县-徽县断裂，与区域上的主要构造线走向基本一致。局部也发育一些褶皱构造。近距研究区的断裂构造主要是力士山-卡加沙格逆断层、答浪沟逆断层、夏河-合作逆断层、西土房-大槐沟逆断层和铁沟逆断层等。

力士山-卡加沙格逆断层位于研究区南侧，走向90°~115°，倾向北北东，倾角约为55°，断裂切穿了石炭系和二叠系地层，发育断层破碎带，多显示负地形。答浪沟逆断层位于研究区南侧，在答浪沟附近分支为两个断层，走向在95°~142°之间，倾向北东，倾角45°~70°之间，断距较大，局部可达百米，断层两盘的地层产状相反。夏河-合作逆断层位于研究区南侧，属于夏河-合作-岷县断裂带的西段，被认为是本研究区最重要的控矿断裂带。断层走向160°~170°，倾向北东，倾角变化较大，断距约几百米，上盘为二叠系地层，下盘为三叠系地层，是区域上二叠系与三叠系地层的分界线。发育断层破碎带，多见负地形地貌。西土房-大槐沟逆断层，横穿本研究区，断层走向 90°～120°，倾向北东，上盘是二叠系地层，下盘为石炭系和二叠系地层，发育断层破碎带，多见负地形地貌。铁沟逆断层位于研究区北侧，断层走向近东西向，倾向南，多见断层面呈波状弯曲，两侧地层弯曲变形强烈。

区域内发育一些褶皱构造，其轴向多表现为与区域构造线一致的特点，其中Ⅰ级褶皱构造为新堡-力士山复式背斜，其轴向为北东向，核部为泥盆-石炭系地层，两翼为二叠系和三叠系地层。Ⅱ级褶皱构造有羊沙背斜、卡加寺褶皱、尕日向斜等。Ⅲ级褶皱构造一般呈紧闭褶皱，延伸不远，规模也不大。本研究区即位于新堡-力士山复式背斜东北翼的二叠系和三叠系地层中。

2.5 区域岩浆岩

西秦岭不仅构造格局经历了多旋回多期次造山运动（张国伟等，1996；姜春发等，2000），同时还常常伴有强烈的岩浆活动，且主要是中酸性岩浆活动，时代自早古生代延续至新生代均有发育（杜子图，1997）。该区的岩浆活动包括火山作用和侵入作用，其中以侵入作用为主。

一般认为西秦岭的岩浆作用主要分为四个期次，即印支期、燕山早期、燕山晚期和喜马拉雅期。但是不同地区的岩浆活动存在差异性，比如一些地区可能表现为仅发育其中的两期或三期岩浆作用。发育时间和强度也表现出明显的地域特点，包括岩浆峰期差异和局部地区岩浆作用的缺失。例如，西秦岭北缘地区主要经历了早中生代较为强烈的岩浆活动热事件，但是岩浆活动峰期之前即有一些相对较弱的岩浆作用，因此该区的岩浆作用可按照时间先后分为三期：（1）加里东-华力西拉张裂陷期构造-岩浆作用；（2）印支造山期构造-岩浆作用；（3）燕山陆内造山期构造-岩浆作用。其中，印支末期-燕山中早期岩浆侵入活动最为强烈，并伴有火山活动，多处形成大型复式花岗质岩基或岩珠，并伴有火山岩堆积。花岗质岩体多为同碰撞造山构造环境或后碰撞稳定阶段的产物，以亚铝质钙碱性岩石系列或过铝质钙碱性-碱性岩石系列为主，多为Ⅰ型和S型花岗岩。岩性以花岗岩、二长花岗岩、花岗闪长岩等为主，沿近东西和北西向断裂带产出。上述岩浆活动被认为与区内铜、金成矿关系密切，而且大部分铜、金矿床主要产于该时期岩体中或周围。

从岩体的时空分布特点看，西秦岭印支期岩体的空间分布比较有规律，这些侵入岩总体上发育于夏河-合作-临潭-岷县-宕昌断裂北侧，多呈北西向带状、串珠状分布，岩体或岩体群自西向东包括夏河岩体、阿姨山岩体、达尔藏岩体、德乌鲁岩体、美武岩体、温泉岩体、中川岩体、糜暑岭岩体、天子山岩体、光头山岩体等，这些岩体主要以准铝质高钾钙碱性和钾玄质系列为主（殷先明，2015）。

其中，出露于西秦岭西段的岩体（主要指夏河岩体、阿姨山岩体、达尔藏岩体、德乌鲁岩体、美武岩体等）多呈小的岩基、岩株或斑岩体产出，多侵位于二叠系至三叠系地层中。而东段的岩体（温泉岩体、中川岩体、糜署岭岩体、迷坝岩体、天子山岩体、光头山岩体等）一般呈大的岩基或小的岩株产出，多侵位于泥盆系-石炭系地层中。

年代学研究结果表明，西秦岭岩浆侵入活动主要发育于印支-燕山期（245~205Ma）（张复新等，2001；张成立等，2008）。其中，西秦岭西段花岗岩体主要形成于三叠纪，如冶力关岩体和达尔藏岩体分别为245Ma和238Ma（金维浚等，2005）；温泉岩体和黑马河岩体的形成时代在235~218Ma之间（冯益民等，2003；张宏飞等，2006）；同仁岩体形成于241Ma（Li et al.，2015）；岗察岩体的年龄为243Ma（郭现轻等，2011）；夏河岩体年龄为248~244Ma（韦萍等，2013）；德乌鲁岩体的年龄为238~233Ma（徐学义等，2014；靳晓野等，2013）；老豆岩体的侵位时代为247Ma（靳晓野等，2013）；美武岩体形成于245~240Ma（Luo et al.，2015）；德乌鲁岩体与美武岩体之间花岗闪长岩和石英闪长岩形成于242~246Ma（李金春等，2016）。西秦岭中段的侵入岩年龄主要在245~238Ma（冯益民等，2003；金维浚等，2005）。西秦岭东段的花岗岩总体形成在225~211Ma（李永军等，2006；Qin，et al.，2009；Cao，et al.，2010），其中温泉岩体216Ma（Zhu et al.，2011）、中川岩体群的成岩年龄为221~213Ma（Zeng et al.，2014）、糜署岭花岗岩的岩体年龄214Ma（李佐臣等，2013）、迷坝岩体的形成年龄为220Ma（孙卫东等，2000）。

从地球化学特征看（张宏飞等，1997，2005），西秦岭印支期花岗岩主要为准铝质花岗岩，属于高钾钙碱性系列，Sr-Nd同位素特征显示岩浆物质来自中晚元古代的地壳物质，同时也存在幔源物质的加入。

2.6　区域地球物理

徐东等（2014）将西秦岭的区域地球物理特征总结如下：北秦岭成矿带重力值具有东高西低的特点，航磁异常多呈正负伴生椭圆形态并呈北西向分布，布格重力异常等值线主要呈东西向、北西向和北北东向展布，呈北西向展布的串珠状正负伴生椭圆形航磁异常多与出露或半隐伏的印支-燕山期中酸性侵入体对应；南秦岭成矿带内重力异常与北秦岭成矿带具相同的东高西低趋势，布格重力异常等值线主要呈东西向和北西向展布，少数为南北向和北东向展布。

2.7　区域地球化学

根据1∶200000化探扫面结果，西秦岭地区具有多个Au-Hg-As-Sb-Ag综合异常。

李通国等（2009）对西秦岭地区主要地层单元的元素地球化学参数总结后认为，随着地层时代由老到新，Au 元素含量具有递减的趋势。然而，与金相关的元素具有如下特征：（1）志留系地层中 Ag、Ba、Cu、Co、Cd、Cr、Zn、Ni、V、Mo、U 等元素的克拉克值最高，其次为震旦-寒武系；（2）Hg 元素的丰度值则随时代由老至新呈现跳跃式降低；（3）泥盆系地层的 W、Sn、Sb、Pb 等元素丰度较高；（4）泥盆系地层中 Cd、Sb、Hg 和 Zn 等元素的变异系数大于 100%，三叠系地层中 Sb、Hg 等元素变异系数大于 100%，意味着本区泥盆系地层有利于这些元素聚集成矿。

从元素的区域分布特征来看，元素聚集与已知矿床分布一致。比如，北秦岭的李子园-太阳寺一带 Ag、Au、Zn 及 Pb 等元素具有强烈叠加富集的特点，As、Sb、Ag、Cu、Pb、Zn、Bi 及 W 等元素存在明显组合异常，且具有明显套合较好的浓集中心，说明该区带具有形成 Au/Ag 及 Zn/Pb 等成矿潜力，该区带探明多处 Ag、Au 及 Zn/Pb 矿的事实佐证了这一特点。南秦岭成矿带沿断裂带存在 Ba、Mo、Ag、Cd、Hg 等多元素组合异常，如达拉-新寨断裂带发育 As、Au、Sb 及 Hg 等低温热液元素组合，其次级断裂破碎带与这些元素异常相吻合。该带发现的阳山金矿、鹿儿坝金矿和大水金矿等佐证了这一特点。南部的碧口地区，Au 元素丰度最高，Au、Cu 具有叠加富集特征，同时显示出 Hg、Co、W、Bi、Ti、V 组合异常，已发现的百全山铜矿、筏子坝金-铜矿等众多矿床/点佐证了这一特点（李通国等，2009；徐东等，2014）。

此外，西秦岭地区 Au、As、Sb、Hg 等元素组合异常还表现出如下主要特点：（1）东部异常强度高，异常面积大；（2）异常数量多，浓集中心突出，且分段集中，与断裂带和中酸性侵入岩密切相关，如夏河-礼县一带、迭部-武都-两当一带和摩天岭一带；（3）成矿元素具有强叠加并分异的特征，一些地区后生叠加改造富集的特点十分明显，对成矿十分有利（李通国等，2009；徐东等，2014）。

2.8　区域遥感地质特征

按照肖力等（2009）的总结，该区遥感地质具有如下特征：区域上，TM 影像显示明显的北西向延伸椭圆形热隆构造特征。该椭圆形热隆构造内包含甘加大山-阿姨山、将其那梁、马九勒、老虎山和早子沟等 5 个次级环形构造，这些环形构造体现了岩体和热液蚀变分区，整体表现为以双层叠环为主，并由多处、多期、多成因环形构造集合形成"线-环""环-环""菱-环"等组合形式。其中，"线-环"构造是最显著特点，环内及环缘地带各类遥感异常十分发育，其影纹结构和色彩/色调与相邻区域明显不同。

值得强调的是，遥感影像揭示出该区三组重要断裂带特征：（1）规模较大的北西西-北西向区域性大断裂，在遥感影像具有明显的线状影纹和色彩异常；（2）北东和北东东向次级断裂规模不等，多形成于热隆构造边部及中部，常与主干断裂构成菱形断块，并与环形构造组成"菱-环"构造组合；（3）近南北向（包括北北西向和北北东向）断裂规模较小，略具等间距性，与中酸性岩体及脉岩的分布较为一致（肖力等，2009）。

显然，在遥感解译图中，由主干断裂派生的近东西向断裂和后期叠加的近南北向断裂与金矿化关系密切，说明其具有控矿意义。特别值得注意的是，由断裂交切形成的菱形断块构造及其组合应是重要的遥感找矿标志。此外，一系列与环形构造有成生联系的弧形断裂及放射状裂隙系统，也与金矿化的关系密切。如扎油梁、将其那梁、马九勒、早子沟等地段，可见弧形断裂及放射状裂隙系统明显控制着岩枝、岩脉的空间分布且伴有各类遥感异常。TM 图像清楚地显示该区具有多热源、多期次叠加地质事件集中展现的特征，普遍存在与岩浆-热（气）液活动有关的影纹及（蚀变）色彩异常。

总体看，遥感异常的色调、形态和影纹结构等与已知金、铜勘查区带较为吻合，遥感异常区与地化异常区的空间关联性也较强，因此 Au、Cu（As）地化异常区的遥感异常应该是矿致异常，对于寻找金及多金属矿产具有重要指示意义。

2.9　区域金矿特征

统计结果（张新虎等，2015）表明，甘肃境内发现的 409 处金矿床/点中，约 250 处分布于西秦岭地区，占甘肃省总资源储量的 95%，可见西秦岭造山带内具有可观的金资源储量。特别重要的是，西秦岭已发现了诸如阳山金矿、寨上金矿、早子沟金矿、加甘滩金矿、大水金矿、马脑壳金矿等多个大型-超大型矿床，暗示区域金成矿潜力巨大。

20 世纪 80 年代前，在西秦岭发现的独立金矿产地仅有 50 余处。80 年代后，该区金矿勘查取得重大突破，其中大水金矿田、鹿儿坝金矿床、拉尔玛金矿床、李坝金矿床等大型金矿床就是这一时期发现的，此外还发现了不少中小型金矿（殷先明等，2000）。

进入 21 世纪以来，西秦岭的金矿找矿再次取得突破性进展。统计表明（殷勇等，2013；徐东等，2014），该区发现的金矿床/点超过 280 个，其中大型、超大型金矿床 9 处，中型金矿床 16 处，小型金矿床达 148 余处，累计查明金资源储量约 650t。其中，阳山金矿、寨上金矿、早子沟金矿和加甘滩金矿等大型-超大型金矿就是这一时期发现的（葛良胜等，2009；贾慧敏，2011；徐东等，2014），这说明本区存在巨大的金矿找矿远景。

关于西秦岭的金矿类型，郭俊华等（2009）认为主要有火山岩型、石英脉型、构造蚀变岩型等，其中与中-低温热液有关的构造蚀变岩型金矿明显受北西西向断裂控制，金矿分布格局具有"北西成带，分段成区"的特点。也有人（刘春先等，2011）认为该区金矿成因类型复杂多样，有岩浆期后热液-矽卡岩型，也有斑岩-破碎蚀变岩型，更多则为卡林-类卡林型。徐东等（2014）认为，西秦岭地区的金矿类型主要包括石英脉型、矽卡岩型、绿岩型、卡林型、砂砾岩型及碳酸岩型等。

由于秦岭地区在印支期造山运动伴随了强烈的构造岩浆活动，导致了强烈的金成矿作用，形成一大批金矿床，被称为"陕甘川金三角"，其中的西秦岭金成矿带被认为是重要组成部分。

肖力等（2009）根据区域断裂、岩石建造、成矿特征，将西秦岭金多金属成矿带划分为北秦岭成矿亚带、南秦岭北成矿亚带、南秦岭南成矿亚带、松潘-摩天岭成矿亚带四个成矿亚带。其中，北秦岭成矿亚带的金矿主要产于前奥陶系变质岩中，金矿类型为蚀变岩型、斑岩型，如李子园金矿、柴家庄金矿等；南秦岭北成矿亚带的金矿主要赋存于泥盆系、石炭系和二叠系地层，主要金矿类型为微细浸染型、蚀变岩型、石英脉型、矽卡岩型；南秦岭南成矿亚带金矿床多产于三叠系碎屑岩中，以微细浸染型金矿为主，其中白龙江地区的金矿则主要产于寒武-志留系黑色岩系中；松潘-摩天岭成矿亚带的金矿多产于泥盆系以及三叠系的细碎屑岩和碳酸盐岩中，主要类型为微细浸染型、韧性剪切带型等。

本研究区即位于上述南秦岭北成矿亚带的西段，也被称为夏河-合作成矿带。依据区域矿化异常分布特征及其与地层、岩浆岩的关系，可将该成矿带进一步划分为南北两个次级成矿带（李建威等，2019）。北成矿带是指夏河-合作断裂以北，为多金属成矿集中区，发育以铜、金、砷、钼等元素为主的矿化，下二叠统灰岩、生物碎屑灰岩夹炭质板岩为主要赋矿地层。火成岩多以岩基、岩株及岩墙等形式产出，常见的岩石类型为花岗岩、花岗闪长岩及闪长岩等，该成矿带有麻隆沟金矿、答浪沟金矿、岗岔金矿、老豆金矿、德乌鲁铜矿、阿姨山铜矿、大侠铜金多金属矿床等产出；南成矿带是指夏河-合作断裂以南，以金、汞、银等中低温元素组合异常为特征，赋矿地层主要为下、中三叠统的砂板岩、灰岩、生物碎屑灰岩及砾屑灰岩等。岩浆岩多以规模较小的石英闪长岩、花岗岩岩体和闪长岩、花岗闪长岩脉产出。早子沟和加甘滩两个超大型金矿，以及早仁道等中小型金矿属于该带。

殷勇等（2009）针对该区域含矿斑岩的岩石地球化学特征认为，该区的埃达克岩及喜马拉雅型花岗岩都与斑岩铜矿有着密切的成因联系，具有寻找斑岩型铜矿的前景。由于夏河-合作地区兼有铜金异常，所以也推测该区具有斑岩型铜金矿床找矿前景。

3 矿区地质

岗岔-克莫金矿区地处甘肃省甘南藏族自治州合作市北东约 19km 处，海拔 3000~3400m。矿区实际涵盖两个已设置的矿业权，以近东西向的岗岔河北岸为界分为南北两矿区或矿段（见图 3-1），其中北区称为岗岔金矿区或岗岔金矿段，

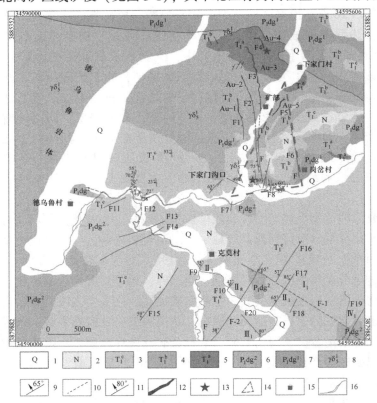

图 3-1 岗岔-克莫矿区地质图

1—第四系冲积、沉积、坡积物（砂砾、泥沙）；2—第三系甘肃群砖红色泥岩（局部含石膏）、底部砾岩；
3—三叠系灰色、灰绿色安山岩、石英安山岩、凝灰岩；4—三叠系灰色、灰绿色褐灰色凝灰岩、
角砾凝灰岩、角砾岩、凝灰角砾岩；5—三叠系灰色、灰绿色褐灰色集块岩；
6—二叠系下统大观山组灰色、浅褐色中细粒砂岩夹薄层粉砂岩；7—二叠系
下统大观山组浅绿色凝灰质板岩夹黑色含炭板岩；8—燕山早期灰白色花岗闪长岩；
9—断层及推测断层；10—断层及产状；11—褐化脉及产状；12—矿体；
13—火山口；14—"金三角"区；15—村庄、驻地；16—河流

扫一扫
查看彩图

南区称为克莫金矿区或克莫金矿段。从成矿地质特点看，上述两个金矿区或金矿段属于同一成矿系统，故本书将二者合并称为岗岔-克莫金矿区。

3.1 矿区地层

矿区出露地层主要有二叠系大观山组（P_1dg），三叠系隆务河组（T_{1l}），新近系甘肃群（Ng）和第四系松散沉积物。各地层主要特征分述如下：

3.1.1 二叠系大观山组（P_1dg）

二叠系大观山组（P_1dg）主要分布于本区中东部、东北部和西南部，中部和南东一带也有零星出露。该组地层受构造影响发生区域变质，岩性主要为灰白色粉砂质板岩、石英砂岩、凝灰质板岩夹砂岩、黑色炭质板岩、灰褐色凝灰质粉砂岩等，局部可见炭质板岩与砂板岩互层现象，地层褶皱现象明显。与下伏石炭系地层呈假整合接触，与上覆三叠系隆务河组主要呈断层接触关系，局部可见其为赋矿地层。

3.1.2 三叠系隆务河组（T_{1l}）

三叠系隆务河组（T_{1l}）覆盖矿区大部地区，尤以南东部为主，岩性主要为一套中酸性火山岩-火山碎屑岩组合。火山岩包括灰绿色-褐红色安山岩、角砾安山岩、英安岩；火山碎屑岩主要包括黄褐色-灰白色凝灰岩、含角砾凝灰岩、角砾岩、集块岩等。与下伏二叠系地层多呈断层接触，局部可见其覆盖于二叠系地层之上。该组地层受构造影响破碎较强烈，蚀变交代也较显著，为区内主要赋矿地层，厚度大于580m。

3.1.3 新近系甘肃群（Ng）

新近系甘肃群（Ng）主要分布于山顶较平缓地带，岩性为砖红色泥岩（局部含石膏）、底部砾岩，与下伏二叠系、三叠系地层呈不整合接触。

3.1.4 第四系

第四系主要为冲洪积、残坡积堆积，分布在矿区的洼地、河谷及山顶平缓地带。

3.2 矿区构造

岗岔-克莫金矿区处于甘加-冶力关断裂和桑科-合作断裂之间的北北西向次级断裂带（即夏河-合作断裂带）的北侧，矿区内发育一系列逆冲断层及褶皱构造，地表显示赋矿构造主要由近南北向和北东向断裂组成，如图3-1所示。矿区内地层总体为一倾向北西西的单斜构造，局部由于褶皱构造倾向北东或南东。

由于矿区内多处可见火山爆发产物（角砾岩和集块岩等），致使矿区构造较为复杂。综合构造叠加和穿切关系认为，火山作用形成的断裂构造系统形成较早，近南北向断裂形成较晚，二者叠加复合形成的复杂构造体系为成矿流体提供了有利的导矿通道和容矿空间，属于复合控矿构造体系。

3.2.1 褶皱构造

矿区褶皱构造较发育，主要分布在二叠系大观山组（$P_1 dg$）地层内，与成矿无明显关系。主要褶皱构造描述如下。

（1）下家门褶皱构造：分布于下家门自然村北侧的二叠系大观山组地层中，表现为连续背斜向斜尖棱褶皱构造，宽度 20~30m，有些呈宽缓对称褶皱，轴面走向近南北，枢纽向北倾伏。

（2）下浪看木褶皱构造：分布于下浪看木自然村以北，二叠系大观山地层表现为连续的向斜背斜构造；多属宽缓对称褶皱，轴面走向约 160°，向北倾伏。

（3）下家门北东紧闭褶皱：主要分布在大观山组地层，出露于下家门村北东部，表现为连续紧闭的背斜向斜构造，宽度 20~30m，轴面走向与地层走向一致。

3.2.2 断裂构造

矿区断裂构造较为复杂，早期由于区域应力场属于近南北向挤压，所以早期构造主体以区域性北西西向断裂带为主，其中沿岗岔河即是一条北西西向断裂带的分支断裂。早三叠世矿区发育强烈的火山作用（李金春等，2016），并有至少三个火山喷发通道（下家门村北西 4 号金矿脉附近，下家门沟口和岗岔村东部），相应地形成三个破火山口及其配套裂隙系统。之后，再次有近南北向断裂叠加其上，形成复杂的裂隙系统。所以矿区控矿构造是火山裂隙系统叠加近南北向断裂的复合裂隙系统（申俊峰等，2018；Kong et al.，2018），与金矿成矿关系密切。成矿后岗岔河大断裂再次发生左行走滑活动，对矿区成矿系统具有破坏作用，属于破矿构造。

以下将矿区内发育的与成矿关系密切的主要断裂构造特征予以简述：

（1）F1、F2、F3、F4、F5 断裂：这几条断裂位于岗岔金矿段，主要出露在下家门沟北西侧，多出露于隆务河组的蚀变安山岩、蚀变（角砾）凝灰岩和角砾岩中。F1、F2、F3、F4 四条断裂近于平行，断层走向均在 160°~170°，如图 3-1 所示，倾向南西西，倾角变化于 35°~55°之间，断层水平延伸长度为 0.2~1.5km。它们具有逆断层特征，两盘间存在宽 20~50m 的破碎带，带内发育蚀变碎裂岩、断层透镜体、断层泥等。岗岔金矿段的 Au-1、Au-2、Au-3、Au-4 金矿脉明显受控于上述 F1、F2、F3、F4 四条断裂,如图 3-2 所示。其中,F3 控制着矿区内最大的矿脉 Au-3,该断裂地表延伸长度约 1.5km。F5 断裂出露于 F3 断裂中部东侧,位于岗岔金矿矿部南东约 300 米,断层两侧岩性主要为隆务河群蚀变凝灰岩。断层走向 30°,倾向北西,倾角 40°,水平延伸 0.2km,断距约 5~10m,具有逆断层性质。该断裂控制了 Au-5 金矿脉产出,存在 20~30m 的断层破碎带,带内发育蚀变碎裂岩、断层透镜体、断层泥等,具有明显的导矿控矿特性。

图 3-2　矿区主要断裂 F1、F2、F3 的地貌表现

扫一扫
查看彩图

　　野外调查显示,控制 Au-1、Au-2、Au-3 三个主要金矿脉的 F1、F2、F3 断裂,向南延伸进入到由下家门沟和岗岔河交叉位置形成的"金三角"区,如图 3-1 和图 3-2 所示。"金三角"区虽然地表未像岗岔矿区北部显示出明显矿化,但是断裂破碎和蚀变仍然非常显著,表现出强烈控矿特征,如图 3-3(a)和(b)所示,而且在这些断裂南段且紧邻其东侧出现多条平行断裂,如图 3-3(c)和(d)所示,说明 F1、F2、F3 等断裂控矿特性向南延伸,暗示"金三角"区南段深部具有成矿潜力。

　　(2)F6 断裂:出露于岗岔村西沟,近南北走向,倾向西,倾角约 30°。该断裂水平延伸约 0.8km,具有逆断层性质。该断裂与北东向延伸的下家门沟和北东东延伸的岗岔河,三者围限呈三角形。由于该三角区出现诸多与矿化相关的地质现象,本书称其为"金三角"区。

　　(3)F7、F8、F9 断裂:主要分布于岗岔村至克莫村一带,由一系列走向北

图 3-3　岗岔金矿区南部的"金三角"区主要断裂野外特征

（a）、（b）F2 和 F3 延伸到"金三角"区南部的地貌表现；

（c）、（d）"金三角"区南部紧邻 F2 和 F3 东侧的断裂带地貌表现

扫一扫

查看彩图

东-南西的逆断层组成，其中 F7 断层和 F9 断层之间有大片第四系覆盖，疑似同一条断层；F8 断层走向约 20°～30°，倾向北西，断层两盘间破碎带宽度 2～20m，是下家门沟口东侧代表性断层。该处多数断层地表可见其延伸长度不超过 300m，明显属于断裂密集区。

需要说明的是，岗岔河南北由于分属不同的矿权单位，勘查工作由不同单位完成，因此矿区内断裂构造的命名较为混乱。本书沿用勘查报告中关于岗岔河以南的两条大型断裂带关于 F-1 和 F-2 的命名。其中 F-1 北西西走向，为区域性断裂的次级构造，走向 295°～311°，倾向 25°～41°，倾角 65°～68°，断裂内岩石破碎呈构造角砾岩，角砾岩性多为砂岩和火山岩等，破碎带宽度 8～25m。该断裂为一逆断层，断距大于 100m，局部可见断裂内有孔雀石化，断裂下盘为二叠系大观山组板岩，断裂上盘为隆务河组英安岩和安山岩。该断裂被后期北东向断裂 F-2 平移错动，错距约 20m。F-2 北东走向，倾向北西，倾角大于 70°，该断裂显张性特征，破碎带不宽，一般在 20cm 至 1.5m，局部发育角砾岩化，多处可见硫

化物，为含矿断裂。

对岗岔-克莫金矿区的断裂构造产状统计后发现，尽管存在不同方向的断裂杂乱展布，但是多数断裂倾向北西西-南西西（占比约为60%，见图3-4左图），而且断裂倾角多在50°~80°（占比约为61%，见图3-4右图）。显然矿区断裂构造体系既显示出多方向断裂杂乱交切的复杂性，又具有一定的优势方向，即矿区断裂以西倾的中高角度逆断层为主。

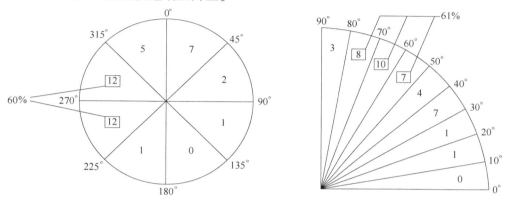

图 3-4　甘肃岗岔-克莫金矿区断裂产状统计图

（左图为断裂倾向统计图，右图为断裂倾角统计图）

3.2.3　火山机构裂隙系统

由前述可知，矿区内地层发育呈典型的"二元结构"，即下伏二叠系滨海相浅变质细碎屑岩，上覆三叠系中酸性火山岩-火山碎屑岩。其中，下伏二叠系地层岩性主要是一套强烈变形的浅变质砂岩、炭质板岩、页岩等组合；上覆三叠系主要为蚀变安山质-英安质岩、含角砾凝灰岩、角砾岩、集块岩等岩石组合。显然说明在三叠纪期间该区发育了火山活动，其火山喷发形成的裂隙系统对矿区的构造格架具有重要影响。

如图3-4所示，由于断裂系统呈现出杂乱展布但又有优势方向的复杂特征，推测矿区内构造体系是由火山机构系统和复杂应力场条件下形成的断裂构造体系叠加形成的构造格架，因此对矿区火山口（火山通道）或火山喷发系统的甄别，有利于控矿构造的准确判识。比如，Au-4号脉南端，在开挖山体的一侧明显可见近直立的岩浆运移通道内，充填有安山质角砾岩和集块岩，其间还零星裹挟了一些炭质板岩，同时其附近可见由下伏泥岩遭受严重烘烤形成的角岩化现象。特别是在该处火山碎屑岩中发育团簇状黄铁矿-电气石矿物组合，暗示炽热的岩浆通道曾经也是个排气系统。

非常值得重视的是，矿区内广泛分布有"塑性"特征的集块岩堆积，如

图 3-5（a）和（b）所示，砾径多在 20~50cm，最大砾径可达 70~80cm，具有混杂堆积特点，局部集块含量明显较高。一些地方明显可见火山集块岩中裹挟了下伏炭质板岩、砂岩等地层碎块，如图 3-5（c）所示。有些炭质板岩已被溶蚀呈近圆形角砾，如图 3-5（d）所示，暗示距离抛射岩浆产物的火山通道较近。在"金三角"区，如图 3-1 所示，可见由火山岩、火山碎屑岩（集块岩、角砾岩等）、炭质板岩和砂岩等组成的具有明显沉积型堆积而成的复成分砾岩，显然是火山盆地相产物。更为重要的是，其中不乏在这些混杂堆积的复成分砾岩中偶见有富含黄铁矿等金属硫化物矿物的砾石。

(a)　　　　　　　　　　(b)

(c)　　　　　　　　　　(d)

图 3-5　火山集块岩混杂堆积

（a）、（b）塑性火山集块岩混杂堆积；（c）、（d）火山集块岩中裹挟下伏炭质板岩等地层碎块

　　根据以上特征，推测矿区内至少存在两处明显的古火山口，如图 3-1 所示。其中 Au-4 矿脉南端的火山口具有明显"明爆"特点，即以巨砾集块岩为中心，向外砾径具有明显变小趋势，砾石磨圆极差，大小混杂堆积，不乏岩浆胶结和细碎屑沉积胶结共存现象，局部可见砾石略具有定向排列，外围砾径变小并逐步显示成层性。

扫一扫
查看彩图

　　另外一个火山口位于下家门沟口的"金三角"区南部，具有明显"隐爆"特点。即地表主要发育以细粒火山碎屑为主的凝灰岩和含角砾凝灰岩等，底部存在一层以火山岩为主要砾石的底砾岩，顶层局部出现火山熔岩。这些火山碎屑岩相展布特征显示，该处至少存在两个喷发旋回。底砾岩砾石多小于10cm，仅局部可见较大砾径的火山角砾岩，其胶结物主要是细粒级的火山物质。同时，火山口附近可见明显的隐蔽爆破炸裂充填现象［如图3-6（a）所示］，和震碎现象［如图3-6（b）所示］。由此推测"金三角"南段的下家门沟口火山口是个隐伏的破火山口，极有可能是早期火山通道被胶结封堵，后因再次集聚能量引发二次隐蔽爆破，再后来形成塌陷的破火山口。该火山口其上覆有两个喷发旋回形成的细粒火山碎屑岩层。实际上，该区发育的具有多斑结构的"侵出相"岩石、大量出现"珠滴构造"、发育密集断裂带、局部可见火山盆地相沉积层等多个"特殊现象"（后文详述）共同暗示，该火山口属于火山通道转换为热液通道的继承性通道系统，地表强烈的热液蚀变表明其也是热液活动中心。该区最上部覆盖的火山岩-火山碎屑岩抑或是一个"岩帽"，因此是重要找矿靶区之一。

图 3-6　下家门沟口"金三角"区可见隐蔽爆破炸裂充填现象和震碎现象

（a）隐蔽爆破炸裂充填形成火山角砾岩脉；（b）爆破引起的震碎现象

扫一扫
查看彩图

3.3　矿区岩浆岩

3.3.1　火山岩

如上所述，矿区内至少发现3个古火山口，其火山岩锆石U-Pb测年结果为245Ma（李金春等，2016），显然说明矿区内印支期发生了剧烈火山活动，而且火山喷发事件对成矿过程具有十分重要的影响，至少由于火山裂隙系统的存在为含矿热液运移和导矿赋矿提供了良好的通道或空间。矿区内的火山岩根据产出特征可划分为爆发相、溢流相、爆发-沉积相、侵出相和隐爆角砾岩相五种岩石类型。

3.3.1.1　爆发相

爆发相形成于火山作用的早期，在矿区内广泛分布，可细分为空落堆积相、火山碎屑流相和崩落堆积相三个亚相。

（1）空落堆积相：火山喷发后进入空中的火山碎屑在气流与自身重力的影响下降落沉积形成，岩性主要为灰色、灰绿色、褐灰色凝灰岩和角砾凝灰岩等，地表多处可见该火山岩相。

（2）火山碎屑流相：火山爆发中产生的，由含有大量热气体和碎屑组成密度流沿着近地表水平流动并逐渐冷却形成，地表分布范围较小，仅在下家门沟口西侧可见保留塑性变形定向排列构成的流动构造。

（3）崩落堆积相：出露范围较广，岩性主要为灰色、灰绿色、褐灰色火山集块岩、火山角砾岩等混杂堆积，如图3-7（a）所示。其中，在火山口周围可以见到大量的塑性集块，个别集块尺寸可达数十厘米，如图3-7（b）所示，最大者达70cm。集块的形状为球状、椭球状、棱角状等，多处可见集块岩中含有被溶蚀的下伏炭质板岩碎块，如图3-7（c）所示，也可以见到喷发抛入空中落下后形成的火山弹，如图3-7（d）所示。

(a)   (b)

(c)   (d)

图3-7 岗岔-克莫金矿区内几种不同形态的集块岩

（a）混杂堆积的火山集块岩；（b）具有塑性特征并有浆屑胶结的火山集块岩；
（c）含有炭质板岩碎块的火山集块岩；（d）火山弹

扫一扫
查看彩图

3.3.1.2 溢流相

由火山口以熔体方式溢流而出，并在地表流动过程中逐渐冷凝固结形成，岩性为灰色、灰绿色安山岩、石英安山岩等。局部可见由于富含挥发分而形成泡沫岩，如图3-8（a）所示，一些气泡空隙中可见充填了大量碳酸盐和沸石类杏仁体，如图3-8（b）所示，溢流相可见于下家门沟两侧。

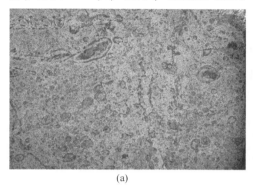

(a) (b)

图 3-8 富含挥发份的溢流相熔岩

（a）安山质泡沫岩；（b）杏仁状安山质熔岩

扫一扫
查看彩图

3.3.1.3 爆发-沉积相

图 3-9（a）是下家门沟"金三角"区内发育的由火山物质堆积形成的粒序层理，呈薄层状或纹层状，层理清楚，成分主要是安山质凝灰岩。下家门沟口东侧的"金三角"区南侧可见一套连续发育的复成分底砾岩，砾石多为次圆状，磨圆分选均较差，局部可见呈叠瓦构造，如图3-9（b）所示。底

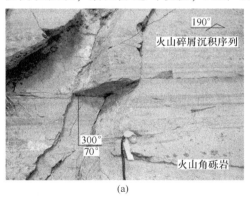

(a) (b)

图 3-9 下家门沟口的"金三角"区可见火山盆地相产物

（a）火山物质沉积形成的粒序层理；

（b）火山碎屑岩底部出现的复成分底砾岩

扫一扫
查看彩图

砾岩也可在岗岔金矿段的炸药库一带和岗岔村附近见到。该层底砾岩夹在两套火山岩-火山碎屑岩地层之间，反映出两次火山喷发间隔期"金三角"区内出现过浅水沉积环境，推断"金三角"区曾经可能是火山塌落塌陷形成的破火山口盆地。从发育粒序层理的层凝灰岩和火山岩之间夹有底砾岩的特点看，矿区内火山活动至少存在两个喷发旋回。

3.3.1.4　侵出相

侵出相由黏稠的岩浆受应力挤压而"挤出"火山通道并逐渐冷却形成的岩石单元。通常从火山通道的上部或旁侧缓慢挤出地表，是一种介于侵入岩和喷出岩相之间的过渡型岩相，一般距离火山口很近或覆盖在火山口之上。矿区侵出相岩石主要分布在德乌鲁岩体东南侧与火山岩的接触带，在下家门沟口较为典型。主要呈青灰色到深灰色，中细粒状结构，块状构造。侵出相与典型侵入相比较，颜色更深，具有明显多斑结构（后详述），斑晶含量一般在 20%~30%，最多达到 50%左右。多斑状侵出相岩石的斑晶以斜长石为主，也见角闪石、钾长石等，基质为微晶质或隐晶质。局部出现明显的多斑和少斑结构混杂堆积或急剧冷却相变的现象，矿区侵出相岩石多发育有绢云母化、硅化、绿泥石化、高岭土化，局部含有较多碳酸盐囊或呈椭球状、浑圆状、流线状或不规则状的不混溶珠滴，如图 3-10（a）所示，一些不混溶珠滴内含有黄铁矿、砷黄铁矿、毒砂、白铁矿、黄铜矿、方铅矿、闪锌矿等金属硫化物，如图 3-10（b）所示。岩石地球化学结果显示，上述相变复杂的侵出相岩石，其化学组成与闪长岩一致。一些地方的侵出相岩石边界不易辨认，与侵入岩体或凝灰岩之间呈过渡状态。

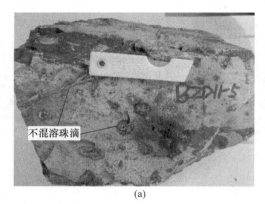
(a)

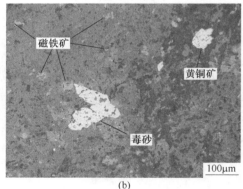
(b)

图 3-10　侵出相岩石中含有不混溶珠滴

（a）侵出相岩石中发育各种形状的不混溶珠滴；
（b）显微镜下可见不混溶珠滴内含有金属硫化物和磁铁矿

扫一扫

查看彩图

3.3.1.5 隐爆角砾岩相

剧烈的火山活动不仅显著地改变了地貌，使得地表被火山岩-火山碎屑岩所覆盖，同时可能在地下形成隐蔽爆破现象。隐蔽爆破过程常常是由于有大量热液流体/气体参与，因此会造成隐爆角砾岩碎块被热液晶出物胶结，形成隐爆角砾岩体或隐爆角砾岩筒。岗岑-克莫矿区的隐爆过程伴随有硫化物析出并充当角砾岩的胶结物，如图3-11（a）所示，而且显示出单一构造形式，即单一的闪长质隐爆角砾被富含硫化物（主要是黄铁矿）的热液产物胶结。

隐爆作用的发生是由于岩浆及其热流体（特别是富含挥发分的流体）在近地表条件下被封闭且不断有内压力积累，当超过上覆围岩的承受能力时，即发生隐蔽爆炸而实现压力卸载的现象。实际上，隐爆造成的压力卸载，使得其流体的物理化学条件发生急剧变化，而这种剧烈变化是有利于流体中金属物质卸载沉淀的。因此，隐爆角砾岩（筒）也常常是寻找矿床/体的重要标志之一。

此外，隐爆作用形成的裂隙常常是后期热液运移的通道，有时甚至隐爆导致的震碎现象也是指导找矿的重要标志。下家门沟口出现的含角砾凝灰岩由于爆炸作用影响形成震碎但没有明显位移的可拼合状态，后经热液产物充填在角砾之间胶结形成碎裂岩，如图3-11（b）所示。显然，隐爆角砾岩脉与可拼合震碎角砾岩的出现，说明岗岑-克莫金矿区深部发生过激烈的岩浆和热液活动，特别是这些隐爆和震碎角砾岩的胶结物是硫化物或强烈的褐铁矿化，更加说明该区具有良好的成矿条件。

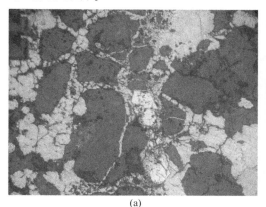 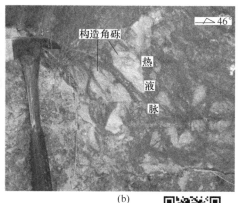

(a)　　　　　　　　　　　　　　　(b)

图3-11　岗岑-克莫金矿区内的隐爆和震碎现象

（a）隐爆角砾岩的砾石被硫化物胶结；
（b）震碎作用形成的角砾可拼合且被热液成因的褐铁矿胶结

扫一扫
查看彩图

3.3.2　侵入岩

岗岑-克莫金矿区内大的侵入岩体主要出露于北西部，为德乌鲁复式杂岩体的南东边缘，目前区内已探明的金矿体分布于德乌鲁杂岩体的外接触带内。侵入体岩性为花岗闪长岩和石英闪长岩，其中花岗闪长岩为灰白色到浅灰色，中细粒半自形粒状结构、斑状结构，块状构造。同位素年龄为（245±2）Ma（李金春等，2016）。石英闪长岩总体呈灰白色，半自形粒状结构，块状构造，主要矿物为斜长石、石英、普通角闪石，以及少量黑云母。斜长石多呈自形板状，粒径0.5~2mm，局部可见环带结构。石英多呈它形粒状，粒径0.5~1mm。角闪石呈长柱状，可见近似120°解理夹角。黑云母多为自形片状，少量发生绿泥石化。

　　矿区及其附近还发育有数量众多的印支晚期-燕山早期的各类岩脉，主要有闪长岩脉、闪长玢岩脉、石英闪长玢岩脉、花岗岩脉、石英脉，以及少量辉绿岩脉、煌斑岩脉等。各岩脉走向与矿区内大部分断裂走向较为一致，为北北西走向。岩脉的侵入及其热液活动对本区金成矿具有积极作用。

　　锆石U-Pb定年结果显示，德乌鲁杂岩体形成于233~245Ma。在岗岔-克莫金矿区北侧的老豆金矿区也有石英闪长岩，其形成年龄在238Ma至247Ma之间（高婷，2011；靳晓野等，2013；徐学义等；2014；张德贤等，2015）。

　　地球化学及同位素研究结果表明（靳晓野等，2013；张德贤等，2015），该区中酸性侵入岩的成因，是由于基性岩浆侵入下地壳，导致下地壳发生部分熔融而形成中酸性岩浆，进一步上升到浅部定位并固结成岩。

4 矿 床 地 质

截至 2017 年底，岗岔-克莫金矿区共探明黄金储量 15t，主要位于北部的岗岔金矿段。整个矿区圈出的 19 条矿脉中，有 15 条出露在矿区北部的岗岔矿段，仅有 4 条矿化体出露在矿区南部的克莫矿段，如图 3-1 所示。金矿化主要呈脉状、网脉状和浸染状在中生界隆务河组的火山岩-火山碎屑岩中产出，其空间展布形态主要受构造破碎带控制。其中，岗岔金矿段矿体主要受近南北向断裂带控制，该断裂带长约 2000m，宽约 1200m，是该矿区主要矿化带。根据其近南北走向，推测向南深部存在侧伏趋势，暗示段深部具有找矿潜力。

4.1 矿体地质

从总体勘查成果看，目前贡献于岗岔-克莫金矿区总储量的金矿脉主要是岗岔矿段的 5 条主要金矿脉，分别为 Au-1、Au-2、Au-3、Au-4、Au-5，如图 3-1 所示，主要分布于研究区北部的下看木仓-下家门沟一带，严格受构造破碎带控制。金矿体多呈层状、似层状赋存于三叠系隆务河组凝灰岩、凝灰质砂岩、安山岩的构造破碎带中。矿体与断层产状一致，大致产状为 $250° \sim 260° \angle 40° \sim 65°$，矿体界线明显。矿脉长 $40 \sim 857m$，厚度 $0.83 \sim 4.12m$，最厚处可达 20m、平均厚度 1.81m，矿石 Au 平均品位 4.17×10^{-6}，沿走向及倾向厚度均有变化。

矿化类型可划分为碎裂蚀变凝灰岩型、碎裂蚀变安山岩型、黄铁矿化碎裂岩型和石英脉型，其中碎裂蚀变凝灰岩型和黄铁矿化碎裂岩型的金矿石主要分布于 Au-2、Au-3 矿脉的大部分矿体中，该类矿石多呈角砾状和碎裂状，严格受断裂破碎带控制，局部矿石品位较富，是本区最主要矿石类型。

现将 5 个主要金矿脉特征简述如下：

（1）Au-1 矿脉：分布于下家门村西南 1000m 处。矿体呈层状-似层状赋存于构造蚀变带中，长 251m，厚 $1.36 \sim 2.07m$、平均厚度 1.75m，推测延深 80m。厚度变化系数为 170.35%。矿体产状 $250° \angle 65°$，且由北至南走向和倾向均有波化，矿体与围岩界线不明显。矿石品位 Au $(1.03 \sim 10.5) \times 10^{-6}$，平均 4.36×10^{-6}。品位变化系数为 552.19%。

（2）Au-2 矿脉：分布于 Au-1 矿体东侧 400m 处。似层状，长 132m，厚 $1.00 \sim 1.06m$、平均厚度 1.03m，延深超过 60m。厚度变化系数为 0.17%。产状 $250° \angle 78°$，赋存于构造蚀变带中，矿体与围岩界线不明显。矿石品位 Au（$1.78 \sim$

3.04)×10^{-6}，平均 2.43×10^{-6}，品位变化系数为 32.94%。

（3）Au-3 矿脉：是矿区最大金矿脉，分布于下家门村西 800m 处。层状-似层状，赋存于构造蚀变带中，长 857m，厚 0.83~8.04m、平均厚度 2.91m，厚度变化系数为 242.23%，延深超过 100m。金矿体产状 250°~260°∠50°~70°，矿体与围岩界线不明显。矿石品位 Au(1.00~24.15)×10^{-6}，平均厚度 4.19×10^{-6}，品位变化系数为 189.70%，主要由高品位金矿体 Au3-1 和低品位金矿体 Au3-2、Au3-3、Au3-4、Au3-5 组成。

（4）Au-4 矿脉：分布于 Au-3 矿体北端东侧 150m 处，二者近于平行排列。呈似层状赋存于构造蚀变带中，长 207m，厚 2.19~6.62m、平均厚度 4.12m，厚度变化系数 372.17%，延深超过 40m。产状 250°∠50°~65°，矿体与围岩界线不明显。矿石品位 Au(1.18~20.10)×10^{-6}，平均 5.71×10^{-6}，品位变化系数为 248.96%。

（5）Au-5 矿脉：分布于下家门沟东侧，似层状，长 310m，厚 0.81~1.0m、矿体平均厚度 0.89m，厚度变化系数 0.13%，推测延深 40m。矿体赋存于构造蚀变带中，产状 295°∠45°，矿石品位 Au(1.78~7.23)×10^{-6}，平均 4.07×10^{-6}，品位变化系数为 39.83%。

此外，在矿区南部可见多条 Au-Cu 和 Pb-Zn 多金属矿化点或矿化体，简述如下：

（1）I$_1$Au-Cu 矿化点：位于克莫村南东 1500m 处，产出于走向 150°断裂构造内，长 50m，地表出露宽度多大于 2m，倾向北东，倾角约 50°。矿化点出现的矿石矿物主要有孔雀石，偶见星散状黄铜矿。半定量光谱全分析显示其铜含量异常，可达 500×10^{-6}。

（2）II$_1$Pb-Zn 多金属矿化点：位于 I$_1$ Au-Cu 矿（化）体南西方向 200m 处，呈似层状产出，受北东向断裂控制，断裂倾向 305°~310°，倾角 58°~67°，长约 150m，宽 2~5m。II$_1$ 实际上是由数条宽 10~20cm 的铅锌多金属矿化体组成，沿走向存在尖灭再现现象。主要矿石矿物为方铅矿、黄铁矿、闪锌矿、黄铜矿等，也见强烈褐铁矿化和孔雀石化。脉石矿物主要有方解石、石英和斜长石等，打块取样分析结果显示，Pb 0.74%~3.37%、Zn 0.29%~7.03%、Cu 0.03%~0.60%，局部含 Ag(25.72~51.80)×10^{-6}，Au 最高达 0.12×10^{-6}。

（3）II$_2$、II$_3$Pb-Zn 多金属矿化点：位于克莫村南侧，均产于倾向 295°~305°的断裂破碎带内，断裂倾角 55°~58°。II$_2$ 矿化长度大于 100m，宽 1.1m，呈似层状、脉状产出。主要矿石矿物有方铅矿、闪锌矿和黄铁矿等，脉石矿物主要是石英、方解石等。II$_2$ 矿化的南段还可见数条石英脉，且石英脉中发育黄铁矿，偶见方铅矿，打块取样分析结果显示，Pb 4.62%、Zn 0.16%、Ag 91.67×10^{-6}、Au 1×10^{-6}。II$_3$ 属于同样的铅锌多金属矿体矿化体，地表强烈破碎并被氧化呈褐化带，破碎带中可见方铅矿及其氧化物，宽 2.5~3m，走向延长约 100m，打块样分析结果显示含 Au $0.75×10^{-6}$。

4.2 矿石特征

4.2.1 矿石类型

目前产出的金矿石主要位于北部的岗岔金矿段，可按照氧化程度划分为氧化矿和原生矿。其中，氧化矿呈褐红色，以褐铁矿化、赤铁矿化、碳酸盐化为主；原生矿呈灰-深灰色，矿石结构致密，以黄铁矿化、毒砂化、方铅矿化、黄铜矿化、辉锑矿化、硅化、电气石化等为主。依据矿石矿物组成、结构构造和蚀变碎裂程度，将岗岔-克莫金矿石类型进一步划分为以下主要类型。

（1）黄铁绢英岩化金矿石：该类型金矿石主要分布于 Au-3 号矿体的南部，是岗岔金矿段的主要矿石类型。该类矿石多呈角砾状和碎裂状，发育黄铁矿化、毒砂化和绢英岩化。黄铁矿多呈浸染状、细脉状、网脉状产出，半自形-它形晶较多，少数黄铁矿被氧化为褐铁矿、赤铁矿等。矿石产出位置严格受断裂构造控制，即构造破碎带中硫化物发育或绢英岩化强烈部位，其金品位常常能够达到工业品位。

（2）斑点状黄铁矿化金矿石：该类型金矿石多分布于岗岔金矿段的钻孔中偏深部位，多以斑点状黄铁矿伴随针状毒砂产出，局部黏土化强烈，而且当硫化物发育或黏土化强烈时，矿石品位较富。属于岗岔金矿段主要矿石类型。

（3）硅化黄铁矿化金矿石：该类型矿石主要分布于 Au-3 号矿体的南部，石英多为次生石英，即呈团块状细粒石英（或无法辨认颗粒的硅化团块）、细脉状石英。硅化大多显示乳浊状石英，透明度低。当伴随有它形-半自形黄铁矿、毒砂、闪锌矿、方铅矿等多金属硫化物产出时，该类型矿石金品位较高。属于岗岔金矿段主要矿石类型。

（4）碳酸盐化绢云母化金矿石：该类型矿石主要分布于下家门一带的 Au-31 号矿体的深部和岗岔金矿段南部的地表蚀变区。以发育方解石化、菱铁矿蚀变为主要特征，显微镜下观察和红外光谱识别结果显示，该类型矿石发育强烈的绢云母化，属于岗岔金矿段次要矿石类型之一。

（5）电气石化绢云母化金矿石：该类型金矿石目前主要在岗岔矿段中北部的钻孔（如 ZK9-1 钻孔）岩心和矿区西北部地表可见，以发育灰黑色放射状电气石为主要特点，显微镜下可见电气石和黄铁矿紧密共生，也可见毒砂、黄铜矿等硫化物，是岗岔金矿段次要矿石类型之一。

4.2.2 矿石结构和构造

岗岔金矿石结构主要有自形-半自形结构、它形粒状结构、碎裂结构、假象结构、交代残余结构、乳滴状结构、固溶体分离结构、反应边结构和环带结构等。

（1）自形-半自形结构：即毒砂矿物呈菱形、针柱状、楔形体等自形晶产出，黄铁矿呈立方体、五角十二面体或聚形晶产出，多数矿石矿物呈现自形-半自形结构，如图 4-1（a）~（c）所示。

（2）它形粒状结构：当黄铁矿主要以含砷黄铁矿出现时，多呈不规则它形产出，且粒度较为细小，局部呈浸染状或网脉状，总体上硫化物矿物难以辨认其晶形，如图 4-1（d）、（e）所示。

（3）固溶体分离结构：黄铜矿往往呈珠滴状分散在闪锌矿中，形成固溶体分离结构，如图 4-1（f）所示。

（4）聚晶结构：黄铁矿和毒砂等金属矿物聚集形成团簇状，形成聚晶结构，如图 4-1（g）所示。

（5）碎裂结构：颗粒较大的黄铁矿往往遭受构造应力作用发生破碎，常可见碎裂的黄铁矿仍然可以拼合，多数大粒级黄铁矿被碎裂成很多不规则小碎块，甚至碎粒棱角已被圆化；碎粒间隙往往被石英、方解石等矿物充填，如图 4-1（h）所示。

（6）假象结构：在氧化矿中较为常见，即黄铁矿等金属硫化物常常被金属氧化物所替代，但是晶形仍保持原矿物晶体形态，形成交代假象。

（7）充填结构：岩石碎块之间充填黄铁矿等金属硫化物，形成角砾充填结构，如图 4-1（i）所示。

（8）交代残余结构：早期形成的矿物往往遭受热液蚀变作用形成交代残余结构，如图 4-1（j）所示。

（9）反应边结构：由于矿物早期结晶后往往再次遭受流体作用，导致部分长石斑晶边部发育明显的反应边结构，如图 4-1（k）所示。

（10）环带结构：主要表现为石英、斜长石和少量的黄铁矿发育韵律震荡环带，可能为脉冲式热液反复作用结晶形成，如图 4-1（1）所示。

(a)　　　　　　　　　　　(b)

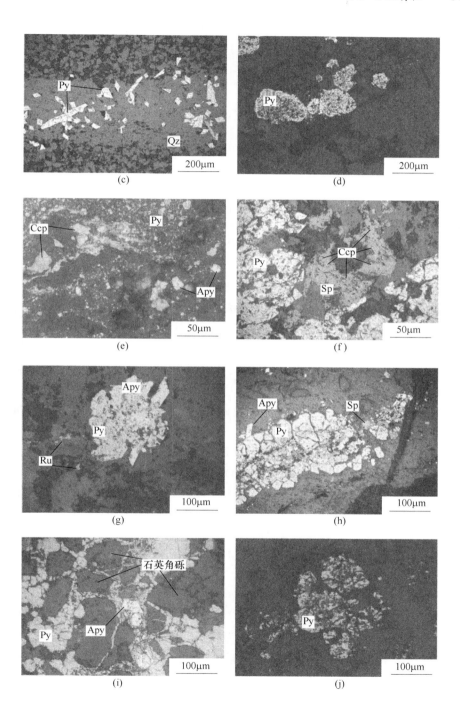

(c)

(d)

(e)

(f)

(g)

(h)

(i)

(j)

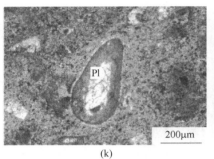 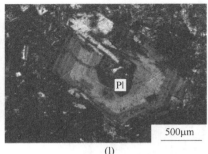

（k）　　　　　　　　　　　　　　（l）

图 4-1　岗岑-克莫金矿床的矿石结构类型

（a）立方体黄铁矿；（b）五角十二面体黄铁矿；（c）针柱状、菱形自形毒砂；（d）团块状黄铁矿；
（e）浸染状硫化物；（f）闪锌矿与黄铜矿的固溶体分离结构；（g）黄铁矿与毒砂团聚体；（h）碎裂结构；
（i）角砾状结构；（j）褐铁矿交代黄铁矿；（k）斜长石反应边结构；（l）斜长石环带结构
Py—黄铁矿；Apy—毒砂；Sp—闪锌矿；Ccp—黄铜矿；Pl—斜长石；Qz—石英

　　岗岑-克莫金矿石主要的矿石构造有细脉状构造、网脉状构造、浸染状构造、团块状构造和少量斑点状构造等。

扫一扫
查看彩图

　　（1）浸染状构造：因矿化的程度不同，黄铁矿和毒砂往往呈稠密浸染状和稀疏浸染状产出，如图 4-2（a）所示。

　　（2）角砾状构造：黄铁矿呈细脉状胶结岩石碎砾，岩石角砾呈可拼合状，如图 4-2（b）所示。

　　（3）细脉状构造：主要表现为金属硫化物呈细脉状分布在矿石中，偶见有石英脉和方解石脉切穿多金属硫化物脉，如图 4-2（c）所示。

　　（4）斑点状构造：在矿石中可见有黄铁矿呈斑点状或珠滴状分布于蚀变凝灰岩和凝灰质砂岩中，如图 4-2（d）~（f）所示。

　　（5）团块状构造：石英常呈团块状与黄铁矿等多金属硫化物脉共生，如图 4-2（g）、（h）所示。

　　（6）梳状构造：在岗岑金矿的赋矿地层中常常发育产状近于直立的梳状石英脉，其常常形成于张性裂隙中，如图 4-2（g）所示。

4.2.3　矿石矿物组成

　　在野外露头和手标本观察的基础上，采用光学显微观察、扫描电镜背散射图像，结合能谱分析、电子探针分析，以及 X 射线粉晶衍射分析，确定出岗岑-克莫金矿石中主要金属矿物是黄铁矿和毒砂，其次有白铁矿、闪锌矿、方铅矿、黄铜矿、辉锑矿、铬铁矿、褐铁矿、钛铁矿、磁铁矿、锡石、辉砷钴矿、白铁矿、赤铁矿和极微量的深红银矿，在原生矿中未见自然金。脉石矿物以石英和绢云母

图 4-2 岗岔-克莫金矿床矿石主要构造类型
（a）浸染状构造；（b）角砾状构造；（c）细脉状构造；
（d）~（f）斑点状构造；（g）梳状构造；（h）团块状构造

扫一扫
查看彩图

居多，其次为电气石、绿帘石、黝帘石、白云石、铁白云石、高岭石、地开石、蒙脱石、滑石和方解石等，其他微量矿物可见有金红石、磷灰石、榍石、锆石、钛铁矿等，以下是主要矿物特征描述。

黄铁矿：是岗岔-克莫金矿的主要金属硫化物，从产状上看，一般以半自形-它形粒状产出，少数呈现立方体、五角十二面体自形晶产出，部分黄铁矿呈稀疏-星散浸染状或细脉浸染状嵌布在脉石矿物中，也有一些与毒砂聚合成不规则团块状集合体。晶体颗粒一般介于 0.04～0.4mm 之间，粗者可达 0.8mm 以上，细小者小于 0.02mm，团聚体则通常变化于 0.3～2.5mm 之间。由于应力作用，矿石中粒度较粗的黄铁矿及其集合体大多已发生不同程度的碎裂而使其粒度发生细化，局部甚至发育为糜棱状。沿碎裂状黄铁矿粒间常可见微细铁白云石、滑石等晚于黄铁矿形成的脉石矿物充填分布。

一般来说，早期黄铁矿以粗粒、团块状、立方体自形晶形式产出，晚期热液改造黄铁矿以细粒、浸染状、细脉状、碎粒状、多孔状、它形-半自形晶形式产出。黄铁矿破碎程度越高，晶形越差，颗粒越细小，含金性越高。矿石中可见黄铁矿与白铁矿共生，特征是针柱状白铁矿沿黄铁矿边缘或粒间充填，局部二者表现为逐渐过渡的交生关系，此外，也见白铁矿呈束状、长条状集合体零星嵌布在部分脉矿物中。在氧化矿石中黄铁矿的褐铁矿化和赤铁矿化非常发育，常可见有黄铁矿的交代残余结构。

从成分上看，岗岔-克莫金矿石中的黄铁矿大致可分为两类，即含砷黄铁矿和不含砷黄铁矿。大量电子探针分析数据表明，含砷黄铁矿的 As 含量一般在0.135%～2.996%。通常情况下，含砷量较高的黄铁矿往往 Au 含量较高，含砷较低的黄铁矿 Au 含量较低，可见含砷黄铁矿与金关系密切。

值得注意的是，岗岔金矿段的矿石中发育斑点状黄铁矿，其存在形式大致划分为两类：（1）以单体形式存在；（2）以黄铁矿和毒砂团聚体形式存在。成分上，斑点状黄铁矿往往含有较高的 As，这些斑点状黄铁矿往往和闪锌矿、方铅矿、毒砂、黄铜矿等多金属硫化物共生，为主成矿阶段的共生组合矿物。其中，单体形式存在的斑点状黄铁矿可见发育环带结构。

黄铁矿环带结构由核部-幔部-边部存在成分周期性韵律变化，其中 As 和 Sb的含量变化较为明显，总体上显示自核部至边部 As 含量具有降低趋势。这可能为脉冲式热液反复作用结晶所致，暗示成矿热液具有多期次活动特征。

岗岔-克莫金矿床斑点状黄铁矿 Co-Ni 元素含量也具有显著特征。20 多件样品的电子探针结果表明，斑点状黄铁矿普遍富 Co 低 Ni，Co/Ni 质量比变化范围为0.16～87.00，平均值为 12.56。前人研究（Bralia A，1979；韩吟文和马振东，2003）认为，黄铁矿的 Co、Ni 含量及 Co/Ni 质量比值可以大致判别黄铁矿的成因。也就是，火山成因的黄铁矿 Co/Ni=5～22，沉积成因的黄铁矿 Co/Ni 质量比一般小于 0.63，热液成因的黄铁矿 Co/Ni 质量比一般约为 1.17，岩浆成因的黄铁矿 Co/Ni 质量比一般为 0.09~12。将岗岔金矿斑点状黄铁矿的 Co、Ni 含量投点于黄铁矿 Co-Ni 相关图解中，如图 4-3 所示，明显看出岗岔金矿斑点状黄铁矿主要落于火山成因区域，部分落于岩浆成因和热液成因的范围。据此我们认为，斑点状黄铁矿的形成可能与火山活动有关，其形成机制可以解释为：斑点状黄铁矿是伴随强烈的火山喷发作用被带至地表的，由于边部优先冷却结晶，核部温度高冷却略显滞后，冷凝过程向内收缩结晶形成斑点状构造或圆球状黄铁矿。由于火山热液的脉冲式作用，致使含 As 黄铁矿存在多次冷凝结晶作用下，形成了具有环带结构的斑点状黄铁矿。如果上述解释合理，那么暗示了岗岔金矿区岩浆活动期已经开始了成矿物质的预富集过程，即岩浆可能携带大量的 S、As 和 Au、Ag 等成矿物质。

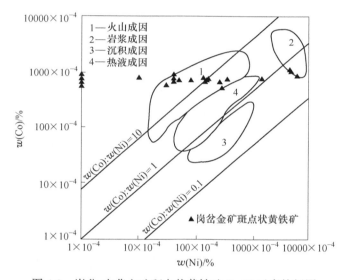

图 4-3 岗岔-克莫金矿斑点状黄铁矿 Co-Ni 元素特征图

利用偏光显微镜和扫描电镜对矿石矿物共生组合及其生成顺序研究的基础上，将黄铁矿划分为如下 5 个不同世代。

第一世代段黄铁矿（Py1）：如图 4-4（a）所示，主要呈浸染状或矿物聚合体状分布于黄铁绢英岩中。此阶段黄铁矿主要呈粗-中粒自形-半自形结构，粒度由 50~500μm 不等，部分黄铁矿颗粒粒径超过 1mm。此阶段黄铁矿多数具有边缘平滑而内部被溶蚀的结构。

第二世代黄铁矿（Py2）：如图 4-4（b）所示，主要产出于黄铁矿脉中，脉宽多为 100~500μm 之间，此阶段黄铁矿颗粒细小，自形程度较差。

第三世代黄铁矿（Py3）：如图 4-4（c）所示，主要为中细粒结构，颗粒大小为 40~200μm，主要产出于石英-黄铁矿-毒砂脉中。此阶段黄铁矿自形程度相对较高，呈自形-半自形结构，与少量毒砂共生。

第四世代黄铁矿（Py4）：如图 4-4（d）、（e）所示，同样呈中细粒结构，但

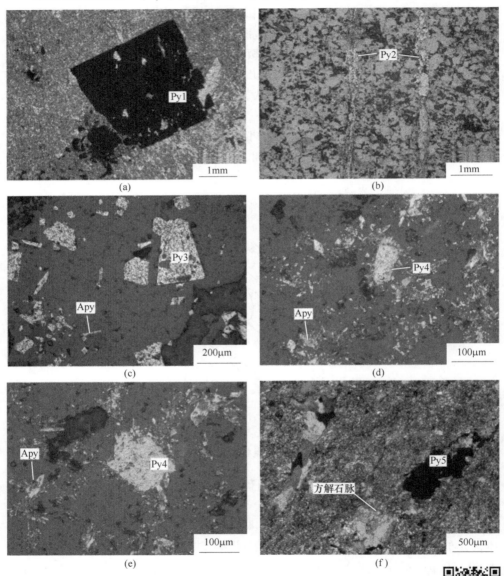

图 4-4　岗岔-克莫金矿不同世代黄铁矿显微特征

（a）黄铁绢英岩中产出的第一世代黄铁矿（Py1）；（b）第二世代黄铁矿（Py2）
呈细脉状产出；（c）第三世代黄铁矿（Py3）呈脉状与石英-毒砂共生产出；
（d）、（e）第四世代黄铁矿（Py4）与石英和其他多金属硫化物共生脉状产出；
（f）第五世代黄铁矿（Py5）与方解石共生脉状产出

Py—黄铁矿；Apy—毒砂

扫一扫
查看彩图

自形程度差，主要为它形结构，大小在 $30\sim200\mu m$，主要于石英-多金属硫化物脉中产出；这种黄铁矿常被许多细小的毒砂颗粒包裹，同毒砂、黄铜矿、闪锌矿、方铅矿等矿物共（伴）生。

第五世代黄铁矿（Py5）：如图4-4（f）所示，主要产于方解石-黄铁矿脉中，多呈半自形-它形粒状结构，粒度大小为 $100\sim500\mu m$。

不同世代黄铁矿电子探针分析结果列于表4-1。

表4-1 岗岔-克莫金矿五种类型黄铁矿电子探针分析结果 （质量分数，%）

类型	样号	位置	S	Fe	Co	Ni	Cu	Zn	As	Ag	Sb	Au	总量
Py1	H124-1-01	内部	53.75	44.03	0.27	0.18	0.09	bdl①	0.84	bdl	bdl	bdl	99.25
	H124-1-02	边缘	52.61	44.71	0.08	0.04	0.02	0.48	1.83	0.24	bdl	bdl	100.07
	H124-2-01	内部	52.34	46.30	0.14	0.18	0.07	0.48	bdl	bdl	0.20	0.07	99.96
	H124-2-02	边缘	52.08	44.44	0.22	0.26	0.01	0.21	1.74	0.03	bdl	0.07	99.06
	H202-1-01	内部	53.25	47.14	0.13	bdl	bdl	0.06	0.19	bdl	bdl	0.07	100.83
	H202-1-02	边缘	52.59	45.14	bdl	bdl	0.03	bdl	1.55	0.01	bdl	0.14	99.46
	H202-2-01	内部	54	44.00	0.16	0.14	0.17	0.10	1.15	0.03	0.20	0.09	100.01
	H202-2-02	边缘	52.83	45.59	0.07	bdl	bdl	bdl	2.07	0.02	bdl	bdl	100.62
	H157-5-01	内部	52.87	45.51	bdl	0.02	0.06	0.07	1.99	0.01	bdl	bdl	100.59
	H157-5-02	边缘	52.09	44.70	0.06	bdl	bdl	0.12	2.31	bdl	bdl	bdl	99.29
Py2	H403-01		51.45	43.56	0.25	0.23	bdl	0.13	3.28	0.01	0.04	0.07	99.02
	H403-02		53.25	42.98	0.11	0.28	bdl	0.11	1.85	bdl	bdl	0.08	98.69
	H406-06		52.11	42.10	bdl	0.04	bdl	0.15	4.17	0.01	0.06	bdl	98.72
	H406-07		50.74	46.01	0.07	0.15	bdl	bdl	2.67	0.05	0.05	bdl	99.78
	H406-08		50.54	45.69	0.06	bdl	0.13	0.07	2.65	bdl	bdl	bdl	99.20
	H117-01		52.41	45.45	0.04	0.05	0.03	0.09	1.38	bdl	0.04	bdl	99.49
	H117-02		52.24	46.05	0.12	bdl	0.03	0.05	2.69	bdl	0.05	bdl	101.25
Py3	H123-03		52.41	45.13	0.26	0.11	bdl	0.20	0.17	0.01	bdl	0.07	98.39
	H123-04		52.00	45.87	bdl	0.14	bdl	0.17	0.42	bdl	bdl	bdl	98.66
	H123-05		51.62	45.39	0.19	0.15	bdl	0.02	1.37	0.01	0.35	bdl	99.17
	H99-01		51.79	45.40	0.27	0.26	0.03	0.23	0.49	bdl	bdl	0.07	98.53
	H99-02		51.72	45.95	0.50	0.23	0.03	0.26	0.99	0.11	0.07	0.07	99.90
	H99-03		54.14	45.75	0.12	bdl	0.06	bdl	0.21	bdl	bdl	0.19	100.50
	H151-02		52.66	46.65	0.08	bdl	bdl	bdl	1.17	0.01	bdl	bdl	100.57
	H151-03		53.02	45.03	0.07	bdl	bdl	0.01	0.91	0.02	bdl	0.13	99.18

类型	样号	位置	S	Fe	Co	Ni	Cu	Zn	As	Ag	Sb	Au	总量
Py4	H133-01		52.48	46.11	0.26	0.15	0.10	0.35	0.31	0.02	0.08	0.08	99.92
	H133-02		52.63	46.45	0.30	0.29	0.01	0.19	0.07	0.02	bdl	bdl	99.96
	H133-03		52.06	46.74	bdl	0.27	bdl	0.23	0.19	bdl	0.10	bdl	99.67
	H133-04		52.50	46.58	0.23	0.21	bdl	bdl	0.12	0.01	bdl	0.07	99.72
	H133-19		54.16	44.54	bdl	bdl	0.05	0.07	0.21	bdl	bdl	bdl	99.04
	H133-21		52.57	45.68	0.10	0.03	0.10	bdl	0.35	bdl	0.08	bdl	98.90
	H133-27		54.12	44.96	0.14	bdl	0.07	bdl	0.53	0.01	0.25	bdl	100.08
	H133-28		54.34	45.28	0.11	0.04	0.06	bdl	0.35	0.02	bdl	0.09	100.28
	H178-12		51.59	46.38	0.16	0.19	0.13	bdl	0.50	0.09	0.08	bdl	99.17
	H178-13		51.59	46.38	0.16	0.19	0.13	bdl	0.50	0.09	0.08	bdl	99.17
	H178-14		51.98	46.14	0.50	0.12	bdl	0.45	0.11	0.06	bdl	bdl	99.42
	H178-15		51.96	46.77	0.04	0.29	0.05	0.04	0.15	0.04	bdl	bdl	99.42
	H178-16		52.70	47.34	0.26	0.23	0.12	bdl	bdl	0.01	bdl	bdl	100.68
	H235-07		52.30	47.3	0.34	0.17	0.09	bdl	bdl	0.01	0.20	bdl	100.44
	H235-08		52.11	47.2	0.32	bdl	bdl	0.07	0.18	0.09	bdl	bdl	100.03

注:"bdl"代表分析结果低于检测限。

毒砂:岗岔-克莫金矿石中毒砂也是常见金属硫化物之一,含量明显低于黄铁矿,而且分布不均匀,仅个别矿石中较为富集。微细的自形板片状、针柱状居多,菱面体自形晶也十分发育,如图 4-5 所示,粒度一般介于 0.005~0.04mm 之间。总体来看,矿石中毒砂主要呈星散状和浸染状嵌布在脉石中,部分聚合成夹杂大量脉石矿物的不规则状团块状,或以细脉状集合体产出,也可见沿黄铁矿边缘,如图 4-5 (a) 或粒间充填交代,集合体粒度常可至 0.05mm 以下,如图 4-5 (b) 所示。按产出类型可分为两类,第一类主要呈浸染状发育在交代型矿石中,常与第一世代黄铁矿(Py1)伴生,多以自形粒状结构产出,形态多为菱面体、长柱状、楔形体等,如图 4-5 (c) 和 (d) 所示。第二类毒砂以自形-半自形粒状结构产出为主,多与黄铁矿共(伴)生分布于石英-黄铁矿-毒砂脉或石英-多金属硫化物脉中,如图 4-5 (b) 所示。另外从 24 件样品的电子探针结果看,岗岔-克莫金矿的毒砂普遍含有 Cu、Pb、Zn、Co、Ni、Sb、Au、Ag 元素,而且晶粒细小的针柱状毒砂含 Au 性较好。

其他硫化物:包括黄铜矿、方铅矿、闪锌矿、白铁矿、辉锑矿等。

黄铜矿主要呈形态不规则的微粒状沿孔洞充填交代黄铁矿,偶见于黄铁矿粒间的脉石中,或者呈乳滴状分散于闪锌矿中,粒度一般在 0.005~0.04mm。电子

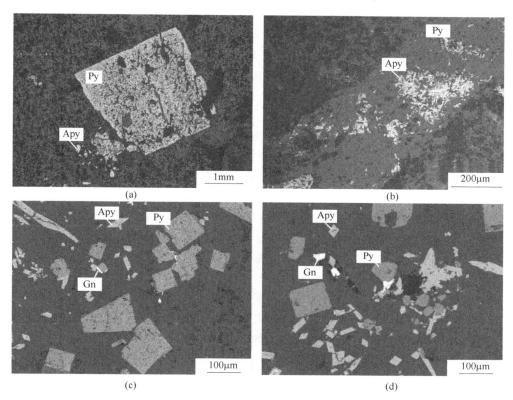

图 4-5 岗岔-克莫金矿不同类型毒砂在显微镜下[（a）和（b）]和

扫描电镜镜下[（c）和（d）]特征

（a）星散状发育在黄铁矿附近的第一类毒砂；（b）以石英-黄铁矿-毒砂脉产出的第二类毒砂；

（c）、（d）产于石英-多金属硫化物脉中的第二类毒砂

Py—黄铁矿；Apy—毒砂；Gn—方铅矿

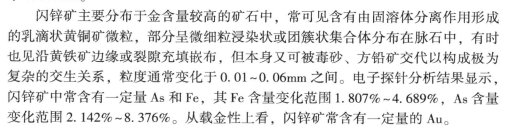

扫一扫
查看彩图

探针测试结果显示，黄铜矿含 Au 性较差。

方铅矿极少单独出现，大多呈微粒状沿粒间、孔洞或裂隙充填，与黄铁矿或闪锌矿共生，少数零星分布在脉石中，粒度通常小于 0.005mm。

闪锌矿主要分布于金含量较高的矿石中，常可见含有由固溶体分离作用形成的乳滴状黄铜矿微粒，部分呈微细粒浸染状或团簇状集合体分布在脉石中，有时也见沿黄铁矿边缘或裂隙充填嵌布，但本身又可被毒砂、方铅矿交代以构成极为复杂的交生关系，粒度通常变化于 0.01~0.06mm 之间。电子探针分析结果显示，闪锌矿中常含有一定量 As 和 Fe，其 Fe 含量变化范围 1.807%~4.689%，As 含量变化范围 2.142%~8.376%。从载金性上看，闪锌矿常含有一定量的 Au。

白铁矿常常与黄铁矿、黄铜矿、闪锌矿共生，常发育一组平行密集条纹。

辉锑矿含量较少，多以细粒状分布在烟灰色石英脉中，也见与其他多金属硫化物共生。

局部可见有铬铁矿，主要呈半自形-自形细粒状分散在蚀变凝灰岩中，与含砷斑点状黄铁矿、毒砂等金属硫化物密切共生，反射光下具有带褐色调的灰色，均质性明显，电子探针分析可知多含有一定量的 Mg 和 Al，因此为镁铝铬铁矿。

主要非金属矿物描述如下所述。

石英：矿石中的石英主要采用阴极发光显微镜进行了观察研究。

根据前人（周科子，1984）的研究结果，SEM-CL 下发光强度高的石英在 OM-CL 下通常呈现蓝色-紫色光，可能是含有较多的 Ti 和较少的 Fe 所致；SEM-CL 下发光强度低的石英在 OM-CL 下通常呈现红色-淡棕色，抑或是含有较多的 Fe 和较少的 Ti 所致，也可能与含有微量的 Al 有关。本次分别在扫描电子显微镜配置的阴极发光（即 SEM-CL）和阴极发光显微镜（即 OM-CL）条件下进行了岗岔金矿段钻孔岩芯矿石中石英的显微观察和对比研究。

观察结果显示，在 OM-CL 镜下，成矿早阶段（Ⅰ阶段）的石英阴极发光较差，呈现较微弱蓝紫色调，环带结构不明显。主成矿阶段石英的阴极发光特征较显著，可以观察到石英呈明显蓝紫色，部分样品呈现微带蓝色调的棕褐色或紫色特征。可清晰识别出石英的裂隙构造，如图 4-6 所示。大部分石英颗粒的环带结构能够清晰显示，如图 4-6（a）和（b）所示，幔部与边部界限截然，边部环带线平直且较细。特别能够颜色差异区别早阶段石英（呈紫红色）和晚阶段石英（呈蓝色），如图 4-6（c）和（d）所示。

值得注意的是，一些样品（如 zk7-6-418 样品）在 OM-CL 阴极发光条件下环带构造更为明显，而且常常出现核、幔和边部呈现显著不同的颜色，有时在幔部和边部之间可以清晰地观察到与裂隙同样的鲜黄色亮线，表明微量成分在这些部位有差异，这一特征在 SEM-CL 下同样出现，暗示这些部位阴极发光性较强，抑或与后期流体交代有关。

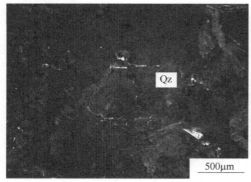
(a)

(b)

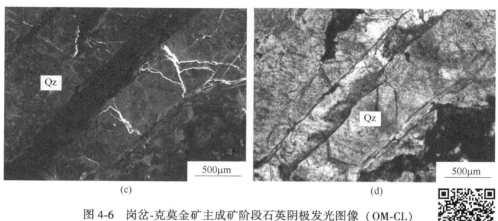

图 4-6 岗岔-克莫金矿主成矿阶段石英阴极发光图像（OM-CL）

（a）OM-CL 镜下石英发红褐色光；（b）单偏光镜下石英颗粒；
（c）OM-CL 镜下红褐色石英被蓝紫色石英脉切穿；（d）单偏光镜下两期石英脉

扫一扫
查看彩图

绝云母：主要产于交代类型矿石中，多形成于成矿早阶段，呈细小鳞片状，多与细粒半自形-它形石英颗粒共生，如图 4-7（a）所示，有时也与黄铁矿共生，所以绝云母发育时也常称为绝英岩化或黄铁绝英岩化。大多数情况下，绝云母是通过交代长英质矿物形成的，因为在交代蚀变较弱处可见斜长石等交代残余，甚至保留斜长石交代假象。

方解石：方解石为成矿晚阶段热液活动的产物，多以脉状产出，并穿插于早阶段形成的矿物颗粒间［见图 4-7（b）］或者切穿早阶段形成的破碎矿物或其他脉体。常见与石英共生，偶见零星分布于碎裂黄铁矿的裂隙内。

绿泥石和绿帘石：也是岗岔金矿除石英、绝云母、方解石外的主要脉石矿物。绿泥石和绿帘石［见图 4-7（c）和（d）］主要是通过交代角闪石、黑云母

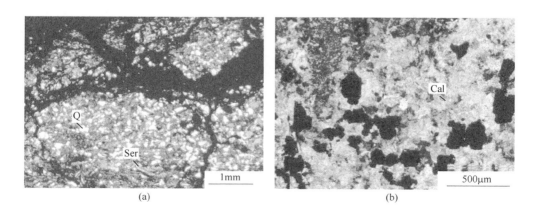

（a）　　　　　　　　　　　　　　　（b）

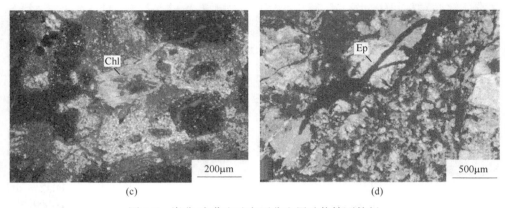

(c)　　　　　　　　　　　　　　　　　　　(d)

图 4-7　岗岔-克莫金矿主要非金属矿物镜下特征

（a）黄铁绢英岩化矿石中的细小鳞片状绢云母；（b）方解石-黄铁矿细脉中的方解石；
（c）正交偏光镜下绿泥石呈靛蓝色异常干涉色的；（d）正交偏光下粒状绿帘石呈彩色干涉色
Ser—绢云母；Cal—方解石；Chl—绿泥石；Ep—绿帘石

等暗色矿物形成的产物。可明显看到交代残余结构。绿泥石由于在正交偏光下呈靛蓝色异常干涉色，如图 4-7（c）所示，绿帘石则通常在正交偏光下呈彩色干涉色，如图 4-7（d）所示，所以这两种矿物在偏光显微镜下很容易识别。

扫一扫
查看彩图

　　电气石：岗岔金矿北部发育电气石，灰黑色，多呈放射状（见图 4-8）出现，有时也呈团簇状或束状产出。扫描电镜能谱分析显示，电气石普遍含有一定量的 Mg 和 Fe，因此该电气石应属于镁铁电气石。电气石常常与方解石共生［见图 4-8（a）］，也可见与黄铁矿密切共生，其成因可能与火山喷气作用有关。

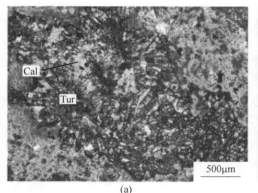

(a)　　　　　　　　　　　　　　　　　　　(b)

 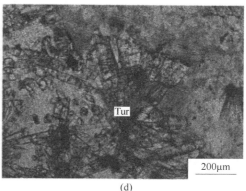

(c) 200μm   (d) 200μm

图 4-8　岗岔-克莫金矿电气石光学显微特征
（a）单偏光镜下放射状电气石；（b）正交光镜下放射状电气石；
（c）正交光下电气石高级干涉色；（d）电气石垂直 C 轴的横纹
Tur—电气石；Cal—方解石

扫一扫
查看彩图

4.3　金的赋存状态

一般来说，依据金粒径的大小将自然金分为三类：明金（大于 0.2mm）、显微金（0.2μm ~ 0.2mm）、次显微金（小于 0.2μm）。有学者（Cook & Chryssoulis，1990）将粒度小于 0.1μm 的次显微金称为"不可见金"。有时也从成因角度分为独立金、胶体金、络合物金和吸附金（应育浦等，1992）。从与其他矿物的嵌布形式来看，又可划分为裂隙金、粒间金、包裹金、连生金（舒斌等，2006）。对于不可见金来说，也常常按照赋存状态分为超显微纳米级单质金、类质同象金、晶格金、固溶体金（朱炳玉等，2010；张复新和马建秦，1999）。

不少学者（曹晓峰等，2012；刘新会等，2010；靳晓野和李建威，2013；刘家军等，2010；毛景文，2001；卢焕章等，2013）对西秦岭地区金矿的金进行过详细研究，特别是寨上金矿、老豆金矿、早子沟金矿等，似乎与滇黔桂地区和川西北地区的一些卡林型金矿金的赋存状态一样，被认为主要以微细粒自然金颗粒（小于 1μm）的形式赋存于环带状含砷黄铁矿、毒砂等矿物的内部。

对于含砷黄铁矿和毒砂中晶格金的形成机制，李增胜等（2013）将其解释为如下过程：Au 和 As 这两个元素对物理化学条件非常敏感，当成矿热液中存在强氧化剂时，Au^0 被氧化为 Au^{1+} 或 Au^{3+}（刘家军等，2010）。而当溶液中存在一定浓度的 S 或者其他卤素组分时，Au 与 S 常常形成配位化合物 $[Au^{3+}S_2^{2-}]$、$[Au^+S^{2-}]$ 等。在 As 浓度较高的热液环境中，As^{3-} 常替代部分 S^{2-}。依据电荷补偿守恒原则，部分 Au^{3+} 替代 Fe^{2+}，形成具有晶格金的毒砂和含砷黄铁矿。然而，也有学者对于 Au 以何种价态进入硫化物提出了不同观点。比如，李九玲等（1995，2002）认为 Au 是以 Au⁻进入硫化物中代替了 S 的位置；另外一些学者（Archart，1996；Hofstra& Cline，2000）则认为，金以 Au⁺进入了含砷黄铁矿结构。

对于硫化物晶体生长过程中包裹的微细粒金，有学者认为其形成过程为富金流体吸附了 Au⁺，在硫化物的表面，然后被还原而生成了包裹体金（Simon et al.，1999；Fleet & Mumin，1997）；也有学者（Palenik et al.，2004）认为包裹体金的形成是因为 Au 含量超过了其在含砷黄铁矿中的溶解度极限而出溶所致。

岗岔-克莫金矿原生矿中金几乎全部以"不可见金"形式存在，仅在氧化矿石中偶见显微可见金，且主要赋存在赤铁矿或褐铁矿的溶蚀孔洞中，粒度一般为 1~4μm。根据黄铁矿、毒砂、闪锌矿和黄铜矿的电子探针数据，在含砷黄铁矿、毒砂和闪锌矿中均含有高于电子探针检出限的金存在，说明金可能以"不可见"的纳米级超显微包裹金的形式存在，也有少量的金以"不可见"的晶格金和微米级的显微"可见金"存在。

图 4-9 是岗岔金矿段含砷黄铁矿中 As-S 含量关系图解。可以看出，As 与 S 含量呈反相关关系。由此认为，在富 As-Au-S 流体条件下黄铁矿结晶时，As 可能以 As⁻或者 [AsS]³⁻离子团形式代替部分的 S，同时 Au 以 Au³⁺或者 Au⁺形式替代 Fe²⁺，因而形成富含晶格金的含砷黄铁矿。当温度降低或者压力减小时，局部晶格金的溶解度降低导致了极微细粒的显微金聚集，这也可能是形成含砷黄铁矿内部"不可见金"的原因。

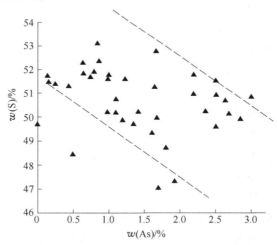

图 4-9　岗岔-克莫金矿含砷黄铁矿中 As-S 含量关系图解

另外，从岗岔金矿段含砷黄铁矿 Au/As 质量分数比值看，含砷黄铁矿的 Au/As 大部分大于 0.02，这说明岗岔金矿的"不可见金"主要以纳米级微细粒金形式存在，但也不排除少量的以固溶体金或者晶格金形式存在的可能。

4.4 围岩蚀变

岗岔-克莫金矿围岩蚀变较为发育，其中与矿化关系密切的围岩蚀变主要有褐铁矿化、赤铁矿化、绢英岩化、黄铁矿化、硅化、毒砂化、碳酸盐化、绿泥石化、高岭土化、电气石化和碳酸盐化等，部分品位较富的矿段发育一定程度的黏土化。

褐铁矿化：呈黄褐色、红褐色或紫色，主要在地表及近地表氧化带中出现的氧化矿石中发育，如图 4-10（a）、图 4-11（a）所示，其往往是由黄铁矿氧化所致。一般存在于网脉状、细脉状构造裂隙，是氧化矿中金的主要赋存矿物。该类蚀变是矿区地表最为常见的一种蚀变类型。

赤铁矿化：广泛存在于褐铁矿化，在氧化矿石中多呈针柱状产出，其溶蚀孔洞中往往成为金的赋存场所。

黄铁矿化：主要表现为浸染状、稠密浸染状、脉状、网脉状、团块状产出，如图 4-10（b）所示。黄铁矿是矿区主要的载金矿物之一，黄铁矿化主要发育在原生矿石中，是矿区最主要的金属矿物之一，也是该矿区最典型的找矿标志，如图 4-11（b）所示。

毒砂化：多发育在黄铁矿化部位，常常与细粒黄铁矿共生，浅白色，显微镜下常呈菱形自形晶，如图 4-11（c）所示。一般来说，针状、长柱状毒砂往往载金性较好，常见沿黄铁矿边缘产出，在绢英岩化或黄铁绢英岩化蚀变中常可见到毒砂化发育。

绢英岩化：显微镜下表现为绢云母及次生石英密切共生 [图 4-10（d）]，手标本多见绢英岩化蚀变呈现特殊的细碎绢云母丝绢光泽。绢英岩化多与黄铁矿化和毒砂化共生，与金矿化关系密切。

硅化：多为乳白色，少量烟灰色，主要发育于矿体附近或近矿围岩中，呈脉状、团块状、网脉状充填于岩石裂隙中，梳状广泛发育在矿体及围岩中，硅化发育的地方往往伴随多金属硫化物产出，硅化发育的地段露头容易出现突出正地形，如图 4-10（c）所示。

黄铁绢云母化：是岗岔金矿段原生矿石及其围岩的主要蚀变，多呈淡黄绿色，如图 4-10（d）、图 4-11（d）所示。当矿脉厚并且品位较富时，该类型蚀变特别发育。其中黄铁矿往往呈稀疏浸染状或稠密浸染状、细脉状、网脉状分布，粒径大小不均。

黏土化：具有黏土化的岩石一般比较破碎，如图 4-10（e）、图 4-11（g）所示，颜色较浅，呈白色泥状，常发育有高岭石、蒙脱石等黏土矿物。

图 4-10   岗岔-克莫金矿区几种典型围岩蚀变类型
（a）近直立褐铁矿化脉；（b）多金属硫化物细切穿黄铁矿脉；（c）强硅化蚀变带呈突出正地形；
（d）绢英岩化在显微镜下的特征；（e）地表的黏土化表现；（f）手标本可见放射状电气石化；
（g）网脉状方解石；（h）转石中可见孔雀石化

电气石化：一般发育于矿区西北部，为火山喷气作用形成，部分电气石与黄铁矿紧密共生，如图4-10（f）、图4-11（e）所示。

碳酸盐化：是破碎蚀变带中最常见的一种蚀变，往往形成以方解石为主的碳酸盐矿物组合，可见有铁白云石等出现，常常呈脉状、细脉状充填于早期裂隙，如图4-10（g）、图4-11（h）所示。碳酸盐是在长石绢云母化、角闪石绿泥石化过程中释放出的部分 Ca^{2+}，与热液中 $[CO_3]^{2-}$ 结合，于热液作用晚期形成的。一般来说，碳酸盐化往往是成矿晚期低温热液蚀变的产物，标志着金矿化接近尾声。

孔雀石化：是黄铜矿氧化后的产物，在矿区中偶有出露，仅在下家门沟口西侧和岗岔河南岸的克莫村东沟有发现，距离揭露的矿体较远，可能暗示了矿区内铜矿化的存在，如图4-10（h）、图4-11（i）所示。

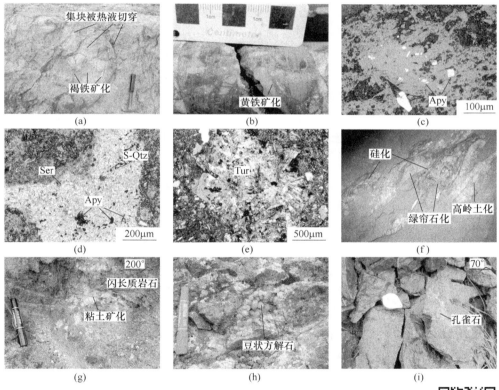

图4-11　岗岔-克莫金矿区典型围岩蚀变现象

（a）地表发育强烈褐铁矿化；（b）网脉状黄铁矿化；（c）星散状毒砂化；
（d）含毒砂绢英岩化；（e）电气石化；（f）硅化、绿帘石化、高岭土化；
（g）黏土矿化；（h）碳酸盐化（豆状方解石）；（i）孔雀石化
Apy—毒砂；Ser—绢云母；S-Qtz—次生石英；Tur—电气石

扫一扫
查看彩图

绿泥石、绿帘石化［见图4-11（f）］：在矿区内偶有出现，在下家门沟口西侧约1km处大量出现岩石表面呈浅绿色，多与零星黄铁矿化伴生。

高岭土化［见图4-11（f）］：矿区内地表局部可见，钻孔内广泛发育，高岭土化地段一般岩石较为破碎。

4.5　成矿期次与成矿阶段

在详细调查矿区野外地质特征、矿石矿物共生组合、脉体穿插关系的基础上，结合室内对矿石光薄片中矿物生成顺序及载金矿物的产出状态等综合研究，认为岗岔-克莫金矿的成矿期次划分为岩浆期、热液期、表生氧化期。其中，成矿事件主要发生在热液期，见表4-2。

热液期可进一步划分为四个成矿阶段，即黄铁绢英岩阶段（第Ⅰ阶段）、石英-黄铁矿阶段（第Ⅱ阶段）、石英-黄铁矿-毒砂阶段（第Ⅲ阶段）、碳酸盐阶段（第Ⅳ阶段），如图4-12所示。其中第Ⅱ、Ⅲ阶段为金成矿主要阶段。

第Ⅰ阶段，黄铁绢英岩阶段。含矿热液的运移对赋矿岩石进行交代、改造，产生了以黄铁矿、绢云母、石英为主的黄铁绢英岩化作用，此阶段常产出呈八面体或五角十二面体的自形粒状结构的黄铁矿，局部可见斑点状或浸染状黄铁矿，如图4-12（a）所示。另外，此阶段还产出呈细小鳞片状的绢云母［见图4-12（e）］及呈它形粒状集合体的石英。该阶段属于成矿早阶段，矿石的金品位往往较低。

第Ⅱ阶段，石英-黄铁矿阶段。此阶段发育大量黄铁矿细脉，常被后阶段石英-黄铁矿-毒砂脉切穿，如图4-12（f）和（g）所示，此阶段产出颗粒细小的黄铁矿，晶形难以分辨。

第Ⅲ阶段，石英-黄铁矿-毒砂阶段。此阶段主要发育石英、黄铁矿和少量毒砂构成的细脉，如图4-12（b）（f）（g）所示。细脉往往穿插在黄铁绢英岩中，此阶段往往产出呈自形-半自形黄铁矿，并有少量毒砂伴生。该阶段矿物组成较前几阶段复杂，主要产出石英、黄铁矿、毒砂、黄铜矿、闪锌矿、方铅矿等，可见此阶段发育的细脉切穿早阶段形成的脉体，如图4-12（b）~（d）所示。此阶段常常产出细小的它形粒状黄铁矿，周围有其他多种金属硫化物共（伴）生。

第Ⅳ阶段，碳酸盐阶段。该阶段主要形成方解石-黄铁矿细脉、网脉，穿插于早阶段矿石之中或切穿早阶段形成的细脉，如图4-12（d）和（h）所示。此阶段产出颗粒相对粗大的黄铁矿，但与金矿化无关。

表 4-2 岗岔金矿成矿期次与成矿阶段划分及矿物生成顺序表

矿物	岩浆期	黄铁绢英岩阶段	石英-黄铁矿阶段	石英-黄铁矿-毒砂阶段	碳酸盐阶段	表生期
		热液期				
石英	▬	▬	▬	▬		
斜长石	▬					
钾长石	▬					
角闪石	▬					
黑云母	▬					
锆石	▬					
磷灰石	▬					
榍石	▬					
锡石		▬				
电气石		▬				
铬铁矿		▬				
黝帘石		▬				
绿帘石		▬				
金红石		▬				
辉砷钴矿		▬				
绿泥石		▬				
辉锑矿				▬		
斑点状黄铁矿	▬					
含砷黄铁矿			▬	▬		
黄铁矿		▬	▬	▬	▬	
毒砂				▬		
金				▬		
伊利石			▬	▬		
白云母			▬	▬		
蒙脱石			▬	▬		
高岭石			▬	▬		
闪锌矿				▬		
方铅矿				▬		
黄铜矿				▬		
硫锑铜矿				▬		
白铁矿				▬		
方解石					▬	
铁白云石					▬	
褐铁矿						▬
赤铁矿						▬

图 4-12 岗岔-克莫金矿不同成矿阶段矿石野外及镜下特征

（a）成矿早阶段产出呈浸染状分布于矿石中的黄铁矿颗粒；（b）石英-硫化物脉切穿
较早阶段的石英-黄铁矿脉；（c）黄铁矿脉中有石英-硫化物细脉穿插；（d）晚阶段方解
石脉切穿较早阶段的石英-硫化物细脉；（e）绢云母化岩石中的早阶段自形黄铁矿颗粒；
（f）石英-黄铁矿脉切穿较早阶段的黄铁矿脉；（g）方解石脉切穿较早阶段的石英-黄铁矿细脉

扫一扫
查看彩图

5　岗岔-克莫金矿区岩浆活动与成矿

　　岗岔-克莫金矿区内岩浆岩主要为一套中酸性岩浆岩组合，其中包括安山岩、英安岩等火山岩，安山质凝灰岩、角砾岩和集块岩等火山碎屑岩，以及闪长岩、闪长玢岩和闪长质次火山岩等侵入岩组合，局部可见中性脉岩，如闪长岩脉等。火山岩覆盖矿区大部分地区，侵入岩体主要出露于矿区西部，实为区域德乌鲁复式杂岩体的东边缘部分，如图5-1所示。

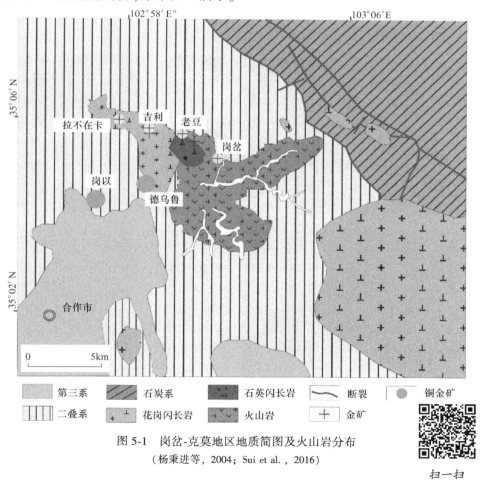

图 5-1　岗岔-克莫地区地质简图及火山岩分布

（杨秉进等，2004；Sui et al.，2016）

扫一扫

查看彩图

5.1　火山岩地质特征

岗岔-克莫矿区火山岩岩性主要为安山岩、英安岩。其次还有安山质火山集块岩、火山角砾岩及凝灰岩等火山碎屑岩。野外调查还表明，局部有中性次火山岩（局部显示应为次石英闪长玢岩）穿插到安山岩、英安岩及火山碎屑岩中，或其中含有安山岩或英安岩的捕房体，反映了次火山的形成略晚于安山岩、英安岩和安山质火山碎屑岩。

安山岩颜色为深灰-灰绿色或褐红色，斑状结构，块状构造，局部可见杏仁状构造和气孔状构造。镜下可见，如图 5-2（a）所示，斑晶主要为斜长石，其次有角闪石。斜长石斑晶的晶形主要呈两种，一种为自形长板状，另一种为不规则碎斑状；角闪石斑晶多发生绿泥石化。基质由微晶状斜长石或玻璃质组成，微晶斜长石呈交织结构和细粒结构。岩石常发育不均匀绿泥石化、绿帘石化及碳酸盐化，局部可见黄铁矿化。

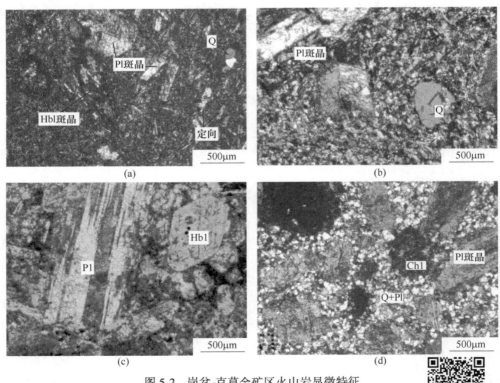

图 5-2　岗岔-克莫金矿区火山岩显微特征
（a）安山岩；（b）英安岩；（c）、（d）次石英闪长玢岩
Pl—斜长石；Q—石英；Hbl—角闪石；Chl—绿泥石化角闪石

扫一扫
查看彩图

英安岩颜色主要为灰白色和褐红色，结构构造与安山岩类似。

显微镜下可见［见图 5-2（b）］其斑晶矿物主要为石英、斜长石，常见熔蚀反应边。基质主要呈细粒结构和交织结构。局部可见发育绢云母化、绿泥石化等。

中性次火山岩颜色多呈灰色、灰绿色或褐红色，岩石主要为斑状结构，斑晶含量较高，最多可达岩石体积的 50% 以上，块状构造。显微镜下可见，如图 5-2（c）和（d）所示，该岩石具有典型斑状结构，斑晶主要为斜长石，其次为角闪石和石英。斜长石斑晶多呈自形-半自形的板状结构，可见聚片双晶和环带结构；角闪石斑晶柱状或菱形截面，自形晶或浑圆状边缘；石英斑晶多被熔蚀呈浑圆状。基质部分主要由斜长石组成，其次为石英，含量大于 5%，偶见绿泥石化的黑云母穿插其中。斑晶和基质均遭受不同程度的蚀变，主要蚀变类型为绢云母化、绿帘石化、绿泥石化、碳酸盐化等。

火山岩组合中安山岩、英安岩和次火山岩的全岩主、微量和稀土元素的分析测试结果见表 5-1。

表 5-1　岗岔-克莫金矿区安山岩、英安岩、次火山岩的化学成分　　　（质量分数，%）

样号	BZD6T	BZD8T	ASY-1	ASY-2	992	993	991
岩性	次石英闪长玢岩	次石英闪长玢岩	安山岩	安山岩	安山岩	安山岩	英安岩
SiO_2	57.57	60.78	56.28	57.85	61.93	60.20	65.19
TiO_2	0.65	0.82	0.58	0.73	0.68	0.76	0.58
Al_2O_3	19.40	18.35	15.75	17.80	17.31	18.06	16.60
FeO^T	6.61	4.79	6.80	5.63	5.40	5.67	4.19
MnO	0.11	0.11	0.12	0.10	0.09	0.10	0.06
MgO	2.31	2.27	4.99	3.35	3.66	3.37	2.70
CaO	4.51	4.86	8.07	6.16	5.52	6.53	4.45
Na_2O	3.07	2.30	2.38	3.40	2.44	2.56	3.54
K_2O	2.09	1.97	1.33	0.90	2.23	1.99	2.11
P_2O_5	0.17	0.12	0.08	0.10	0.13	0.13	0.10
LOI	2.72	2.92	3.53	3.93	2.76	2.86	1.99
SUM	99.23	99.28	99.91	99.95	99.56	99.53	99.60
K_2O/Na_2O	0.68	0.86	0.56	0.26	0.91	0.78	0.60
Na_2O+K_2O	5.17	4.27	3.71	4.30	4.67	4.55	5.65
A/CNK	2.00	2.01	1.34	1.70	1.70	1.63	1.64
A/NK	8.40	9.94	7.95	6.14	9.32	9.04	6.80
$MgO^{\#}$	41.16	48.72	59.49	54.35	57.56	54.32	56.32

样号	BZD6T	BZD8T	ASY-1	ASY-2	992	993	991
Cr	56.82	146.64	306.00	38.80	76.30	69.10	105.00
Co	12.91	13.75	27.20	21.00	35.60	46.20	13.00
Ni	16.43	18.13	68.00	15.30	13.30	17.40	30.20
Rb	67.14	91.74	46.50	30.00	117.00	60.90	87.50
Sr	312.40	301.40	260.00	341.00	241.00	301.00	376.00
Y	14.45	18.23	16.80	21.90	22.40	20.40	14.50
Ba	421.60	479.00	329.00	287.00	389.00	370.00	481.00
Pb	158.98	32.24	20.10	23.40	22.10	17.70	41.30
Th	9.01	8.04	6.58	6.47	9.54	8.13	10.40
U	1.99	1.65	1.64	1.60	1.90	1.84	2.55
Nb	24.17	27.84	8.79	9.43	17.60	18.10	13.00
Ta	1.44	1.62	0.69	0.71	1.29	1.29	0.97
Zr	192.66	214.51	140.00	165.00	203.00	177.00	171.00
Hf	4.36	4.83	4.27	4.81	5.20	4.54	4.77
La	31.84	28.46	22.20	22.10	34.10	28.90	30.90
Ce	64.78	58.32	43.20	43.10	65.50	56.80	60.40
Pr	7.14	6.54	5.18	5.25	7.14	6.34	6.61
Nd	24.06	22.52	20.40	20.50	26.20	23.40	24.30
Sm	4.36	4.29	3.61	3.98	5.06	4.68	4.71
Eu	1.18	1.14	1.03	1.10	1.11	1.14	1.02
Gd	3.76	3.94	3.44	3.74	4.49	4.24	3.91
Tb	0.53	0.60	0.61	0.69	0.68	0.64	0.54
Dy	2.77	3.34	3.06	3.79	3.92	3.80	2.68
Ho	0.52	0.68	0.62	0.74	0.78	0.74	0.50
Er	1.36	1.90	1.70	2.16	2.20	2.07	1.44
Tm	0.18	0.27	0.30	0.37	0.32	0.28	0.20
Yb	1.07	1.73	1.92	2.41	2.05	1.92	1.26
Lu	0.15	0.26	0.27	0.34	0.34	0.30	0.20
ΣREE（稀土含量）	143.70	134.00	107.54	110.27	153.89	135.25	138.67
LREE（轻稀土）	133.36	121.27	95.62	96.03	139.11	121.26	127.94
HREE（重稀土）	10.34	12.73	11.92	14.24	14.78	13.99	10.73
LREE/HREE	12.90	9.52	8.02	6.74	9.41	8.67	11.92

样号	BZD6T	BZD8T	ASY-1	ASY-2	992	993	991
La_N/Yb_N	21.32	11.78	8.29	6.58	11.93	10.80	17.59
δ_{Eu}	0.87	0.83	0.88	0.86	0.70	0.77	0.71

注：（1）主量元素含量%，微量元素含量×10^{-6}，P_2O_5（包括）之前的成分为主量元素，Cr（包括）之后是微量元素，LOT 是烧失量，与主量元素单位相同，SUM 是总量，与主量元素单位相同，其余那几个是比值，无量纲。氧化物形式都为主量，单元素符号为微量元素。

（2）编号 991、992、993 样品数据引自骆必继等（2013），其余数据来自本课题组测试分析。

可以看出，安山岩 SiO_2 含量为 56.28%～61.93%；英安岩的 SiO_2 含量为 65.19%；次火山岩的 SiO_2 含量为 57.57%～60.78%。三者的 Al_2O_3 含量为 15.75%～19.40%；Na_2O 含量为 2.30%～3.54%；K_2O 含量为 0.90%～2.23%；K_2O/Na_2O 均小于 1，介于 0.26～0.91 之间；Na_2O+K_2O 含量为 3.71%～5.65%；样品烧失量变化于 1.99%～3.93%。

将上述结果对照 TAS 火山岩分类命名图解可知，表 5-1 中 7 件样品中，有 5 件落于安山岩区，2 件落于英安岩区，与野外观察和显微镜下的鉴定结果相一致。而且这些样品多属于钙碱性系列之过铝质岩石。

从图 5-3（a）还可以看出，岗岔-克莫矿区火山岩具有相似的球粒陨石标准化稀土配分模式，均表现为轻稀土（LREE）富集而重稀土（HREE）相对亏损的右倾模式，存在微弱 Eu 负异常（$Eu/Eu^* = 0.70 \sim 0.88$），轻、重稀土元素分馏较强烈（LREE/HREE＝6.74～12.90），$(La/Yb)_N$ 比值变化于 6.58～21.32。

微量元素原始地幔标准化蛛网图显示，如图 5-3（b）所示，总体表现右倾负斜率的分配模式，大离子亲石元素（Rb、Th、U 等）呈富集状态，高场强元素（Nb、Ta、P、Ti 等）呈亏损状态，无明显的 Zr、Hf 负异常。

总之，岩石具有较高的 MgO 含量（其中安山岩 3.35%～4.99%），低的 FeO^T/MgO 比值（1.36～1.68）和 TiO_2 含量（0.58%～0.82%），较高的 Cr（38.80～306.00）×10^{-6} 和 Ni（15.30～68.00）×10^{-6} 含量，微量元素亏损 Ba、Nb、Ta、P、Ti 和 LREE，轻微的 Eu 负异常，如图 5-3 所示，类似于高镁安山岩（Polat et al.，2001；Tatsumi，2001）的地球化学特征，但与典型埃达克岩石相比，Sr 相对较低，而 Y 含量相对较高，Sr/Y 值偏低。认为该套火山岩组合属于活动大陆边缘岛弧环境成因。

特别需要说明的是，在岗岔-克莫金矿区火山岩组合的次火山岩，在下家门过口一带可以划分出一套闪长质侵出相火山岩，呈灰黑色-青灰色，斑状-似斑状结构，具有块状构造，局部发育流动构造，偶见有不均匀混合现象，如图 5-4（a）和（b）所示，局部含有明显熔圆特征的凝灰岩和火山角砾碎块，如图 5-4（c）和（e）所示。根据矿物斑晶含量，可分为多斑结构和少斑结构，其中，多斑结构的岩石斑晶主要为斜长石和角闪石，基质隐晶质；同前者相比，具有少斑结构的岩石的斑晶小而少，斑晶矿物主要为斜长石、角闪石、钾长石及少量的石英，还有一些黝帘石、绿帘石、绿泥石和褐铁矿等。此外，该侵出相岩石中还发现了很多"不混溶珠滴"，如图 5-4（d）和（f）所示，简称为"珠滴"（下同）。

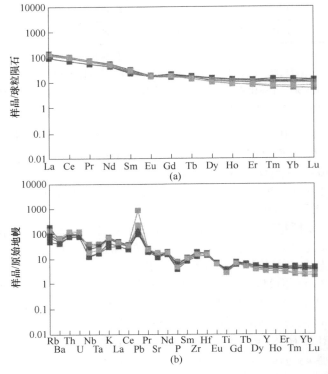

图 5-3 岗岔-克莫金矿区火山岩组合的稀土元素配分曲线（a）和微量元素蛛网图（b）
（标准化值据 Sun and McDonough，1989）

扫一扫
查看彩图

"珠滴"呈浑圆状、椭球状、透镜体状、眼球状或不规则状成群产出，如图 5-5 所示，直径一般 0.5~10cm，以 1~2cm 为主，最大者长轴可达 25cm。有些颜色从核部到边部逐渐由浅绿色到灰白色变化，如图 5-5（a）和（b）所示，有些几乎全部呈浅绿色，如图 5-5（c）所示，一些略具环带构造，如图 5-5（d）所示，有些存在很多气孔，如图 5-5（e）所示，甚至有些呈囊状且充填了较为纯净的方解石，如图 5-5（f）所示，一般边界清楚。

根据"珠滴"内矿物组成，可将其大致分为"硅质珠滴""碳酸盐质珠滴"和"多金属硫化物珠滴"三类。其中"硅质珠滴"以石英为主，通常呈烟灰色、灰白色，发育有气孔构造，暗示热液流体中富含挥发分；"碳酸盐质珠滴"以方解石为主，一般呈暗黄色、灰白色。非常值得注意的是"多金属硫化物珠滴"，其中的金属硫化物主要有黄铁矿、黄铜矿、毒砂、方铅矿、白铁矿等，局部还可见细粒磁铁矿。这些"珠滴"中还常有次生石英、斜长石、方解石等，也可见绿泥石、绿帘石、滑石和黏土类矿物。

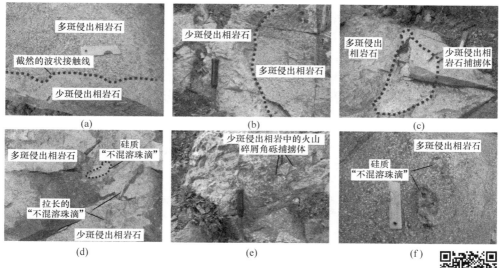

图 5-4 岗岔-克莫金矿区闪长质侵出相岩石野外特征

（a）多斑岩石与少斑岩石截然分界；（b）多斑岩石与少斑岩石呈过渡分界；
（c）侵出相岩石中具有凝灰质捕虏体；（d）侵出相岩石中具有富硅"珠滴"；
（e）侵出相岩石中具有火山角砾岩捕虏体；（f）多斑结构岩石中具有富硅富气"珠滴"

扫一扫
查看彩图

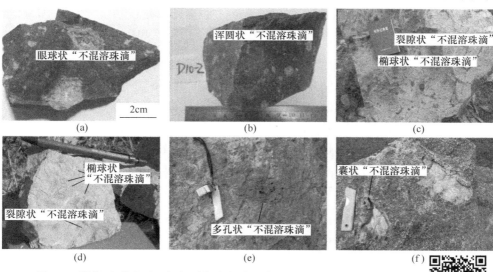

图 5-5 岗岔-克莫金矿区闪长质侵出相岩石中不同产状的"不混溶珠滴"

（a）、（b）、（d）眼球状"珠滴"；（c）椭球状或管状"珠滴"；
（e）富气"珠滴"；（f）囊状"珠滴"

扫一扫
查看彩图

　　5 件侵出相岩石全岩主微量和稀土元素测试结果见表 5-2。可见，$w(SiO_2)=$ 55.68% ~ 62.93%，$w(Al_2O_3)=16.82\% \sim 17.67\%$，$w(FeO^T)=5.90\% \sim$ 8.12%，$w(MgO)=1.78\% \sim 3.33\%$，$w(CaO)=2.76\% \sim 7.03\%$，$w(K_2O)=$ 0.36% ~ 1.93%，$w(Na_2O)=1.76\% \sim 2.73\%$，$w(P_2O_5)=0.12\% \sim 0.15\%$，$w(TiO_2)=0.59\% \sim 0.87\%$，全碱含量为 2.76% ~ 4.07%，$Mg^\#=35.0 \sim 50.5$。在 $SiO_2-(Na_2O+K_2O)$ TAS 图解上落在玄武安山岩-安山岩区，属亚碱性范畴，如图 5-6（a）所示，在 $K_2O\text{-}SiO_2$ 图解 [见图 5-6（b）] 投点较分散，总体上属于钙碱性岩石系列。

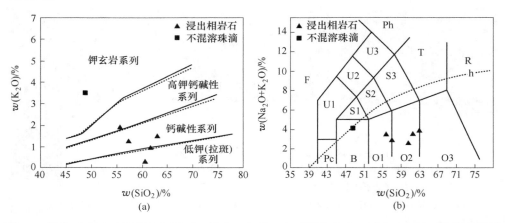

图 5-6　岗岔-克莫金矿区侵出相岩石（图中三角形）和不混溶珠滴（图中正方形）的硅碱投图
（a）$SiO_2\text{-}K_2O$ 图解；（b）$SiO_2-(Na_2O+K_2O)$ 图解

　　1 件富含多金属硫化物"珠滴"的侵出相岩石样品，单独将"珠滴"进行岩石化学分析（见表 5-2）。结果显示其具有低 SiO_2、FeO^T、MgO、Na_2O，但 $Mg^\#$ 值与寄主岩石一致，Al_2O_3、CaO、K_2O 和烧失量较高。其在 $SiO_2-(Na_2O+K_2O)$ 图解和 $K_2O\text{-}SiO_2$ 图解中分别落在典型玄武岩区和钾玄岩系列，如图 5-6 所示，暗示"珠滴"可能是来自深部岩浆混合的结果，且含有较多含水矿物相。

表 5-2　岗岔-克莫金矿区侵出相岩石主量元素（%）、微量元素和稀土元素（10^{-6}）测试结果

样品号	岩性	主量元素										烧失量	总量 /%
		SiO_2	Al_2O_3	FeO^T	MgO	CaO	Na_2O	K_2O	MnO	TiO_2	P_2O_5		
P5-2	闪长质侵出相	60.72	17.26	6.93	1.78	7.03	2.40	0.36	0.14	0.87	0.15	2.26	99.89
D9-1		61.64	16.82	6.57	3.19	3.11	2.73	0.96	0.18	0.59	0.13	4.04	99.97
D9-3		62.93	17.08	5.90	2.67	2.76	2.52	1.55	0.17	0.59	0.14	3.70	100
D10-1		55.68	17.67	7.96	3.33	6.50	1.76	1.93	0.21	0.83	0.12	3.85	99.83
D10-2		57.39	17.55	8.12	3.22	6.06	1.80	1.31	0.20	0.83	0.12	3.23	99.83

续表 5-2

样品号	岩性	主量元素										烧失量	总量/%
		SiO$_2$	Al$_2$O$_3$	FeO^T	MgO	CaO	Na$_2$O	K$_2$O	MnO	TiO$_2$	P$_2$O$_5$		
D9-1-A	不混溶珠滴	48.74	19.46	4.20	1.58	12.13	0.54	3.50	0.16	0.63	0.14	8.51	99.58

样品号	岩性	Mg$^\#$	微量元素										
			Li	Be	Sc	V	Cr	Co	Ni	Cu	Zn	Ga	Rb
P5-2	闪长质侵出相	35.01	48.60	2.76	18	37.50	1.71	12	2.75	17.50	102	21.40	14.20
D9-1		50.45	108	3.45	14	65.40	33.20	9.25	14.60	21.90	177	20.80	42.40
D9-3		48.69	111	3.07	14.20	65.70	26.50	6.68	6.74	17.80	163	20.30	63.10
D10-1		46.73	80.30	2.03	23	98.70	25.40	19.20	10	27.40	189	21	52.30
D10-2		45.40	77.30	2.08	22.90	99.40	26	16.20	10.10	24.40	137	21.30	37.80
D9-1-A	不混溶珠滴	44.10	46.10	1.50	15.30	77.20	27.60	8.80	8.84	59.10	117	30.20	121

样品号	岩性	Sr	Y	Mo	Cd	In	Sb	Cs	Ba	W	Tl	Pb	Bi
P5-2	闪长质侵出相	385	29.50	1.61	0.51	0.09	6.58	6.79	310	1.49	0.22	52.90	0.13
D9-1		332	23.60	0.91	0.72	0.11	6.40	32.40	411	1.56	0.46	101	0.86
D9-3		298	22.90	0.91	0.70	0.12	3.95	20.80	425	1.66	0.72	85.30	0.82
D10-1		369	27.10	1.31	0.78	0.17	31.80	12.60	1155	1.37	0.75	84.40	0.83
D10-2		356	26.10	1.17	0.43	0.17	24.10	13.20	682	1.07	0.53	34.10	0.40
D9-1-A	不混溶珠滴	443	27.10	5.51	1.10	0.56	92.50	28.70	1088	1.52	1.69	108	1.02

样品号	岩性	Th	U	Nb	Ta	Zr	Hf	La	Ce	Pr	Nd	Sm	Eu
P5-2	闪长质侵出相	10.80	2.38	27.60	2.01	298	8.59	40.90	81.20	9.47	37.50	6.86	1.68
D9-1		11.80	4.67	24.30	1.80	195	5.81	43.40	80.10	8.96	33.30	5.64	1.33
D9-3		11.90	2.83	25.20	1.90	206	5.93	37.60	70.90	7.92	29.80	4.88	1.11
D10-1		8.49	2.76	21.70	1.56	238	6.96	30.70	61.10	7.13	27.80	5.16	1.28
D10-2		8.20	2.08	22.10	1.58	241	7.26	30.80	61.60	7.26	28.40	5.25	1.35
D9-1-A	不混溶珠滴	11.60	3.60	23.10	1.80	177	5.20	47.50	88.90	10.10	39.10	6.93	3.04

样品号	岩性	Gd	Tb	Dy	Ho	Er	Tm	Yb	Lu	Au	Ag	As	Hg
P5-2	闪长质侵出相	5.96	1.08	5.55	1.05	2.91	0.47	3.16	0.46	0.32	0.05	15.80	6.42
D9-1		4.86	0.84	4.33	0.77	2.24	0.35	2.38	0.35	0.43	0.09	44.50	8.55
D9-3		4.49	0.77	3.95	0.79	2.24	0.36	2.50	0.37	0.41	0.09	28.10	6.50
D10-1		4.77	0.91	4.85	0.96	2.71	0.44	2.97	0.44	0.50	0.07	45.70	5.92
D10-2		4.78	0.89	4.96	0.92	2.62	0.43	2.83	0.42	0.55	0.04	15	3.99
D9-1-A	不混溶珠滴	6.18	1	5.09	0.94	2.55	0.41	2.66	0.38	0.98	0.08	118	10

注：微量元素 Au 和 Hg 元素含量单位为×10^{-9}，其他元素含量单位为×10^{-6}。

侵出相岩石稀土元素总量 $\sum$ REE = $(151.23 \sim 198.25) \times 10^{-6}$，$\sum$ LREE/ $\sum$ HREE = $7.37 \sim 10.72$，$(La/Yb)_N = 7.41 \sim 13.08$，可见轻重稀土分馏十分显著。稀土元素球粒陨石标准化曲线（见图 5-7）显示，所有样品均具有轻微右倾的平滑曲线，轻稀土富集，重稀土元素亏损且表现为平坦分布，$\delta Eu = 0.72 \sim 0.82$，具有微弱 Eu 负异常，说明源区的斜长石进入熔体相，且演化过程中未发生明显的结晶分离作用。微量元素原始地幔标准化蛛网图（见图 5-8）显示其 Th、U、Pb 等高场强元素（HFSE）表现为较明显的富集，Nb、Ta、P、Ti 和 LREE 等高场强元素呈较明显的亏损，Rb、Sr、Ba 等大离子亲石元素（LILE）表现波动较大。

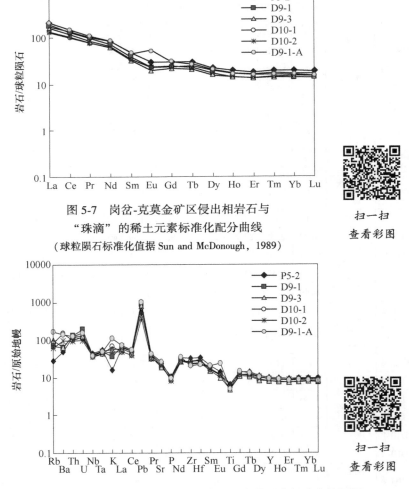

图 5-7　岗岔-克莫金矿区侵出相岩石与
"珠滴" 的稀土元素标准化配分曲线

（球粒陨石标准化值据 Sun and McDonough，1989）

扫一扫
查看彩图

图 5-8　岗岔-克莫金矿区侵出相岩石与 "珠滴" 的微量元素标准化蛛网图

（原始地幔标准化值据 Sun and McDonough，1989）

扫一扫
查看彩图

特别强调，"珠滴"的稀土元素总量为 214.78×10^{-6}，明显高于寄主岩石，另外 $\sum$LREE/$\sum$HREE = 10.18，(La/Yb)$_N$ = 12.81，δEu = 1.42 具有明显的 Eu 正异常，与寄主岩石存在明显差异。但是轻重稀土分馏趋势与寄主岩石一致，微量元素标准化蛛网图也与寄主岩石特征基本一致，暗示"珠滴"与寄主岩石同源，但可能受到后期蚀变作用的影响。

这里需要特别说明，侵出相岩石与"不混溶珠滴"成因存在密切的关系。从前面几个地球化学图解可以看出，本区侵出相闪长质岩石与"不混溶珠滴"的地球化学特征存在差异性，但是它们具有相似的稀土元素配分曲线和微量元素特征，说明二者具有共同的岩浆源区。同时两者均具有弱的或无 Eu 异常，说明源区的斜长石进入熔体相，且演化过程中未发生明显的结晶分离作用。研究表明，由地幔橄榄岩部分熔融产生的熔体具有高的 Mg# 值，一般大于 50；而由下地壳岩石部分熔融产生的熔体具有较低的 Mg# 值，一般小于 50 (Rapp et al.，1999)。岗岔-克莫矿区的安山岩具有较高的 Mg#，为 55.51~60.61，说明该安山岩源区深度较大。侵出相岩石的 Mg# 为 35.0~50.5，变化很大，但大部分集中在 45.4~50.5，说明侵出相岩浆在上升侵出过程中受到了地壳物质的混染。

5.2 侵入岩地质特征

岗岔-克莫金矿区内侵入岩主要是一套闪长岩和一些脉岩。闪长岩主要分布于矿区西部，呈岩株状近南北向产出，实际是德乌鲁岩体东南延伸部分。岩石整体呈灰色、绿灰色，新鲜面色率较高，主要矿物有斜长石、角闪石，少量黑云母、钛铁矿等，等粒结构，块状构造，局部可见角闪石和黑云母绿泥石化。

根据已有研究，该区闪长岩属准铝质、亚碱性、钙碱性岩石系列，富集 Th、U、Pb 等高场强元素 (HFSE)、相对富集 Rb、Ba、K 等大离子亲石元素 (LILE)，亏损 Nb、Ta、P、Ti 和 HREE 等高场强元素，显示出活动大陆边缘的岩石地球化学特征。岩石 Nb、Ta 和 P 的亏损暗示了岩浆可能受到了地壳物质的混染或者与受到源区流体的交代。夏林析等 (2007) 研究指出，原始地幔标准化 Th/Nb 比值 (大于 1)、低 Nb/La 比值 (小于 1)、具有明显 Nb、Ta、Ti 负异常的微量元素分配形式、低-非常低 ε_{Nd} (t) 值 (小于 0) 和高 (^{87}Sr/^{86}Sr)$_i$ 比值 (大于 0.706)，是受到地壳混染大陆玄武岩的最鲜明特点。岗岔金矿区闪长岩的 (Th/Nb)$_N$ 值为 6.73~8.52，Nb/La<1，可能说明源区岩浆在上侵过程中受到地壳物质一定程度的混染。但是，当基性岩浆受到地壳物质混染时，不仅会导致 SiO$_2$、K$_2$O、Zr、Hf 和 LILE (大离子亲石元素) 等元素含量的增加，也将导致 La/Nb 比值增加和 Ce/Pb 比值降低 (Campbell et al.，1993；Barker et al.，1997；Mecdonald et al.，2001)，而岗岔-克莫矿区闪长岩除 SiO$_2$ 和 La/Nb 呈正相关外，其他特征并没有完全表现出上述混染特征 (见图 5-9)。因此，造成闪长岩地球

化学特征的原因不能简单归因于地壳的混染，推测源该区岩浆可能还受到了来自俯冲板片的流体交代作用。

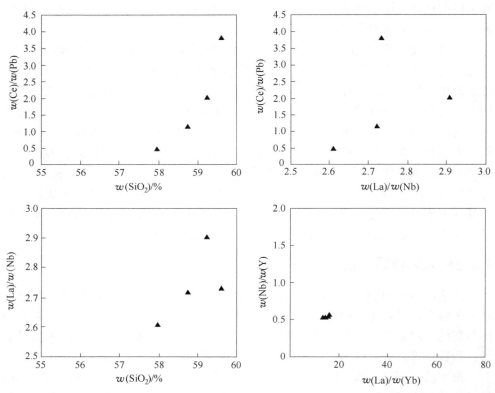

图 5-9 岗岔-克莫金矿区闪长岩 SiO₂-La/Nb、SiO₂-Ce/Pb、La/Nb-Ce/Pb 和 La/Yb-Nb/Y 图解

　　从多元素协变图（见图 5-10）可以看出，该区火成岩与安第斯型活动大陆边缘火山岩特征相似。另外，赵仁天等（1991）研究认为，研究区内下三叠统隆务河群上部发育陆源碎屑浊流沉积，说明在早三叠世晚期，本区发育了陆源碎屑浊流沉积以及非重力流碳酸盐沉积。沉积环境属于古秦岭海槽北坡斜坡上的次级盆地环境。罗根明等（2007）根据沉积相和火山岩夹层的地球化学特征认为，位于研究区西北部的同仁地区上二叠统石关组、下三叠统隆务河群果木沟组处于半深海的活动大陆边缘。

　　综上所述，岗岔-克莫金矿区闪长岩岩浆主要来自受俯冲板片流体交代的地幔楔的部分熔融，在岩浆上升过程中可能经受了一定程度的地壳混染。这种认识与闪长岩中的角闪石成因矿物学研究的结果相吻合，工作区闪长岩中的角闪石有一部分来源于超基性-基性岩浆中晶出的，也存在中酸性岩浆直接结晶的角闪石，

在 TiO_2-Al_2O_3 成因分类图解中，角闪石成分投点落于壳幔混合源区域内（刘海明等，2015）。

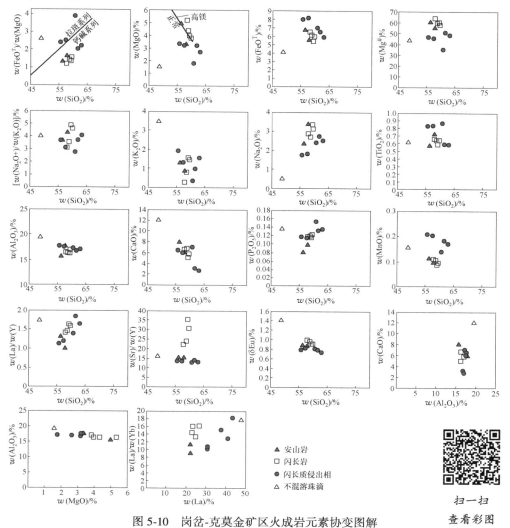

图 5-10 岗岔-克莫金矿区火成岩元素协变图解

5.3 成岩时代

岗岔-克莫金矿的赋矿围岩是一套火山岩-火山碎屑岩，矿区西侧有德乌鲁岩体的东延部分。其中的火山岩在 20 世纪 60 年代 1：200000 区域地质调查时，其形成时代被定为侏罗系郎木寺组。21 世纪初，一些专家学者仍然认为其是不整合于二叠系之上侏罗系地层，但尚无精确定年结果。本研究采用锆石 U-Pb 法厘定了岗岔金矿区作为主要围岩的岩浆岩成岩时代，这一结果对于限定岗岔-克莫金矿的成矿时代以及对于该矿床的进一步勘查具有指导意义。

该区侵入岩和火山岩出露形态均为不规则状，但是总体呈条带状沿北西-南东方向展布。其中，岩体主要分为两大岩体，西部岩体被命名为"德乌鲁"岩体，东段称为"美武新寺岩体"。火山岩出现在两个岩体之间。

本研究对矿区广泛发育的火山岩和侵入岩进行了锆石 U-Pb 定年（后文第 11 章详述）。从测试结果看，其中的凝灰岩样品的锆石 U-Pb 年龄为 245Ma，说明以前将该区火山岩定为侏罗系地层是不合理的，应属早三叠系隆务河组地层。

另外，矿区出露的花岗闪长岩和石英闪长岩分别获得锆石年龄为 246Ma 和 242Ma，说明他们的侵入时限也在早三叠世。

上述三个岩浆岩样品均为早三叠世产物，而且锆石 U-Pb 年龄非常接近，说明是同一次岩浆活动的产物。表明该区在早三叠世本区发生了强烈的岩浆活动。这与骆必继（2012）基于美武岩基锆石 U-Pb 年龄 240-244Ma 的定年结果所得出认识是一致的。

这样看来，岗岔-克莫金矿区早中三叠世存在一个重要的构造-岩浆-热液事件，该岩浆活动的发生和发展可能伴随了显著的热液蚀变和金矿化，是岗岔金矿区叠加复合矿化作用的重要地质背景。结合整个西秦岭成矿带中、西部在印支早期的岩浆侵入岩体主要呈近北西-南东向线性分布，而且本造山带早中三叠世处于快速抬升的事实，显然岗岔-克莫金矿区的岩浆活动是西秦岭印支早期的岩浆活动表现之一。

5.4 岩浆温度估算

锆石饱和温度计在获得岩浆初始温度方面应用较为广泛，锆石是花岗质岩浆体系中较早结晶的副矿物，锆石中 Zr 元素的分配系数对温度十分敏感。Zr 元素在岩浆中的含量与温度存在相关性，而其他因素对其影响较小，因而锆石饱和温度接近岩浆起源的温度或代表液相线的温度（吴福元等，2007）。锆石饱和温度的计算一般采用 Watson and Harrison（1983）从高温实验（700~1300℃）得出的锆石饱和温度公式：

$$T_{Zr}(℃) = 12900/[2.95 + 0.85M + Ln(49600/Zr_{melt})] - 273.15$$

其中 $M = (Na+K+2Ca)/(Al×Si)$（摩尔数），令 $Si+Al+Fe+Mg+Ca+Na+K+P = 1$，$Zr_{melt}$ 为熔体中 Zr 的含量。锆石在花岗质岩石中是副矿物，可用全岩的 Zr 含量近似代表熔体中的 Zr 含量。

计算结果显示（见表 5-3），岗岔-克莫金矿区火成岩组合的锆石饱和温度为711~816℃，指示了较大深度的温度特征。这里，次石英闪长玢岩形成温度略高于安山岩和英安岩。

表5-3 岗岑火山岩组合的锆石饱和温度计算结果

样品号	BZD6T	BZD8T	ASY-1	ASY-2	992	993	991
岩性	次石英闪长玢岩	次石英闪长玢岩	安山岩	安山岩	安山岩	安山岩	英安岩
$w(SiO_2)/\%$	57.57	60.78	56.28	57.85	61.93	60.2	65.19
$w(Al_2O_3)/\%$	19.4	18.35	15.75	17.8	17.31	18.06	16.6
$w(FeO)/\%$	6.61	4.79	6.8	5.63	5.4	5.67	4.19
$w(MgO)/\%$	2.31	2.27	4.99	3.35	3.66	3.37	2.7
$w(CaO)/\%$	4.51	4.86	8.07	6.16	5.52	6.53	4.45
$w(Na_2O)/\%$	3.07	2.3	2.38	3.4	2.44	2.56	3.54
$w(K_2O)/\%$	2.09	1.97	1.33	0.9	2.23	1.99	2.11
$w(P_2O_5)/\%$	0.17	0.12	0.08	0.1	0.13	0.13	0.1
$Zr/10^{-6}$	192.66	214.51	140	165	203	177	171
M	1.43	1.35	2.33	1.78	1.63	1.78	1.60
LnD_{Zr}	7.85	7.75	8.17	8.01	7.80	7.94	7.97
$T/℃$	800	816	711	761	790	767	777

注：D_{Zr} = 496000/全岩中的 Zr 含量。

5.5 火成岩成因探讨

岗岑-克莫金矿区的安山岩、英安岩和次石英闪长玢岩具有相似的岩石地球化学特征，说明三者具有相同的源区和相似的形成条件。哈克图解显示，随着 SiO_2 含量的升高，MgO、FeO^T、CaO、MnO 的含量降低，暗示了一些镁铁质矿物的分离结晶作用。三者均显示过铝质的特征，可能是角闪石的分离结晶作用使原先准铝质的岩浆变成过铝质成分（Alonso-Perez et al.，2009）。

张旗等（2006）指出，Sr 元素与 Yb 元素的含量可以用来指示岩浆源区压力，按照 $Sr = 400×10^{-6}$ 和 $Yb = 2×10^{-6}$ 为标志，可将中酸性岩浆岩（包括 SiO_2 含量大于 56% 的中酸性火山岩和侵入岩）分为五类，即高 Sr 低 Yb 型、低 Sr 低 Yb 型、高 Sr 高 Yb 型、低 Sr 高 Yb 型、非常低 Sr 高 Yb 型。岗岑-克莫矿区的火成岩组合中 Sr 含量为 $(271\sim376)×10^{-6}$（平均 $305×10^{-6}$），Yb 含量为 $(1.07\sim2.41)×10^{-6}$（平均 $1.76×10^{-6}$），符合低 Sr 低 Yb 型特点，说明岩浆源区压力中等或较大，深度在 $30\sim50km$ 范围内，位于下地壳或岩石圈地幔深度。

$(La/Yb)_N$-δEu 图解（见图5-11）显示，岗岑-克莫矿区的火成岩组合多数位于壳幔型区域，指示岩浆作用具有壳幔混源特征。另外，花岗岩的 $Mg^\#$ 值也是判断其源区的重要依据（Rapp et al.，1999），一般壳幔混源成因的岩石 $Mg^\#$ 大于45，而来自下地壳部分熔融形成的岩石 $Mg^\#$ 小于45。岗岑-克莫火成岩组合具有

较高的 $Mg^\#$（41.16～59.49）和高 $Cr[（38.8～306）×10^{-6}$、$Ni[（13.30～68.00）×10^{-6}]$，7 件样品中有 6 件样品的 $Mg^\#$大于 45，也暗示岗岔火山岩组合为壳幔混源成因。

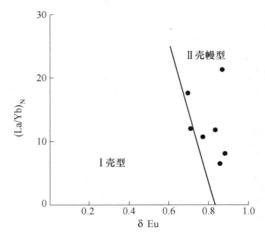

图 5-11 岗岔火山岩组合 La/Yb-δEu 图解

综上所述，岗岔-克莫火成岩组合可能源自基性岩浆底侵使下地壳发生部分熔融并形成中酸性岩浆，然后与幔源岩浆的残留熔体发生混合作用形成安山质母岩浆，这种安山质岩浆上侵并发生分离结晶作用，同时同化混染地壳岩石而形成岗岔-克莫火成岩组合。

5.6 岩浆活动与成矿作用

岗岔-克莫火成岩组合的野外观察发现，岩石发育典型的斑状结构，局部可见隐爆角砾岩等，另外镜下可见高温石英。温度计算结果显示，该区岩浆形成温度在 711～816℃。同时，岩石地球化学特征表明，岗岔-克莫火成岩组合起源于壳幔混源成因。综合这些结果认为，岗岔-克莫火成岩组合具有深源浅成岩浆的特点，应该是沿地壳深部断裂带快速向浅部运移侵位而形成，具有较大的成矿潜力。

前人研究（殷勇等，2009）指出，西秦岭北缘印支期的埃达克岩和喜马拉雅型花岗岩均与金、铜等成矿作用有关。埃达克岩和喜马拉雅型花岗岩的确定对于金铜找矿具有重要指示意义。其中，埃达克岩有利于形成铜金矿，喜马拉雅型花岗岩多与金矿有关（张旗等，2009；徐学义等，2013）。从图 5-12 可以看出，岗岔-克莫火成岩组合样品多数落入到喜马拉雅岩区域，说明该区域为金矿成矿潜力区。

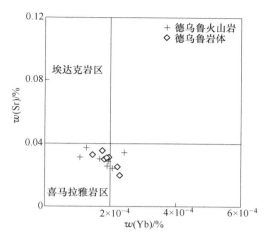

图 5-12　岗岔-克莫金矿区火成岩组合和德乌鲁杂岩体 Sr-Yb 图解
（德乌鲁杂岩体数据来自靳晓野等，2013 和张德贤等，2015）

6 矿床地球化学

6.1 成矿元素在岗岔-克莫金矿区的空间分布特征

根据《甘肃省合作市岗岔一带金矿Ⅰ区详查报告》（中国建筑材料工业地质勘查中心甘肃总队，2013），岗岔-克莫一带共圈定单元素异常 Au 7 个、Hg 4 个、As 5 个、Sb 5 个、Ag 7 个，综合异常 4 个，其中 4 个综合异常对本区找矿具有重要指导意义，简述如下：

HT1 综合异常。主要以 Au 异常为主，面积大，强度高，浓度分带明显，可分为内、中、外带。内中带面积大，同时在浓集中心部位分布有 As、Hg、Sb 等元素异常。该异常分布于浪尕木嘿一带，是岗岔矿段主要异常，异常中心距 Au1 矿体不远。呈不规则港湾形态北东南西向分布，轴向近南北向，面积 1.07km²。异常出露的岩性为石英砂岩、凝灰质砂岩、板岩夹炭质板岩，异常内岩石发育石英细脉。

HT2 综合异常。主要以 Hg、Sb、As 元素异常为主，且异常面积大，Au、Ag 异常面积较小，但与 Hg、Sb、As 元素套合好。分布于岗岔矿段南部的下家门以东 0.5~1.2km 范围。其中的 Au 异常在内中外带均有出现，且外带浓度高。Ag 异常呈纺锤形沿北东-南西向分布，并集中于浓度分带的外带。Hg 异常呈哑铃形呈北东-南西向展布，并发育于内、中和外带。Sb 异常大致呈船形沿北东-南西向展布，并集中于浓度分带的外带。As 异常呈近椭圆状呈北东-南西向展布，并集中在浓度分带的外带。

HT3 综合异常。以 Au 异常为主，面积大，浓度分带明显。可分出内、中、外带。该异常分布于岗岔矿段的西南角，部分与详查区地表矿化重合，显然属于矿致异常。

HT4 综合异常。以 Au 异常为主，面积大，浓度分带不明显，位于岗岔矿段的西北角。部分与详查区地表矿化重合，属于矿致异常。

6.2 矿床原生晕特征

6.2.1 矿床原生晕研究方法

地球化学原生晕是重要找矿依据，特别是结合控矿构造进行原生晕空间模型分析不断取得显著效果（刘崇民等，2006），其中有关热液矿床原生晕轴向分带序列具有普适性。例如，Ba-Sb-As-Hg 元素组合常代表前缘晕，Cd-Ag-Cu-Pb-Zn-Au 元素组合常常代表近矿晕，Bi-Ni-Co-Mo-W-U-Sn 元素组合代表尾晕。特别是找矿实践中认为，前缘晕与尾晕或近矿晕的叠加常常可以指示深部盲矿体的存在，是深部预测的有效标志（王崇云等，1987）。

我国于 20 世纪 50 年代开始进行了大规模原生晕法区域化探找矿实践（谢学锦等，1982）；60 年代提出了矿床原生晕的"几何模型"和"化学模型'等概念，并强调"化学模型"实际上就是元素组分分带规律（邵跃等，1984）。特别是基于大量的勘查成果总结出我国热液型金矿床原生晕垂向分带序列，认为从高温至低温元素组合存在 "Cr-Ni（Co_1、Cu_1）-Ti-V-P-Nb-Be-Fe-Sn-W（代表高温）-Zn-Ga-In-Mo-Co_2（Au_1、As_1）-Bi-Cu_2（代表中温）-Ag-Zn_2-Cd-Pb-Au_2-As_2-Sb-Hg-Ba-Sr（代表低温）"规律（邵跃等，1975）。热液成矿作用过程就是一个物质结晶沉淀过程，由于各种矿物结晶温度不同，因而造成了元素的沉淀分带。

由于成矿作用常常存在多次叠加，所以有些元素（如 As、Au 等）会有两次以上的叠加沉淀（邵跃等，1997）。李惠等（1999）经多年的找矿实践还证明，多阶段成矿过程叠加会显著影响元素的空间分带序列，除常常出现"首尾叠加分带"规律外，还出现"反（向）分带"或"逆向分带"情况，由此衍生出原生叠加晕法或构造叠加晕法的有效找矿模型。58 个典型金矿床原生晕轴向分带序列的统计（李惠等，1999）结果显示，中国金矿床原生晕综合轴向（垂直）分带序列为：B-As-Hg-F-Sb-Ba 元素组合为前缘晕或头晕；Pb-Ag-Au-Zn-Cu 元素组合为近矿晕或中部晕；W-Bi-Mo-Mn-Ni-Cd-Co-V-Ti 元素组合为尾晕或下部晕。

不难理解，尽管热液型金矿的成因不同，但是原生晕分带具有普遍性。其普遍性在于成矿热液中的元素地球化学活动性不同，沉淀时必然受到地质条件的影响而产生时空分布的差异，并产生元素空间分带性，即呈晕状分布（毛政利等，2003）。必须注意的是，不同地质背景下形成的热液矿床，其原生晕分带序列存在一定的差异性。

显然，针对热液型矿床依据原生晕分带特征进行找矿预测既有理论根据，也有实际意义（邵跃等，1964）。在进行矿床地球化学元素分带时，应重点考虑与目标元素关系密切的相关元素组合分带研究。

岗岔-克莫金矿床明显具有断裂控矿特征，完全符合上述原生晕找矿的条件，因此进行地球化学元素的相关性及空间分布解析，同时考虑矿石金属矿物特征，建立岗岔-克莫金矿成矿元素最佳分带组合具有重要意义，其结果可为深部找矿预测提供地球化学依据。

6.2.2   岗岔金矿段 Au-3 金矿脉原生晕特点

根据地球化学原生晕基本原理，对岗岔矿段 Au-3 脉进行了地球化学原生晕研究。共采集矿石样品 24 件，主要测试元素包括 B、Cu、Zn、Mo、Sb、Co、Ni、W、Pb、Bi、Te、Au、Ag、As、Hg 共 15 种元素。据测试数据的对数化处理结果和对 15 种元素的相关性分析，发现主要成矿元素间存在如下规律（鲍霖等，2014）：

（1）Au 与 Ag 呈强正相关，与 As、Hg 也呈正相关，而与 Bi、Co 呈强负相关，与 Te 呈略弱的负相关；Ag 与 Pb、Zn、As、Hg 强正相关，与 W、Te 强负相关。显然说明，Au 和 Ag 的矿化沉淀与 Hg、As、Pb、Zn 密切相关。

（2）As、Hg 与 Ag、Pb、Zn、Mo 强正相关，而与 W 强负相关。这说明 As 可能以类质同象存在于矿脉的各种硫化物中（邓泽文等，2012）。

（3）Te 与其他元素无明显相关性。Pb 是正相关性最多的元素，与 Au、Ag、Cu、Zn、Hg、As、Sb、Mo、Bi 都呈不同程度的正相关，与 B 呈负相关。

为了进一步直观地分析元素组合规律，对 Au-3 矿脉的 24 件样品测试数据也进行了 R 型聚类分析。结果表明，元素可被划分为如下五类：

第一类为 Hg、As、Au、Ag、Pb、Zn、Sb、Mo；第二类为 Bi、Co、Cu、Ni；第三类为 B；第四类为 Te；第五类为 W。显然说明，Au、Ag 与 Hg、As、Sb、Pb、Zn 等中低温元素的关系较为密切。

根据 Au-3 矿脉的聚类分析结果，结合元素活动性及异常衬值分布特征，确定岗岔金矿段近矿元素组合为 Au-Ag-Pb-Zn，头晕元素组合为 Hg-As，尾晕元素组合为 Bi-Co-Cu-Ni。显然，这个原生晕分带结果与邵跃等（1984，1997）的分带是一致的。

按照原生晕理论，同时结合岗岔金矿段的分带序列，将所有元素组合在 Au-3 矿脉的纵投影方向形成叠加晕图（见图 6-1），结果发现存在若干个相关元素组合的浓集区。其中，近矿晕在界限值大于 3000×10⁻⁶ 时出现 3 个浓集区；前缘晕在界限值大于 7000×10⁻⁶ 时也出现 3 个浓集区；尾晕在界限值大于 90×10⁻⁶ 时出现 5 个浓集区。显然，前缘晕、近矿晕和尾晕具有明显的叠加特征，而且近矿晕、前缘晕和尾晕都存在或强或弱的尖灭再现变化特点，暗示深部存在成矿潜力，这一结果对于该矿脉乃至整个矿区深部预测具有重要指示意义。

从图 6-1 还可看出，从第 18 勘探线到第 1 勘探线，在 3100~3300m 标高段主要显示了尾晕及少量近矿晕的浓集叠加，前缘晕浓集并不显著。然而，从第 1 勘探线到第 15 勘探线则显示了前缘晕及多个近矿晕的浓集叠加。这说明深部仍然存在尚未封闭的矿化，深部矿化具有潜力。

此外，金矿体具有尖灭再现断续出现的趋势，说明 Au 可能出现向北和向南侧伏规律。但是，从 Hg、As 主要分布在中南部，以及与 Au 相关的 Ag、Pb、Zn 具有一致性浓集特点看，深部向南侧伏的可能性较大。

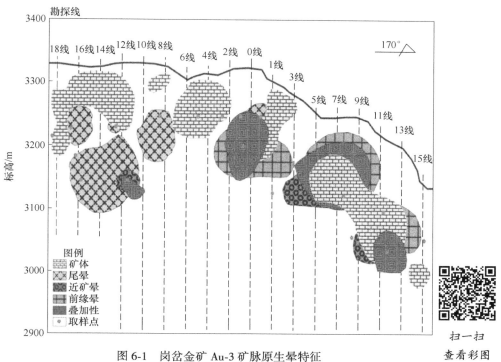

图 6-1 岗岔金矿 Au-3 矿脉原生晕特征

扫一扫
查看彩图

6.3 成矿流体特征

矿物包裹体是矿物结晶生长过程中经捕获包裹并封闭其中且与主矿物有着相界线的那一部分物质。原生流体包裹体捕获了成岩成矿过程中的流体，保存了成岩成矿活动过程中的条件信息，因此是研究矿物形成时物理化学条件的最直接工具（卢焕章等，2004）。通过流体包裹体的研究可以提取成矿流体的温度、压力、盐度及密度等物理化学条件信息，因此可以反演成矿流体的形成、运移和演化过程，进而可以追溯成矿物质来源，探讨矿床形成机制。

流体包裹体样品主要采自岗岔金矿段的钻孔岩心及地表新鲜岩/矿石，其中的石英作为被测对象。本次主要采集了岗岔金矿段成矿早期的第 Ⅰ 阶段和主成矿阶段的第 Ⅱ、Ⅲ 阶段石英。另外，还采集了靠近 Au-3 矿脉主矿脉的围岩蚀变凝灰质砂岩中的石英脉，以及位于该主矿脉东南方向约 2km 的江尼村砂板岩地层中的石英脉等。

6.3.1   流体包裹体岩相学特征

用于岩相学观察和显微测温的寄主矿物主要为石英,其中 3 件为第 Ⅰ 成矿阶段样品,4 件为第 Ⅱ、Ⅲ 阶段(主成矿阶段)高金品位样品,1 件距离矿脉较近的无矿石英脉样品,1 件距离矿脉较远的无矿石英脉样品。显微岩相学观察显示,岗岔金矿区成矿流体包裹体主要为原生包裹体,少量为次生包裹体。原生包裹体往往随机分布或成群产出,体积较大,形态相近,常具负晶形。

室温(25℃)条件下,原生包裹体主要为单一相态的水溶液包裹体、气液两相包裹体及含子晶矿物三相包裹体。其中单一相态包裹体主要为纯液相包裹体,少量为纯气相包裹体,偶见有纯气相有机质包裹体。气液两相包裹体主要为富液相水溶液包裹体,少数为富气相包裹体。各阶段石英中流体包裹体的大小不一,最小者小于 2μm,最大者约为 50μm,大多数集中在 3~20μm 之间。包裹体形态多样,主要有椭圆状、浑圆状、长条状、负晶形、多边形、不规则状等。少数次生包裹体常沿寄主矿物裂隙呈线性排列,其形态多为椭圆状或长条状。各类原生包裹体特征描述如下:

(1)纯液相水包裹体:室温(25℃)条件下包裹体中只有液相水,约占包裹体总数的 10%,大小约 2~5μm,不见气泡,多为无色透明;常与富液相的两相包裹体共生产出,其形态多为浑圆状或不规则状。

(2)纯气相包裹体:室温(25℃)条件下包裹体只有气体,约占包裹体总数的 5%,包裹体呈灰黑色,边部较黑,中心部位较亮。

(3)富液相水包裹体:室温(25℃)条件下包裹体由液相和气相两相组成,约占包裹体总数的 75%,其大小主要为 5~25μm,气相占比变化于 2%~20%,以 5% 左右居多;形态上以负晶形、不规则状居多,少量为椭圆状、拉长棒状、浑圆状等。加热时均一至液相。

(4)富气相水包裹体:室温(25℃)下包裹体主要由气相和液相两相组成,约占包裹体总数的 5%,大小约 5~25μm,气相占比较大,一般大于 20%,多数集中于 20%~40%,形态多为不规则形、椭圆形,少数为负晶形、方形等。包裹体中的气泡呈灰黑色,中心较亮。加热时均一至气相。

(5)含子矿物三相包裹体:室温(25℃)下主要由气相、液相和固相子晶构成,偶见含有笼形物的三相包裹体,约占包裹体总数的 2%,大小主要为 10~20μm,气相比多为 5%~8%,固相子晶所占体积一般为 3%~8%,子矿物多为透明立方体状,镜下特征判断为石盐。包裹体形态多为不规则状、椭圆状等,加热时部分三相包裹体子矿物先消失,部分气泡先消失。

(6)含有机物包裹体:室温(25℃)下由气相和少量液相构成,约占包裹体总数的 2%,包裹体较大,多为 15~35μm,气相占比为 20%~40%,包裹体呈深灰黑色，边部较黑，中心较亮。

不同矿化阶段包裹体类型及组合特征也有一定的差异，这可能反映了不同成矿阶段成矿流体的演化特征。总体上，岗岔-克莫金矿的流体包裹体具有如下时空特点：

成矿早阶段（第 I 阶段）：石英流体包裹体的类型较为丰富，以富液相包裹体、富气相包裹体和含子矿物三相包裹体为主，其次为纯气相包裹体、纯液相包裹体，偶见含有机物包裹体。形态上以不规则状居多，少数为负晶形、椭圆状等。包裹体多呈孤立产出或星散状分布，大小主要集中于 5~10μm，少数可达 15μm，气相比多为 8%~20%，气泡多为浑圆状，灰黑色，气泡较大者内部具有较亮的中心。含子晶矿物包裹体的出现，可能暗示了早期成矿流体盐度较高。

主成矿阶段（第 II、III 阶段）：石英流体包裹体以纯液相包裹体和富液相包裹体为主，少见纯气相包裹体和含子晶矿物包裹体。形态以椭圆状、负晶形和浑圆状为主，同时也可见有拉长条状和不规则状，多呈星散状或随机分布，大小以 3~10μm 居多，室温下气相充填度介于 2%~10% 之间，少数富气相包裹体也可以达到 40%。在同一视域下，可普遍观察到不同气相比的气液水两相包裹体共存，同时气相比变化范围较大，这可能与主成矿阶段成矿物质沉淀卸载有关。

空间上，近矿石英流体包裹体类型较为复杂，以纯液相包裹体为主，同时也见有富气相包裹体、含子矿物三相包裹体、纯气相包裹体及含有机物包裹体，形态以不规则状为主，少量具有负晶形，大小以 5~15μm 为主，气相比多为 8%~20%。比较发现，近矿石英流体包裹体和主成矿阶段流体包裹体类型基本一致。远矿石英流体包裹体以富液相包裹体为主，少量为富气相包裹体。形态以不规则状为主，少数略具负晶形，大小以 4~12μm 为主，气相充填度多介于 4%~9% 之间，少数可达 20%。

6.3.2 包裹体激光拉曼测试结果

选取主成矿阶段石英中个体较大的（大于 7μm）包裹体进行了激光拉曼分析。43 个测点的分析结果表明，岗岔金矿石英流体包裹体气相成分以 CO_2 为主，部分含有少量的 CH_4 和 H_2O，多以 CO_2+CH_4 和 $CO_2+CH_4+H_2O$ 形式出现。总体来看，岗岔金矿成矿流体为富含 CO_2 的热液体系，暗示 CO_2 在金的运移与沉淀过程中起着至关重要的作用。此外，包裹体气相成分中富含 CO_2 也说明成矿过程中可能存在流体减压沸腾作用。

6.3.3 包裹体均一温度和盐度

通过 387 个包裹体的测温结果（见表 6-1），可知岗岔-克莫金矿的流体包裹体在加热时完全均一至液相的较多，仅有少量包裹体均一至气相。包裹体测温频数统计直方图［见图 6-2（a）］显示，成矿早阶段（第 I 阶段）流体温度范围为163~412℃，平均为 262℃，均一温度变化范围较宽，但主要集中在 210~310℃；主成矿阶段（第 II、III 阶段）流体温度范围为 137~363℃，平均值为 222℃，集中在 170~270℃（见表 6-1）。

表 6-1　岗岔金矿成矿流体气相比、冰点温度、盐度、均一温度结果表

项目	气相比/%		冰点温度/℃		盐度/%		均一温度 T_h/℃	
	范围	平均值	范围	平均值	范围	平均值	范围	平均值
成矿早阶段（I）	1~20	7.26	-9.0~0.1	-3.0	0.18~12.85	4.74	163~412	262
主成矿阶段（II、III）	1~20	4.83	-8.8~-0.3	-3.0	0.53~12.62	4.91	137~363	222
近矿流体	2~20	4.74	-4.4~-0.2	-1.9	0.35~7.02	3.17	158~258	212
远矿流体	1~20	7.43	-6.0~-0.5	-2.1	0.88~9.21	3.50	100~347	221

可以看出，主成矿阶段流体温度略低于成矿早阶段流体温度 20~40℃，说明降温是成矿物质大量卸载的重要因素之一。

从空间上看，近矿流体包裹体均一温度变化范围在 158~258℃，平均为 212℃，集中在 190~250℃，与主成矿阶段的集中范围近似一致。而远矿流体包裹体均一温度变化范围为 100~347℃，平均为 221℃，集中变化范围出现两个峰值，即 170~190℃峰区和 230~270℃峰区［见表 6-1 和图 6-2（b）］，这说明远矿的石英可能遭受了两期流体的叠加作用。

另外，远矿流体的集中范围也与主成矿阶段流体的均一温度集中变化范围近似一致，也说明远矿流体与成矿流体可能为同期同源流体。

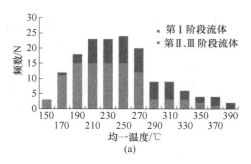 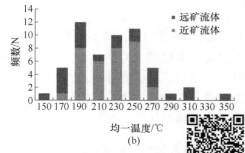

图 6-2　岗岔金矿成矿流体包裹体均一温度统计直方图

（a）不同成矿阶段均一温度统计图；（b）远矿流体和近矿流体均一温度对比图

扫一扫
查看彩图

流体包裹体的盐度也是成矿流体的重要指标之一。一般采用气液两相盐水包裹体均一温度和冰点温度之间的关系估算获得（Potter et al.，1977；刘斌和段光贤，1987；Hall et al.，1988），估算公式如下：

$$W = 0 + 1.78T_m + 0.0442T_m^2 + 0.000557T_m^3 \tag{6-1}$$

式中，W 为盐度，%；T_m 为冰点温度，℃。

式（6-1）只适用于 0~23.3% 的 NaCl 溶液体系的盐度估算。

测试结果 [见图6-3（a）] 显示，岗岔-克莫金矿的流体盐度普遍较低。其中，第Ⅰ阶段流体的冰点温度为 -9.0~0.1℃，平均值 -3.0℃，估算的盐度为 0.18%~12.85%，平均值 4.74%，集中在 1.0%~6.0%；第Ⅱ、Ⅲ阶段流体的冰点温度为 -8.8~-0.3℃，平均值 -3.0℃，估算的盐度为 0.53%~12.62%，平均值 4.91%，集中在 1.0%~7.0%。

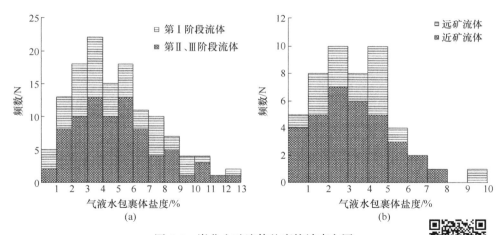

图 6-3　岗岔金矿流体盐度统计直方图

（a）不同成矿阶段盐度统计图；（b）远矿流体和近矿流体盐度对比图

扫一扫
查看彩图

可以看出，主成矿阶段的流体盐度略大于成矿早阶段的流体，这可能是由于主成矿阶段流体富含成矿物质所致。

空间上，近矿流体的冰点温度为 -4.4~-0.2℃，平均值 -1.9℃，估算的盐度为 0.35%~7.02%，平均值 3.17%，集中在 0.35%~5.00%；远矿流体的冰点温度为 -6.0~-0.5℃，平均值 -2.1℃，估算的盐度为 0.88%~9.21%，平均值 3.50%，集中在 1.00%~5.00% [见图6-3（b）]。显然，远矿流体和近矿流体的盐度近似一致，并且与主成矿阶段也较为一致，说明远矿流体可能与成矿流体为同期同源流体。

总体说来，岗岔-克莫金矿的成矿流体为低盐度流体。

6.3.4 成矿流体密度和成矿压力估算

根据均一温度和盐度数据，利用 NaCl-H_2O 溶液包裹体的密度公式和等容公式（刘斌，1986；刘斌和段光贤，1987；Hass，1971；Bodnar，1984）可以大致估算出矿区成矿流体包裹体的密度和压力，计算式如下：

$$\rho = A + Bt + Ct^2$$
$$A = 0.993531 + 8.72147 \times 10^{-3}S - 2.43975 \times 10^{-5}S^2$$
$$B = 7.11652 \times 10^{-5} - 5.2208 \times 10^{-5}S + 1.26656 \times 10^{-6}S^2$$
$$C = -3.4497 \times 10^{-6} + 2.12124 \times 10^{-7}S - 4.52318 \times 10^{-9}S^2$$

式中，ρ 为密度，g/cm^3；t 为均一温度，℃；S 为盐度，%。

计算结果（见表 6-2）表明，岗岔-克莫金矿成矿早阶段（Ⅰ）流体的密度为 0.50~0.93g/cm^3，平均值 0.80g/cm^3，集中在 0.80~0.95g/cm^3；主成矿阶段（Ⅱ、Ⅲ）流体的密度为 0.67~0.96g/cm^3，平均值 0.86g/cm^3，集中在 0.80~0.95g/cm^3 [见图 6-4（a）]。显然，主成矿阶段的流体密度略大于成矿早阶段流体。另外，近矿流体和远矿流体的密度比较结果也说明远矿流体略低于近矿流体[见图 6-4（b）]。

表 6-2 岗岔金矿成矿流体包裹体盐度、密度、压力、形成深度计算结果

项目	盐度/%		密度/g·cm⁻³		压力/bar		形成深度/km	
	范围	平均值	范围	平均值	范围	平均值	范围	平均值
成矿早阶段（Ⅰ）	0.18~12.85	4.74	0.50~0.93	0.80	125.60~342.43	213.30	1.26~3.42	2.13
主成矿阶段（Ⅱ、Ⅲ）	0.53~12.62	4.91	0.67~0.96	0.86	89.74~375.70	187.62	0.90~3.76	1.88
近矿流体	0.35~7.02	3.17	0.81~0.95	0.87	112.50~216.25	155.99	1.13~2.16	1.56
远矿流体	0.88~9.21	3.50	0.67~0.96	0.84	116.81~286.12	175.74	1.17~2.86	1.76

注：1bar=10^5Pa。

利用均一温度换算可以得到流体包裹体的最低捕获压力（卢焕章等，2004）。采用邵洁莲（1988）提出的流体压力经验公式 $p = p_0 T_h/T_0$（其中 $p_0 = 219 + 2620W$，$T_0 = 374 + 920W$，W 为盐度，T_h 为均一温度），计算本矿区气液两相流体包裹体的压力结果（见图 6-5）表明：成矿早阶段（Ⅰ）的流体压力为 125.6~342.4bar，平均值 213.3bar，集中在 115~290bar；主成矿阶段（Ⅱ、Ⅲ）流体的

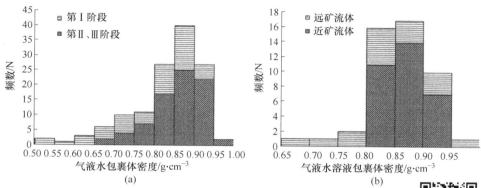

图 6-4 岗岔金矿流体密度统计直方图

（a）不同成矿阶段流体密度统计图；（b）远矿流体和近矿流体密度对比图

扫一扫
查看彩图

压力为 89.7~375.7bar，平均值 187.6bar，集中在 115~220bar，如图 6-5（a）所示。因此，主成矿阶段流体压力低于成矿早阶段流体。同理比较，近矿流体的压力略低于远矿流体，如图 6-5（b）所示。

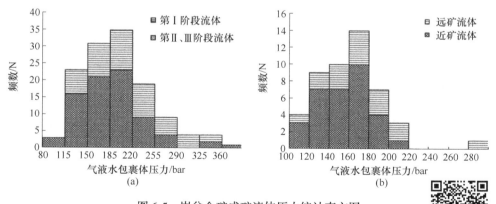

图 6-5 岗岔金矿成矿流体压力统计直方图

（a）按成矿阶段统计；（b）按空间分布统计

扫一扫
查看彩图

　　根据成矿流体压力值可以估算成矿深度，一般根据压力梯度分段进行定量估算（Sibson et al.，1994；孙丰月，2000；李碧乐，孙丰月等，2004），当流体压力小于 40MPa 时，用静水压力梯度（10MPa/km）作估算参数；当流体压力值介于 40~220MPa 时，采用公式 $y=0.868/(1/x+0.00388)+2$ 计算；当流体压力值在 220~370MPa 时，采用公式 $y=11+$

$e^{(x-221.95)/79.075}$计算；当流体压力值大于 370MPa 时，采用公式 $y = 0.0331385x + 4.19898$ 计算。

前述可知，成矿压力主要集中于 15~22MPa，小于 40MPa，因此采用静水压力梯度来计算成矿深度。计算结果显示，根据成矿早期流体压力计算的成矿深度为 1.26~3.42km，平均值 2.13km；根据主成矿阶段流体压力计算的成矿深度为 0.90~3.76km，平均值 1.88km。显然，可以认为岗岔-克莫金矿的成矿深度在 1.88~2.13km，属浅成热液流体。

对于浅成热液成矿系统，还可以依据矿石组成进一步划分为低硫型和高硫型低温浅成热液矿床。低硫型低温浅成热液矿床的 S（H_2S、H_2SO_4、SO_2 等）含量低，热液呈中性或偏碱性，脉石矿物主要发育冰长石、绢云母-伊利石-蒙脱石、石英、碳酸盐、浊沸石等；矿石矿物主要出现黄铁矿、辉银矿、砷黝铜矿、毒砂、碲化物及贱金属矿物等（陈衍景等，2007）。结合岗岔-克莫金矿的流体包裹体测试结果和矿物组成综合认为，该矿床应属于低硫型浅成低温热液矿床，岩浆热液参与了成矿过程。

6.4 硫-铅-氢-氧同位素特征

6.4.1 硫-铅同位素

通常情况下，单种矿物的 $\delta^{34}S$ 并不等同于成矿流体的总硫同位素组成（$\delta^{34}S\sum S$），但是可以根据具体矿床的矿物共生组合关系估计成矿流体硫同位素组成。前人（Ohmoto，1972）研究表明，氧逸度低的条件下，矿石中硫化物的硫同位素组成与成矿流体中的硫同位素组成基本一致。岗岔矿区未见到以硫酸盐形式存在的矿物，硫主要存在于黄铁矿中，因此认为矿区矿体黄铁矿的硫同位素组成可以代表成矿流体中的硫同位素组成。

铅同位素组成除了受放射性衰变和混合作用影响外，不会在物理、化学和生物作用过程中发生变化，即在成矿物质运移和沉淀过程中铅同位素组成也保持不变。因此，铅同位素组成也是示踪成矿物质来源的有效方法之一，已被广泛应用于各种内生矿床的成矿物源示踪（张乾等，2000）。岗岔-克莫金矿床中主要载金矿物黄铁矿的铅同位素组成可为示踪成矿物质来源提供依据。

6.4.1.1 样品采集与测试

硫同位素组成供测样品来自控制 Au-3 矿脉的钻孔岩心和平硐，共计 4 件，编号分别为 TW-2、TW-7-1、TW-7-2、PD2-1-CD1（E）-8。铅同位素组成供测样品共计 9 件，其中 4 件同硫同位素测试样品，另外 5 件来自赋矿围岩（三叠系隆务河组凝灰岩），编号分别为 TW-6-1、TW-6-3、TW-8、TW-12、PD2-1-CD1（E）-1。

6.4.1.2 结果与讨论

黄铁矿单矿物硫同位素测试结果见表 6-3。可以看出，岗岔-克莫金矿床矿体

中黄铁矿 δ^{34}S 值为 0.60‰~1.30‰，平均值 0.96‰，极差 0.70‰，变化范围极窄，显示其硫同位素组成比较稳定，硫源均一。同时 δ^{34}S 值与地幔硫含量范围（0±3‰）非常接近（Chaussidon et al.，1990；Rollison，1993）。与西秦岭地区其他金矿床硫同位素组成相比，发现存在一定差异性。将岗岔-克莫金矿的硫同位素值和西秦岭诸多金矿硫同位素数据置于硫同位素图解（见图 6-6）可以看出，西秦岭地区的大多数金矿床硫同位素变化范围主要落于花岗岩范围内，说明其硫源主要与岩浆活动有关（肖力等，2009）。岗岔-克莫金矿硫同位素非常接近零值，说明有深源流体参与了成矿。

表 6-3 岗岔金矿床样品 δ^{34}S 测试结果表

编号	样品编号	样品类型	δ^{34}S V-CDT/‰
1	TW-2	矿体（黄铁矿）	0.6
2	TW-7-1	矿体（黄铁矿）	1.1
3	TW-7-2	矿体（黄铁矿）	0.9
4	PD2-1-CD1（E）-8	矿体（黄铁矿）	1.3

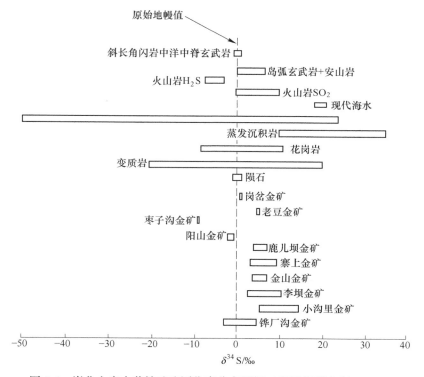

图 6-6 岗岔金床中黄铁矿硫同位素分布图解（底图据霍夫斯，1976）

9 件铅同位素测试结果（见表 6-4）显示，矿石黄铁矿的 $^{206}Pb/^{204}Pb$ 值变化范围是 17.935 ~ 18.095，平均值 18.032；$^{207}Pb/^{204}Pb$ 值变化区间为 15.559 ~ 15.584，平均值为 15.568；$^{208}Pb/^{204}Pb$ 值变化于 38.093 ~ 38.273 之间，平均值为 38.191。显然，各组比值变化范围较小，铅同位素组成稳定，也说明该矿成矿物质来源较为一致。$\mu(^{238}U/^{204}Pb)$ 值介于 9.42 ~ 9.47 之间，$w(^{232}Th/^{204}Pb)$ 值变化于 37.15 ~ 37.44 之间，说明成矿物质来源可能为下地壳或上地幔。赋矿围岩的 $^{206}Pb/^{204}Pb$ 值介于 17.987 ~ 18.208，平均值 18.147；$^{207}Pb/^{204}Pb$ 值介于 15.539 ~ 15.74，平均值 15.567；$^{208}Pb/^{204}Pb$ 值变化于 38.175 ~ 38.478 之间，平均值 38.368。此外，$\mu(^{238}U/^{204}Pb)$ 值介于 9.39 ~ 9.53 之间，$w(^{232}Th/^{204}Pb)$ 值变化于 36.81 ~ 38.14 之间。对比矿石黄铁矿和赋矿围岩的铅同位素各参数值发现，矿石与赋矿围岩基本一致，说明矿石铅来源与赋矿围岩铅来源具有很好的对应性，二者铅具有相同来源。

表 6-4　岗岔金矿床矿体及围岩黄铁矿样品铅同位素组成及相关参数表

样品号	测定对象	$^{206}Pb/$ ^{204}Pb	$^{207}Pb/$ ^{204}Pb	$^{208}Pb/$ ^{204}Pb	μ	ω	V_1	V_2	$\Delta\beta$	$\Delta\gamma$
TW-2	矿体中黄铁矿	18.095	15.584	38.273	9.47	37.44	65.43	50.84	18.01	37.78
TW-7-1	矿体中黄铁矿	18.044	15.559	38.195	9.42	37.16	62.72	48.96	16.41	35.97
TW-7-2	矿体中黄铁矿	18.055	15.561	38.202	9.43	37.15	62.76	49.19	16.51	35.91
PD2-1-CD1 （E）-8	矿体中黄铁矿	17.935	15.567	38.093	9.46	37.44	64.07	49.44	17.43	37.12
TW-6-1	凝灰岩	18.119	15.614	38.401	9.53	38.14	70.57	52.24	20.07	42.07
TW-6-3	凝灰岩	18.192	15.568	38.397	9.42	37.26	64.23	49.35	16.5	37.16
TW-8	凝灰岩	18.184	15.56	38.478	9.41	37.56	65.69	47.66	15.96	39.17
TW-12	凝灰岩	18.208	15.571	38.444	9.43	37.39	65.19	49.28	16.66	38.08
PD2-1- CD1 （E）-1	凝灰岩	18.094	15.574	38.247	9.45	37.24	63.92	50.28	17.29	36.57

注：①测试者：中国地质科学院矿产资源研究所分析测试中心（样号 TW-2、TW-7-1、TW-7-2、TW-6-1、TW-6-3、TW-8、TW-9、TW-2、PD2-1E 凝灰岩），测试时间：2010 年；②测试者：核工业北京地质研究院分析测试中心（样号 PD2-1E 黄铁矿、1 号、6 号）；测试时间：2013 年。

另外，根据铅同位素的 Zartman 铅构造环境判别结果（图略）可知，矿石铅和赋矿围岩铅落点比较集中，除个别样品外其余均落于地幔演化线与造山带演化线之间，且靠近造山带演化线一侧，在地壳演化线和造山带之间，主要落于下地壳与造山带之间，且靠近下地壳一侧。这表明矿石铅和赋矿围岩铅具有成因联系，二者铅源均具有壳幔混合特点，这与前人（肖力等，2009）对西秦岭成矿带金多金属矿床的铅同位素统计结果相吻合。

前人（朱炳泉，1998）研究表明，钍铅的变化以及钍铅与铀铅同位素组成的相互关系（即 $\Delta\beta$-$\Delta\gamma$ 之间变化关系）对于地质过程与物质来源能提供更丰富的信息。因此，将该矿区所测铅数据投影在 $\Delta\beta$-$\Delta\gamma$ 变化范围图解上（见图6-7）。可以看出，矿石铅全部落于上地壳与地幔混合的俯冲带的岩浆作用区域，说明矿石铅来源为壳幔混合源，且受岩浆作用影响明显。赋矿围岩铅主要落在上地壳与地幔混合的俯冲带和造山带的分界线上，部分落在造山带、岩浆作用区域。综上认为，岗岔-克莫金矿床矿体与赋矿围岩（凝灰岩）有着相同的铅来源，均为壳幔混合源，且受造山作用、岩浆作用影响较为明显。

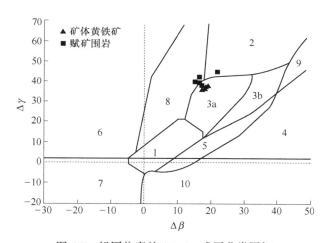

图6-7 铅同位素的 $\Delta\beta$-$\Delta\gamma$ 成因分类图解

1—地幔源铅；2—上地壳源铅；3—上地壳与地幔混合的俯冲铅（3a 为岩浆作用；3b 为沉积作用）；4—化学沉积型铅；5—海底热水作用铅；6—中深变质作用铅；7—深变质下地壳铅；8—造山带铅；9—古老页岩上地壳铅；10—退变质铅

6.4.2 氢-氧同位素

流体是成矿的精髓，其来源、运移和物质卸载反映了整个成矿过程（毛景文等，2005），不同来源流体的同位素组成有明显的差异（White，1974）。其中，含矿热液的氢、氧同位素组成也被认为是描述成矿流体性质的重要参数，是表征成矿流体演化和热液矿床成因的有力依据。

6.4.2.1 样品采集与测试

用于测定氢、氧同位素组成的石英样品采自岗岔金矿段钻孔岩心的不同标高及矿区地表，样品编号为 ZK07-6-518、ZK07-6-598、ZK07-6-626、ZK23-5-282、T143。其中前四件样品来自钻孔，最末位数字表示取样深度；编号 T143 是地表样品，来自下家门沟口东侧约 300 米的位置。

6.4.2.2　测试结果与分析

5 件石英氢、氧同位素的测试结果见表 6-5。其中 $\delta^{18}O_{H_2O}$ 为计算值，由石英和水之间氧同位素分馏方程 $1000\ln\alpha Q\text{-}H_2O = 3.38\times10^6/T^2 - 3.4$ 计算得出（Zhang et al.，1989）。可以看出，岗岔-克莫金矿床的氢、氧同位素数据相差不大，其中 δD_{H_2O} 值为 $-88.6‰\sim-76.7‰$，平均值 $-80.92‰$；$\delta^{18}O_{H_2O}$ 值为 $6.53‰\sim8.63‰$，平均值 $7.46‰$。在 $\delta^{18}O_{H_2O}\text{-}\delta D_{H_2O}$ 同位素组成模式图上（见图 6-8），岗岔-克莫金矿的同位素组成点主要落在标准的岩浆水区域下部位置，说明流体中有岩浆水成分。另外将搜集到的西秦岭多个金矿床如礼坝（冯建忠等，2003；温志亮等，2008）、八卦庙（冯建忠等，2004）、马鞍桥（朱赖民等，2009）、小沟里（冯建忠等，2002；冯建忠等，2004）、丝毛岭（李霞等，2010），以及大水（韩春明等，2004）、拉尔玛（刘家军等，2000）、寨上（于岚，2004）、早子沟（曹晓峰等，2012）、阳山（罗锡明等，2004；李晶等，2008；杨贵才等，2008）、夏家店（高菊生等，2006）、干河坝（任小华等，2007）、煎茶岭（任小华，2008）和丘陵（张复新等，2000）等的 H-O 稳定同位素数据同样投在图 6-8 中。可以看出，西秦岭地区金矿床的 H-O 同位素具有一致的分布趋势，反映二者成矿热液系统相似的同时，也反映它们兼具以岩浆水和变质水为主并向混有大气降水的演化趋势，只是造山型金矿床 δD_{H_2O} 值相对于卡林型金矿略小而已。这也验证了前人（毛景文，2005）基于成矿年代学数据，认为这两种类型金矿床具有相似的成矿背景，即均为后碰撞造山过程热系统的产物，也暗示该矿床与岩浆活动密切相关。

表 6-5　岗岔金矿床成矿流体氢、氧同位素组成

样品号	产状	样品名称	δDV-SMOW /‰	$\delta^{18}OV$-PDB /‰	$\delta^{18}OV$-SMOW /‰	$\delta^{18}O_{H_2O}$ （V-SMOW）/‰	$T/℃$
T143	地表	石英	−77.7	−11.6	18.9	7.99	212.8
ZK7-6-598	钻孔	石英	−82.8	−13.0	17.5	8.63	251.7
ZK7-6-626	钻孔	石英	−78.8	−14.8	15.6	6.94	256.2
ZK7-6-518	钻孔	石英	−88.6	−13.1	17.4	7.20	225.3
ZK23-5-282	钻孔	石英	−76.7	−13.9	16.5	6.53	229.6

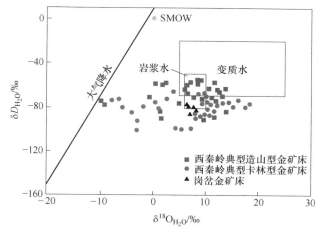

图 6-8　岗岔金矿床与典型金矿床稳定
同位素 δD-$\delta^{18}O$ 同位素组成图

扫一扫
查看彩图

7　岗岔-克莫金矿床成因矿物学研究

7.1　黄铁矿成因矿物学研究

一般来说，金矿床黄铁矿的形成常常与金的沉淀密切相关，一些金矿床中黄铁矿即是主要载金矿物（陈光远等，1989；高振敏等，2000）。因此，很多情况下把黄铁矿的标型特征作为成矿预测和矿床评价的主要依据（严育通等，2012）。

7.1.1　黄铁矿产出特征及其分类

岗岔-克莫金矿的黄铁矿主要以脉状、网脉状、浸染状、团块状、斑点状和星散状产出，黄铁矿晶形主要以立方体、五角十二面体，以及二者的聚形为主。

根据矿物共生组合和矿物之间的穿切关系、粒径、自形程度、交代关系和包含关系等，将岗岔-克莫金矿的热液成矿过程划分为 4 个阶段，相应的黄铁矿产出状态也有多种类型，如图 7-1 所示。

第 I 阶段黄铁矿（Py1），主要呈稀疏浸染状、星散状、或团聚状分布于黄铁绢英岩中，如图 7-1（a）所示。晶形以立方体为主，自形程度相对较高，中粗粒粗-中粒自形-半自形结构。粒度 50~500μm，少数超过 1mm。有些黄铁矿内部存在溶蚀痕迹，部分受后期构造作用呈碎裂状。

第 II 阶段黄铁矿（Py2），主要呈脉状产出，脉宽多 100~500μm 之间，较第 I 阶段黄铁矿粒度相对细小，出现率较高，自形程度较差。

第Ⅲ阶段黄铁矿（Py3）主要为中细粒结构，粒径 30~200μm，同毒砂、黄铜矿、闪锌矿、方铅矿等矿物共生，多出现于石英-多金属硫化物脉，如图 7-1（b）所示，或产于石英-黄铁矿-毒砂脉中，常呈它形结构或自形-半自形结构。有时可见与毒砂共生形成团粒结构，常被细小的毒砂颗粒包围，如图 7-1（c）所示。

第Ⅳ阶段黄铁矿（Py4），主要产于方解石-黄铁矿脉中，半自形-它形粒状结构，粒度一般 100~500μm，如图 7-1（d）所示。

7.1.2　黄铁矿成分标型

黄铁矿的成分常常受到类质同象置换、机械混入的影响，通过黄铁矿成分研究，可以了解黄铁矿的形成环境和成矿物质来源，为找矿提供重要信息。

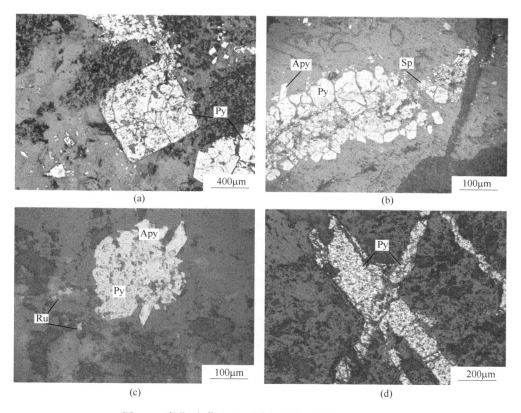

图 7-1 岗岔-克莫金矿不同成矿阶段黄铁矿产出形态

（a）第Ⅰ成矿阶段自形-半自形碎裂的立方体黄铁矿；（b）第Ⅱ成矿阶段脉状黄铁矿与毒砂、闪锌矿共生；

（c）第Ⅲ成矿阶段团块状黄铁矿与毒砂共生；（d）第Ⅲ成矿阶段网脉状黄铁矿

Py—黄铁矿；Apy—毒砂；Sp—闪锌矿；Ru—金红石

扫一扫
查看彩图

7.1.2.1 主量元素特征

黄铁矿的理论分子式为 FeS_2，标准成分为 Fe 46.55%、S 53.45%，S/Fe 原子比近似等于 2。类质同象替代和元素的混入可导致黄铁矿中 S、Fe 含量以及原子比偏离标准值。一般将 S/Fe 小于 2 属于硫亏损型黄铁矿，其形成温度相对较高；S/Fe≥2 称为硫富集型黄铁矿，其形成温度相对较低（陈光远等，1987）。很多情况下，亏损硫的同时也更容易富集其他金属元素（李红兵等，2005；宫丽等，2011）。一般来说，火山热液型金矿的黄铁矿类质同象替代和其他元素混入程度高，且多以亏硫型黄铁矿为主；而沉积成因黄铁矿形成温度较低，类质同象替代和其他元素的混入程度相对较低，多以硫富集型黄铁矿为主（贾大成等，2012）。

岗岔-克莫金矿 ZK07-6 钻孔岩心不同标高黄铁矿主量元素测试结果见表 7-1。

可以看出，黄铁矿 $w(\text{Fe})$ 为 42.363%~46.71%，且大多数小于 46.55%，平均值为 44.876%；$w(\text{S})$ 为 49.247%~53.129%，均小于 53.45%，平均值 50.989%。S/Fe 值在 1.893~2.142 之间，但是大多数小于 2，平均值为 1.98，属于亏硫型，说明黄铁矿中的 S 相对于 Fe 发生更强烈类质同象置换，反映成矿时温度较高且与岩浆热液成因有关。

表 7-1 岗岔-克莫金矿区钻孔 ZK07-6 矿体黄铁矿中主元素含量

标高/m	样品号	$w(\text{Fe})/\%$	$w(\text{S})/\%$	S/Fe 原子比	S/Fe 原子比均值	Au 品位/%
3023	175-c1-Py1	46.64	51.92	1.93875	1.94	10.00×10^{-4}
	175-c1-Py2	45.12	50.05	1.931988		
2952	200-c1-Py2	46.70	52.24	1.948375	1.94	8.00×10^{-4}
	200-c1-Py3	46.71	51.86	1.933914		
	200-c1-Py1	46.452	51.862	1.944455		
2905	403-2-1Py1	45.295	50.721	1.950251	1.95	3.60×10^{-4}
	403-2-1Py2	45.131	50.962	1.966639		
	403-2-1Py3a	44.693	49.966	1.947099		
	403-2-1Py3	44.296	49.247	1.936281		
2903	405-2-1Py1	44.577	51.625	2.016983	1.99	0.25×10^{-4}
	405-2-1Py2	44.424	50.228	1.969161		
	405-2-1Py3	42.363	51.772	2.128439		
	405-3-1Py1a	44.423	49.624	1.945526		
	405-3-1Py1	44.397	50.119	1.966083		
	405-3-1Py2	45.844	51.798	1.967812		
	405-3-1Py3	43.725	50.981	2.030634		
	405-3-1Py4	44.065	51.531	2.036704		
	405-4-1Py1a	44.836	50.175	1.949008		
	405-4-1Py1	45.503	49.456	1.892919		
	405-4-1Py2	43.923	50.865	2.01688		
	405-4-1Py3	44.441	50.254	1.969427		
2902	406-1-Py1	43.618	50.211	2.00487	2.00	0.41×10^{-4}
	406-1-Py2	43.157	49.348	1.991459		
2886	422-4-Py1	43.586	50.231	2.007141	2.04	1.08×10^{-4}
	422-4-Py2	45.339	51.873	1.992611		
	422-4-Py3	43.199	53.129	2.141958		
	422-4-Py4	44.928	52.385	2.030687		

续表 7-1

标高/m	样品号	$w(Fe)/\%$	$w(S)/\%$	S/Fe 原子比	S/Fe 原子比均值	Au 品位/%
2856	452-1-Py1	45.752	51.428	1.957684	1.95	3.50×10⁻⁴
	452-1-Py2	45.621	49.718	1.898025		
	452-1-Py3	45.384	51.491	1.975976		
	452-1-Py4	45.360	51.338	1.971147		
2678	630-3-Py1	45.343	51.945	1.995201	1.99	0

从表 7-1 还可看出，随着深度增加，黄铁矿 Fe/S 比值出现一定的波动，并与金品位有明显对应性，即黄铁矿 S/Fe 比值小则金品位较高，反之金品位较低。从 Fe/S 值与 Au 品位相关关系（见图 7-2），可见二者存在明显负相关关系，暗示黄铁矿 S 含量低有利于金的沉淀。

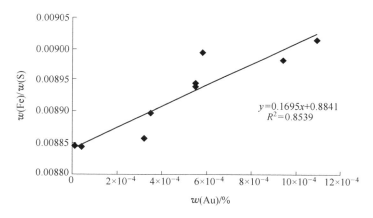

图 7-2　岗岔金矿黄铁矿中 Fe/S 值与 Au 含量关系图

特别需要注意的是，As 在黄铁矿中的含量及 $w(Fe)/w(S + As)$ 值具有重要的标型意义。由于 As 不仅是热液体系常见的组分，而且往往能以类质同象的形式替代黄铁矿中的 S。很多情况下当黄铁矿中 As 含量高时，其金含量也高。一些研究（贾大成等，2012）表明，黄铁矿中 $w(Fe)/w(S + As)$ 值与其形成的深度有较好的相关性。苏联的一些研究成果（陈光远等，1987）也说明黄铁矿的 $w(Fe)/w(S+As)$ 值大约为 0.846 时属于矿床深部，0.863 时为矿床中部位置，0.926 时则为矿床浅部。

将表 7-1 的测试结果对应不同成矿阶段进行分析，结果发现，第 Ⅰ 阶段 $w(S)$ 平均值为 52.84%，第 Ⅱ 阶段约为 51.82%，第 Ⅲ 阶段约为 52.42%，第 Ⅳ 阶段约为 52.24%。显然第 Ⅰ 阶段高于其他阶段，第二阶段最低。黄铁矿的 Fe 含量在第 Ⅰ 阶段平均值为 45.16%，第 Ⅱ 阶段为 44.55%，第 Ⅲ 阶段为 45.65%，第

Ⅳ阶段为 46.62%。显然第Ⅱ阶段最低，第Ⅳ阶段最高。

将表 7-1 所列出的黄铁矿进行 As 含量测试并计算了其 $w(Fe)/w(S + As)$ 值，结果发现该值在 0.840~0.889 之间，而且多数值大于 0.865，暗示该矿黄铁矿中有相当量的 S 被 As 替代并形成了亏铁型黄铁矿。

7.1.2.2　微量元素特征

A　电子探针测试结果

由于黄铁矿的微量元素种类及含量能够反映其形成环境以及成矿流体的物理化学条件，也可以进一步了解矿床成因及成矿物质来源，为找矿提供信息。将不同标高矿体黄铁矿进行微量元素测试（见表 7-2）。可以看出，黄铁矿中微量元素主要有 Au、Ag、Cu、As、Sb、Co、Ni、Pb、Zn 等。特别注意到，As 元素在黄铁矿中普遍存在，含量为 0.07%~4.17%。其中，第Ⅰ阶段黄铁矿 As 平均含量为 1.32%；第Ⅱ成矿阶段的含量平均值为 2.61%，最高；第Ⅲ阶段 As 平均含量为 0.72%；第Ⅳ阶段平均含量仅为 0.27%（见图 7-3）。

表 7-2　岗岔-克莫金矿区钻孔 ZK07-6 矿体中黄铁矿电子探针微量元素测试结果

（质量分数，%）

标高/m	样品号	As	Co	Pb	Ni	Ag	Cu	Sb	Zn	Au
3023	175-c1-Py1	0.760	0	0.620	0	0	0	0.020	0	0.090
	175-c1-Py2	1.480	0	0.590	0	0	0.020	0	0.010	0.110
2952	200-c1-Py2	0.280	0	0.690	0	0	0.010	0.030	0	0.060
	200-c1-Py3	1.110	0	0.520	0.010	0.010	0.010	0	0	0.200
	200-c1-Py1	0.361	0	0.639	0.002	0	0	0	0.012	0
2905	403-2-1Py1	2.629	0.091	0	0	0	0	0	0	0
	403-2-1Py2	2.513	0.071	0	0	0	0	0	0	0.032
	403-2-1Py3a	2.846	0.068	0	0.088	0	0.034	0	0	0.055
	403-2-1Py3	2.476	0.064	0.028	0.104	0	0	0.002	0.023	0.058
2903	405-2-1Py1	0.981	0.089	0	0.540	0	0.032	0.059	0.008	0
	405-2-1Py2	1.418	0.109	0.013	0.439	0.028	0.016	0.052	0	0.001
	405-2-1Py3	0.135	0.545	0	2.642	0	0	0.021	0	0
	405-3-1Py1a	2.498	0.073	0	0.025	0.015	0.030	0	0	0
	405-3-1Py1	2.370	0.076	0	0.022	0.020	0.009	0	0.010	0
	405-3-1Py2	2.182	0.058	0	0.027	0	0.008	0	0	0
	405-3-1Py3	2.195	0.085	0	0.013	0.004	0.014	0.013	0.013	0
	405-3-1Py4	2.515	0.064	0	0	0	0.022	0.002	0.004	0

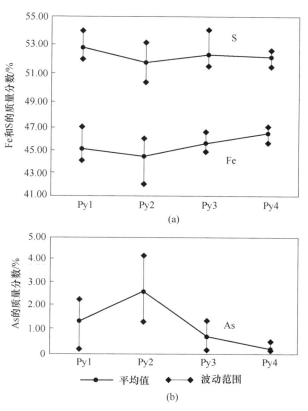

图 7-3　不同阶段黄铁矿中 Fe、S 和 As 变化图

（a）Fe、S 含量；（b）As 含量

B　LA-ICP-MS 测试结果

从表 7-1 中挑选 12 件代表性样品进行了 LA-ICP-MS 测试，其中第 Ⅰ 阶段黄铁矿进行了 6 个测点，第 Ⅱ 阶段 9 个测点，第 Ⅲ 阶段 7 个测点，第 Ⅳ 阶段 8 个测点。结果显示，As 元素在黄铁矿中含量较高且变化范围较大，变化范围在 227.83×10^{-6} 至 21835.93×10^{-6} 之间，平均值 7664.18×10^{-6}。其中，第 Ⅰ 阶段和第 Ⅱ 阶段黄铁矿 As 含量高于第 Ⅲ 阶段和第 Ⅳ 阶段。另外，第 Ⅰ 阶段黄铁矿边缘部位的 As 元素含量明显高于内部，显然 EPMA 和 LA-ICP-MS 的分析结果基本吻合。

此外，其他元素含量分别为 Ni（0.56~186.73）×10^{-6}、Co（0.03~324.43）×10^{-6}、Cr（1.04~45.55）×10^{-6}、Cu（0.17~177.66）×10^{-6}、Ag（0.01~10.15）×10^{-6}、Zn（0.36~3195.86）×10^{-6}、Pb（1.87~1084.26）×10^{-6}。

一般来说，受温度影响，黄铁矿的微量元素具有一定的空间分布规律性。即金矿体上部或前缘晕的黄铁矿富集 Hg、As、Sb、Ba、Se、Te 等低温元素，矿体中部或近矿晕的黄铁矿富集 Cu、Pb、Zn 等中温元素，而矿体底部或尾晕的黄铁矿富集 Co、Ni、Ti、Cr 等高温元素。当黄铁矿中的中低温微量元素相对富集并且含量变化较大时，往往指示深部存在金矿化（Boyle，1979；宋学信等，1986；李惠等，1999；胡楚雁，2003；佟景贵等，2004；周学武等，2005）。

　　将岗岔-克莫金矿区钻孔 ZK07-6 矿体的黄铁矿微量元素组合（Co+Ni）、（Cu+Pb+Zn）和（As+Sb）进行统计，并以（Co+Ni）、（Cu+Pb+Zn）和（As+Sb）形成三角图解，结果如图 7-4 所示。可以看出，大多数投点靠近（As+Sb）低温元素组元端，个别点分布在（Co+Ni）高温元素元端，所以受测的应该是含有低温元素组合的黄铁矿为主，说明目前样品所在空间应为矿床的中上部，暗示深部具有找矿潜力。

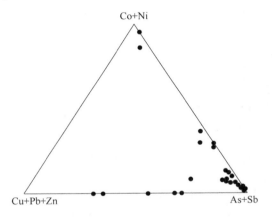

图 7-4　岗岔-克莫金矿黄铁矿成分特征图解

7.1.3　黄铁矿热电性特征及找矿意义

　　黄铁矿热电性是目前有效评价金成矿潜力的方法之一（李胜荣等，1993；李成禄等，2009），并在我国胶东等地取得了显著效果（陈光远等，1987）。特别是利用黄铁矿热电性空间变化规律进行金矿深部预测的有效性已在多个矿床得以实践证明（赵亨达，1990；胡大千，1993；陈海燕等，2011）。国内多位学者就黄铁矿热电标型特征用于金矿找矿进行了深入研究（陈升平等，1994；李红兵等，2005；杨赞中等，2007；陈曦等，2009；邓磊等，2008），并为我国金矿找矿做出了重要贡献。由于黄铁矿具有显著的热电性特征，而且测量方便快捷，诸多学者（要梅娟等，2008；张中立等，2010；魏佳林等，2011；庞阿娟等，2012；柯昌辉等，2012；曾祥涛等，2012；王鹏等，2013；张方方等，2013；翟德高等，2013；曹煦等，2015；李逸凡等，2015）将其作为找矿预测的重要标型特征。

7.1.3.1 热电性基本原理

热电性是半导体类矿物在温差下荷电的性质，表征热电性的主要参数包括导电类型（简称为导型）和热电系数。一般来说，导电类型分为电子型导电（简称为 N 型导电，由施主杂质产生的导电）和空穴型导电（简称 P 型导电，由受主杂质产生的导电）。热电系数是单位温差的热电动势，计算公式为 $\alpha = E/\Delta t$。式中，α 为热电系数，mV/℃ 或 μV/℃；E 为热电动势，mV 或 μV；Δt 为温度差，℃。

黄铁矿产出状态不同，其热电性特征也不同（申俊峰等，2013）。研究黄铁矿的热电性，可以获取矿床形成深度、温度、矿化强度、矿床规模以及矿体延深等方面的信息（张运强等，2010）。因此，黄铁矿热电性研究对判定金矿床成因、圈定找矿靶区、评价矿体保存和剥蚀深度都具有重要意义。

7.1.3.2 样品采集与测试方法

岗岔-克莫金矿床黄铁矿样品取自岗岔矿段第 4~24 勘探线，共 12 个钻孔不同标高岩心样品 24 件，主要为 Au-3 矿脉的矿体主成矿阶段样品，具体采样位置见矿体纵投影图，如图 7-5 所示。

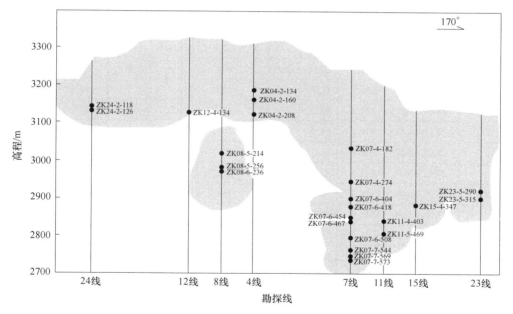

图 7-5 岗岔-克莫金矿区 Au-3 矿体黄铁矿热电性样品分布图

黄铁矿热电性测试在中国地质大学（北京）矿物标型实验室完成，测试仪器为 BHTE-06 热电系数测量仪，设定活化温度为（60±3）℃。每件样品随机挑选 50 粒 250~180μm（60~80 目）黄铁矿颗粒进行热电性测试，测试结果见表 7-3。

表 7-3   岗岔-克莫金矿 Au-3 矿脉黄铁矿的热电性特征

标高/m	样品编号	P 型热电系数 $\alpha/\mu V \cdot ℃^{-1}$				N 型热电系数 $\alpha/\mu V \cdot ℃^{-1}$			
		最大值	最小值	平均值	出现率/%	最大值	最小值	平均值	出现率/%
3200	ZK04-2-134	339.6	95.1	284.1	92	−20.5	−246.6	−111.6	8
3150	ZK24-2-118	343.3	186.0	289.3	96	−118.7	−131.8	−125.3	4
	ZK04-2-160	327.2	105.3	250.7	100	—	—	—	—
3125	ZK04-2-208	339.1	23.5	254.3	100				
	ZK12-4-134	333.9	18.5	286.4	96	−8.3	−31.5	−19.9	4
	ZK24-2-126	333.3	106.0	275.1	100				
3040	ZK08-5-214	321.4	35.4	235.1	96	−66.2	−124.6	−95.4	4
	ZK07-4-182	332.8	119.8	261.0	96	−53.6	−123.8	−88.7	4
2970	ZK08-5-256	339.6	38.6	254.1	94	−18.9	−177.9	−111.5	6
	ZK08-6-236	335	109.3	290.1	100				
2940	ZK07-4-274	329.4	48.5	219.5	94	−13.1	−69.7	−40.9	6
	ZK23-5-290	341.9	48.1	221.9	98	−1.7	−1.7	−1.7	2
2905	ZK07-6-404	333.9	220.0	298.1	60	−28.2	−214.6	−103.4	40
	ZK23-5-315	335.1	58.2	266.7	94	−1.6	−55.6	−25.2	6
2880	ZK07-6-418	331.0	200.0	297.3	98	−29.0	−29	−29	2
	ZK15-4-347	332.8	122.5	269.9	100	—	—	—	—
2845	ZK07-6-454	335.0	47.9	276.4	100				
	ZK07-6-467	337.3	95.1	224.8	96	−5.2	−25.3	−15.3	4
	ZK11-4-403	336.2	44.4	283.8	100				
2800	ZK07-6-508	335.0	18.7	274.3	84	−14.9	−91.2	−53.35	16
	ZK11-5-469	329.9	22.1	191.5	96	−1.7	−161.5	−81.6	4
2765	ZK07-7-544	335.1	94.3	235.4	94	−15.7	−67.0	−43.1	6
2740	ZK07-7-569	343.2	66.8	260.3	98	−90.8	−90.8	−90.8	2
	ZK07-7-573	347.2	130.9	293.3	96	−55.7	−69.3	−62.5	4

注: "—"代表未检测出; 数据测试在中国地质大学（北京）矿物标型实验室完成, 2013—2014。

7.1.3.3   测试结果与分析

从测试的 24 件黄铁矿样品中, 22 件样品的 P 型出现率在 90% 以上, P 型出现率平均值为 94.9%, 显然该矿区 Au-3 矿脉黄铁矿导型以 P 型为主。另外, 不同标高黄铁矿 P 型出现率存在一定差异, 整体表现为随矿体向下延伸呈小幅度波动性递减。热电系数频率分布直方图（见图 7-6）显示其热电系数变化范围在 −246.6~347.2μV/℃, 主要集中于 200 ~ 340μV/℃。根据前人（徐国风等,

1987；宋焕斌，1989；唐耀林等，1991）"金矿床浅部或晚期的黄铁矿热电系数主要为正值，导电类型以 P 型为主"的认识，推测岗岔金矿目前探采位置仍然处于矿床浅部，深部仍具有较大找矿前景。

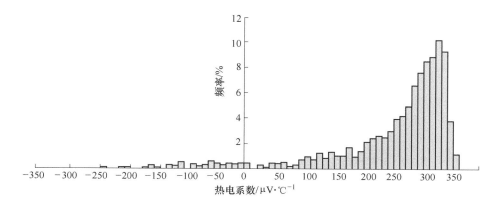

图 7-6　岗岔-克莫金矿 Au-3 矿脉黄铁矿热电系数频率分布直方图

采用黄铁矿热电性还可以估算其形成温度。戈尔巴乔夫（1964）和邵伟等（1990）认为黄铁矿热电系数与其形成温度存在如下线性方程：

$$t = (704.51 - \alpha)/1.818 \quad (\text{N 型})$$

$$t = 3(122.22 + \alpha)/5.0 \quad (\text{P 型})$$

通过该方程计算的岗岔金矿段黄铁矿形成温度频率统计结果（见图 7-7）可以看出，其黄铁矿形成温度虽然分布在 84.4~386.6℃较宽的范围内，主要分布在 130~280℃之间，特别 200~280℃形成偏态峰值，另在 130~170℃出现一个低缓峰值区，这显然说明该矿床存在中低温叠加成矿。对照前述石英流体包裹体的测温结果，发现二者较为吻合，说明该矿床属于中低温矿床。

需要说明的是，黄铁矿热电系数还可以用来估算矿体的探采深度指数（表征目前探采工程控制深度在矿床或矿体整体深度位置）。

首先，根据黄铁矿热电系数（α）分布区间及其所占比例，计算出黄铁矿热电性参数 X_{np}，计算公式 $X_{np} = (2f_{\text{I}} + f_{\text{II}}) - (f_{\text{IV}} + 2f_{\text{V}})$。其中，$f_{\text{I}}$、$f_{\text{II}}$、$f_{\text{IV}}$ 和 f_{V} 分别为热电系数 $\alpha > +400\mu\text{V}/℃$、热电系数 $\alpha = 200 \sim 400\mu\text{V}/℃$、热电系数 $\alpha = 0 \sim -200\mu\text{V}/℃$ 和热电系数 $\alpha < -200\mu\text{V}/℃$ 的占比。

然后，根据 $\gamma = 50X_{np}/4$ 可以计算矿体的探采深度指数 γ（相当于矿床或矿体探采深度占矿床或矿体总延伸的百分比）。岗岔矿段探采深度指数 γ 计算结果见表 7-4。

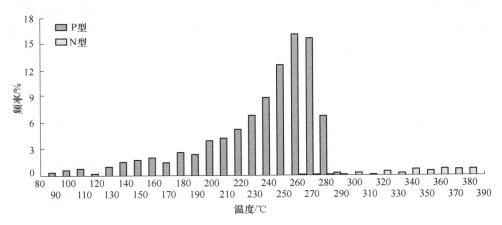

图 7-7   甘肃岗岔金矿 Au-3 矿脉黄铁矿热电系数计算温度分布直方图

表 7-4   岗岔-克莫金矿 Au-3 矿脉黄铁矿热电性参数（X_{np}）及矿体的探采深度指数（γ）

样品号	f_{I}	f_{II}	f_{IV}	f_{V}	X_{np}	$\gamma/\%$
ZK04-2-134	0	86	6	2	76	31.0
ZK24-2-118	0	94	4	0	90	27.5
ZK04-2-160	0	84	0	0	84	29.0
ZK04-2-208	0	82	0	0	82	29.5
ZK12-4-134	0	88	4	0	84	29.0
ZK24-2-126	0	92	0	0	92	27.0
ZK08-5-214	0	72	4	0	68	33.0
ZK07-4-182	0	86	4	0	82	29.5
ZK08-5-256	0	78	6	0	72	32.0
ZK08-6-236	0	98	0	0	98	25.5
ZK07-4-274	0	62	6	0	56	36.0
ZK23-5-290	0	64	2	0	62	34.5
ZK23-5-315	0	80	6	0	74	31.5
ZK07-6-418	0	98	2	0	96	26.0
ZK15-4-347	0	88	0	0	88	28.0
ZK07-6-454	0	86	0	0	86	28.5
ZK07-6-467	0	64	4	0	60	35.0
ZK11-4-403	0	92	0	0	92	27.0
ZK07-6-508	0	66	16	0	50	37.5
ZK11-5-469	0	50	4	0	46	38.5
ZK07-7-544	0	72	6	0	66	33.5
ZK07-7-569	0	70	2	0	68	33.0
ZK07-7-573	0	90	4	0	86	28.5

可以看出，岗岔金矿段 Au-3 矿脉的探采深度指数（γ）变化范围为 25.5%～38.5%，显然说明目前探采深度仍属于矿脉的中上部，暗示深部找矿潜力仍然较大。

7.2 角闪石成因矿物学研究

钙碱性岩浆岩的角闪石 Al 含量和温度具有良好的相关性，因此角闪石是研究岩体侵位时温压条件的常用矿物之一（Blundy and Holand，1990）。岗岔矿段西南部发育的石英闪长岩体，其中角闪石自形程度较好，并利用其全铝温压计估算岩体形成的物理化学条件（压力、温度及氧逸度）具有实际意义。

7.2.1 角闪石形态特征

采集的新鲜闪长岩呈灰绿色至青灰色，中细粒结构，块状构造。其主要矿物为角闪石、斜长石，斑晶多为这两种矿物（见图 7-8），次要矿物为石英和黑云母，副矿物有榍石、磷灰石、锆石、金红石、钛铁矿等。其中，角闪石呈灰绿色，自形程度高，呈长柱状、针柱状，如图 7-8（e）、（f）所示，粒径为 1～3.5mm，含量约为 20%；斜长石呈灰白色，较为自形，呈细粒状、板条状，粒径为 1～2mm，含量约为 60%。单偏光下角闪石多呈黄褐色至暗黄色，说明其含有较高的 Fe^{3+}。常可见简单接触双晶和聚片双晶，如图 7-8（c）、（f）所示，消光角为 15°～20°。多数角闪石较为新鲜，少数发生蚀变，边部有细粒钛铁矿等金属矿物。垂直于 C 轴的横切面多具有假六边形，棱角清晰，部分角闪石具有熔圆特征并且发育反应边结构，如图 7-8（b）、（c）所示。

这类闪长岩内发现富含多种金属硫化物的"珠滴构造"。扫描电镜能谱分析结果显示，金属硫化物主要是闪锌矿、黄铜矿、方铅矿等，而且注意到非金属脉石矿物多先于金属硫化物结晶。这说明岩浆期就存在硫化物的预富集过程，即金属硫化物"珠滴"形成于岩浆房，伴随岩浆侵位，由深部带至浅部冷凝结晶。因此，闪长岩中发现的多金属硫化物"珠滴"暗示该侵入体与成矿过程存在一定关系。

7.2.2 角闪石成分特征

利用电子探针和扫描电镜能谱进行了矿区闪长岩中的角闪石成分测定（选取测点位置时尽量选取表面洁净且新鲜未蚀变的较大角闪石晶体，同时对比核、幔部成分差异），对角闪石成分类型进行了判定。根据 17 件角闪石核幔边主微量成分测试结果可知，角闪石主量成分较为稳定，具有富 Mg 贫 Ti 特征，暗示其结晶时有地幔物质的加入。根据成分判别图解（见图 7-9）可知，主要属于钙质角闪石类，大多为浅闪石，少量浅闪普闪石。

图 7-8　岗岔金矿段闪长岩中角闪石光学显微特征

(a) 角闪石两组清晰解理；(b) 浑圆状角闪石；

(c)、(f) 角闪石简单接触双晶；

(d) 角闪石假六边形晶形；(e) 长柱状角闪石自形晶

Hbl—角闪石；Bi—黑云母；Pl—斜长石

扫一扫查看彩图

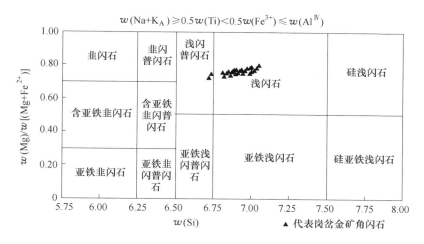

图 7-9　岗岔金矿段闪长岩钙质角闪石成分判别图

（底图据 Leake et al., 1997）

7.2.3　角闪石成因类型判别

马昌前（1994）根据不同成因岩石中的钙质角闪石成分数据，把钙质角闪石按照 Si-Ti 相关图划分出不同成因类型。将岗岔金矿段闪长岩角闪石成分数据投于 Si-Ti 成分图解，结果如图 7-10 所示。可以看出，这些角闪石主要位于Ⅱ区和Ⅳ区的位置，说明其成因具有多样性和继承性，既有来自深部基性-超基性岩浆中结晶的角闪石，也有中酸性岩浆直接晶出的角闪石，抑或是两种岩浆混合形成的中性岩浆晶出的角闪石。此外，依据角闪石 TiO_2-Al_2O_3 成因图解可以大致判断岩浆源区性质，如图 7-11 所示。显然，岗岔金矿段闪长岩的角闪石主要位于壳幔混合源区，少量位于幔源区，可见角闪石总体上具有壳幔混合源区岩浆成因的特点。

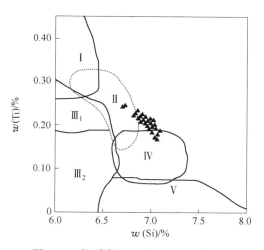

图 7-10　钙质角闪石的 Si-Ti 判别图解

（底图据马昌前，1994）

Ⅰ区—火山岩中的火成角闪石；Ⅱ区—基性和超基性岩中的角闪石；Ⅲ₁区—中级变质岩；Ⅲ₂区—高级变质岩中的角闪石；Ⅳ区—中酸性侵入岩中的火成角闪石；Ⅴ区—退变的或交代成因的角闪石

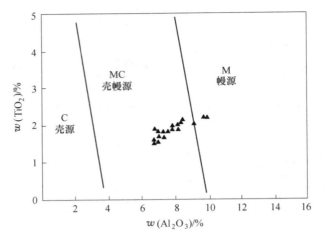

图 7-11   角闪石 TiO_2-Al_2O_3 成因图解

(底图据陈光远等, 1993)

7.2.4 成岩物理化学条件及形成深度估算

研究表明,钙碱性侵入岩中在近固相线条件下形成的角闪石,其化学组成中的全铝含量受结晶时的总压力控制,即角闪石的结晶压力与其全铝含量呈较好的正相关关系(马昌前,1994)。利用角闪石全铝含量估算钙碱性岩浆岩的结晶压力有多个表达式,其中,Ridolfi 等(2010)根据前人的实验结果,在满足相平衡的前提下提出了最新的角闪石全铝压力计:

$$P_8 = 19.209e^{(1.438Al_T)}, \qquad R^2 = 0.99$$

式中,Al_T 为角闪石的全 Al 含量。

同时也给出了相应的温度、氧逸度的计算式:

$$T_3 = -151.487Si^* + 2.041$$

式中,$Si^* = Si + \dfrac{Al^{[4]}}{15} - 2Ti^{[4]} - \dfrac{Al^{[6]}}{2} - \dfrac{Ti^{[6]}}{1.8} + \dfrac{Fe^{3+}}{9} + \dfrac{Fe^{2+}}{3.3} + \dfrac{Mg}{26} + \dfrac{Ca^B}{5} + \dfrac{Na^B}{1.3} - \dfrac{Na^A}{15} + \dfrac{[\ ]^A}{2.3}$。

$$\Delta NNO = 1.644Mg^* - 4.01$$

式中,$Mg^* = Mg + \dfrac{Si}{47} - \dfrac{Al^{[6]}}{9} - 1.3Ti^{[6]} + \dfrac{Fe^{3+}}{3.7} + \dfrac{Fe^{2+}}{5.2} - \dfrac{Ca^B}{20} - \dfrac{Na^A}{2.8} + \dfrac{[\ ]^A}{9.5}$。

根据上述公式计算结果见表 7-5(角闪石的核部和边部成分计算的温压差异不大)。其中,压力 p 为 1.02~2.28kbar(1bar = 10^5Pa),均值 1.37kbar;温度 T 为 860.30~978.88℃,均值为 916.15℃;氧逸度 ΔNNO 值为 0.94~2.23,均值为

1.49。根据公式 $H = p/\rho g$，其中 ρ 取 2700kg/m³，计算出角闪石结晶时的深度为 3.85~8.61km，均值为 5.18km。因此认为岗岔金矿段南西部的闪长岩体为浅成侵入体，表明本区剥蚀深度较浅。

表 7-5　岗岔金矿段闪长岩角闪石温压计算结果

样品编号	测点位置	压力 p/kbar	深度 $H = p/\rho g$/km	温度 T/℃	ΔNNO	氧逸度 $\lg f_{O_2}$
p4-1-2amp1	核部	1.11	4.19	860.30	1.46	−11.34
p4-1-2amp2	核部	1.10	4.14	888.61	1.38	−11.12
p4-1-5amp1	核部	2.18	8.22	977.06	1.23	−9.67
p4-1-5amp2	幔部	2.28	8.61	978.88	1.22	−9.64
p4-1-5amp3	边部	1.82	6.89	948.78	1.03	−10.37
p4-1-4amp1	幔部	1.19	4.51	902.96	1.06	−11.14
p4-1-4amp2	核部	1.02	3.86	874.48	0.94	−11.66
p4-1-4amp3	核部	1.08	4.07	877.73	1.66	−10.94
p4-1-4amp4	边部	1.49	5.62	945.35	1.53	−9.95
p4-1-1amp1	幔部	1.43	5.41	927.61	2.04	−9.66
p4-1-1amp2	核部	1.02	3.85	893.11	1.94	−10.36
p4-1-1amp3	幔部	1.36	5.13	934.50	1.57	−10.13
p4-1-1amp4	边部	1.31	4.95	925.87	1.84	−9.91
p4-1-1amp5	边部	1.36	5.12	924.74	1.63	−10.17
p4-2-2amp1	边部	1.31	4.93	910.54	2.23	−9.77
p4-2-2amp2	核部	1.03	3.91	870.07	2.05	−10.69
p4-2-2amp3	边部	1.33	5.04	908.79	1.66	−10.42
p4-2-1amp1	幔部	1.53	5.78	939.60	1.92	−9.58
p4-2-1amp2	核部	1.44	5.46	931.89	1.70	−10.00
p4-2-1amp3	幔部	1.51	5.70	925.12	1.64	−10.16
p4-2-1amp4	边部	1.55	5.84	936.54	1.17	−10.43
p4-2-3amp1	边部	1.37	5.18	917.18	1.51	−10.49
p4-2-3amp2	边部	1.20	4.53	895.82	1.30	−11.00
p4-2-3amp3	边部	1.36	5.14	917.23	1.23	−10.77
p4-2-3amp4	边部	1.33	5.02	916.65	1.23	−10.81
p4-2-4amp1	边部	1.38	5.22	922.36	1.17	−10.63
p4-2-4amp2	边部	1.21	4.58	889.83	1.14	−11.26
p4-2-4amp3	边部	1.34	5.07	928.43	1.09	−10.66
p4-2-5amp1	边部	1.19	4.49	880.73	1.56	−10.94
p4-2-5amp2	核部	1.39	5.24	922.98	1.35	−10.45

样品编号	测点位置	压力 p/kbar	深度 $H = p/\rho g$/km	温度 T/℃	$\triangle NNO$	氧逸度 $\lg f_{O_2}$
p4-2-5amp3	边部	1.26	4.78	908.97	1.41	−10.64
p4-2-5amp4	核部	1.16	4.38	902.97	2.06	−10.14
p4-2-5amp5	核部	1.60	6.04	947.13	1.36	−10.14
Min（最小值）		1.02	3.85	860.30	0.94	−11.66
Max（最大值）		2.28	8.61	978.88	2.23	−9.58
Average（平均值）		1.37	5.18	916.15	1.49	−10.46

注：1. 角闪石压力、温度、氧逸度和熔体中水含量计算采用 Ridolfi 等（2010）提出的公式，计算方法见上文。

  2. 1bar = 10^5Pa。

依据 Ridolfi 等（2010）提出的 NNO 缓冲剂计算式可知，ΔNNO 值范围为 0.94~2.23，均值 1.49，说明氧逸度为 $NNO + 0.94$ 至 $NNO + 2.23$ 之间。结合表 7-5 角闪石的形成温度介于 860~979℃，将氧逸度值与温度值投图于 $\lg f(O_2)$-T 曲线图上（见图 7-12），可以得出该角闪石的氧逸度 $\lg f(O_2)$ 范围为（−11.66~ −9.58）× 10^5Pa，均值 −10.46 × 10^5Pa。说明 860~979℃ 条件下，岩浆的氧逸度范围均位于缓冲剂 NNO 曲线之上且靠近 NNO，这一宽泛的氧逸度区间暗示可能存在高低两种氧逸度岩浆的混合作用。另外，从图看出，该岩浆氧逸度总体较高，也反映了岩浆侵位较浅。

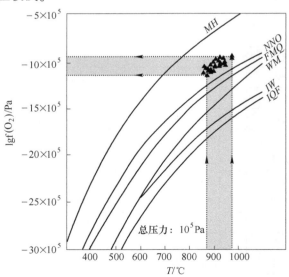

图 7-12 岗岔金矿段闪长岩角闪石 $\lg f(O_2)$-T 曲线图（底图据 Eugster and Wones，1962）
（实线代表氧缓冲剂，阴影区代表岗岔金矿角闪石结晶时的氧逸度和温度范围。）

7.3 金红石成因矿物学研究

金红石是地壳岩石中最常见的副矿物之一（GuidoMeinhold，2010），常常与钛铁矿、锐钛矿、钙钛矿、板钛矿等矿物共生，是钛的主要矿物相（Rudnick and Fountain，1995）。已有的资料主要聚焦于中高级变质岩中的金红石，并开展了矿物地球化学研究（Zack et al.，2004；王汝成等，2005；陈振宇等，2006；陈振宇和李秋立，2007；Chen and Li，2008；高长贵等，2008；陈振宇等，2009；Melanie Meyer et al.，2011；Zheng et al.，2011；高晓英和郑永飞，2013），对于内生金属矿床中的金红石研究报道较少（赵一鸣，2008；魏斐等，2009）。

本节主要针对与金属硫化物密切共生的金红石开展成因矿物学研究，为进一步探讨岗岔金矿的岩浆-热液成矿作用提供理论依据。

7.3.1 金红石的矿物学特征

金红石常常含有较高的过渡性金属元素和高场强元素如 Nb、Ta、V、Cr、Fe 和 Al、W 等（Haggerty，1995；Deer et al.，1992；Rice et al.，1998；Zack et al.，2002）。Nb 和 Ta 及其他高场强元素常作为地质过程和地球演化过程的指示剂，其地球化学行为在壳幔交互作用及俯冲带地质作用具有重要指示意义（Schmidt et al.，2009；Foley et al.，2000；Stal. der et al.，1998）。金红石中的微量元素 Zr 含量与其形成温度之间有良好的线性关系，所以 Zr 含量可作为金红石的温度计（Zack et al.，2004；Watson et al.，2006；Ferry and Watson，2007；Tomkins et al.，2007）。总体来说，金红石作为广泛分布的重要副矿物，对于其形成条件和地质作用过程具有指示意义（Meinhold，2010）。

与成矿相关的金红石一般分为两类，一类是岩浆成因，另一类是热液成因。

对于岩浆成因的金红石来说，其成分往往具有高 Cr 低 Fe 少 Al 无 Nb 和 Ta 的特点（龚夏生等，1980）。热液成因的金红石可以细分为两类。一类是热液充填成因的金红石，通常是由氧化环境下的高钛热液沿构造裂隙运移至浅部，因温度压力降低而结晶析出。该类型金红石常产于金红石矿床或高钛岩石附近的断裂带中，赋存于石英脉、碳酸盐岩脉、石英斜长石脉或重晶石脉等各类脉体中。与该类型金红石共生的矿物组合常常是角闪石+黑云母+斜长石+绿泥石+方解石（白云石）+磷灰石+榍石及白云母等热液矿物（张银波，1992）。该类型的金红石往往其晶体边部因铁含量较高而呈现黑边，少量呈不规则状集合体分散于其他矿物间隙或者被角闪石或斜长石等矿物包裹（蔡剑辉等，2008；徐少康等，1997）。另一类是热液交代成因的金红石，是由富含钛铁矿、角闪石和黑云母等矿物的高钛岩石在热液蚀变作用下释放出来的钛结晶形成，该类型金红石常呈钛铁矿假晶、针状、网状分布于角闪石或黑云母的解理缝隙中或蚀变反应边，其成分上

TiO_2 含量约为 97.4% ~ 99.15%，并且含有 Si、V、Cr、Nb、Ta、Zr、S、Mn、Fe 等杂质元素（蔡剑辉等，2008）。

总体来看，不同成因类型的金红石的赋存状态、产状、矿物共生组合、光学显微特征及成分特征上存在差异。

7.3.2　岗岑-克莫金矿床的金红石

岗岑-克莫金矿金红石采自 ZK8-6-H25、ZK8-6-H34、ZK00-3-140、ZK7-6-451 四个钻孔岩心，显微镜下多见与金属硫化物密切共生，如图 7-13 所示。一般呈针柱状、长柱状、菱形产出，也可见有分散粒状、短柱状、网脉状等，以自形-半自形者居多，偶见有它形粒状随机分布，粒径普遍较小，以 20 ~ 180μm 为主。有时可见少数金红石以接触双晶和穿插双晶形式存在。

总体看，岗岑-克莫金矿的金红石有以下四种产出状态：（1）金红石呈它形充填于黄铁矿或毒砂的熔蚀残余结构中；（2）金红石呈半自形晶形式分布在黄铁矿或毒砂的粒间；（3）金红石呈半自形-它形被包裹于黄铁矿中；（4）金红石呈粒状随机分散于寄主岩石中。

采用电子探针和扫描电镜能谱进行了金红石成分测定。总体看，岗岑-克莫金矿的金红石成分较为稳定，晶体核部与边部成分差异不大，环带构造不发育。TiO_2 含量在 97.422% ~ 99.792% 之间，具低 Mg 低 Al 特点，Cr_2O_3 变化范围较大，介于 0.007% ~ 4.762% 之间。

值得注意的是，金红石中 Zr 元素的含量存在显著差异。其中颗粒较小、自形-半自形、表面洁净、棱角清晰的金红石 ZrO_2 含量较高，一般为 0.121% ~ 0.305%；半自形-它形、网脉状、细粒状、表面溶蚀严重、棱角圆滑、边角不清晰的金红石 ZrO_2 含量较低，一般为 0.002% ~ 0.035%；部分介于上述两者之间，含量范围 0.065% ~ 0.109%。

一般认为，金红石中的 Zr 含量受控于压力和温度两个变量（Degeling，2003；Thomkins，2007）。也有学者（Zack 等，2004；Watson 等，2006）认为，Zr 元素的扩散作用也可能导致金红石中的 Zr 含量不均匀保存，尤其是高温流体存在的情况下更有利于 Zr 元素的扩散。因此，岗岑金矿的金红石中 Zr 元素的差异性可能与其形成环境和遭受高温流体作用有关。

7.3.3　金红石 Zr 温度计

由于金红石中 Zr 含量与其形成温度有良好的线性关系，因此常常用 Zr 含量估算金红石的形成温度（Zack et al.，2004；Watson et al.，2006；Ferry and Watson 2007；Tomkins et al.，2007）。

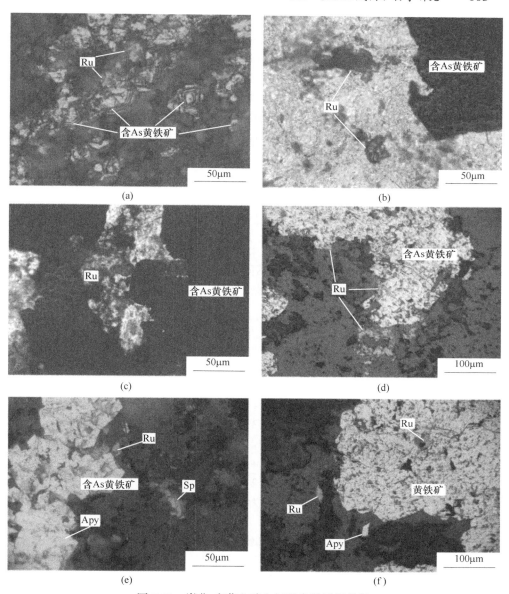

图 7-13　岗岔-克莫金矿金红石光学显微特征

（a）环带状含 As 黄铁矿边部的金红石；（b）斑点状含 As 黄铁矿边部的金红石；（c）含 As 黄铁矿溶蚀港湾中的金红石；（d）黄铁矿边部的金红石；（e）黄铁矿、毒砂、闪锌矿边部的金红石；

（f）黄铁矿和毒砂边部的自形金红石

Apy—毒砂；Py—黄铁矿；Ru—金红石；Sp—闪锌矿

（1）Degeling（2003）根据不同温压下 ZrO_2-TiO_2-SiO_2 体系中金红石的生长实验结果，提出了金红石 Zr 含量温度计算公式：

扫一扫查看彩图

$$T(℃) = \frac{89297.49 + 0.63(p - 1)}{R\ln K + 33.46} - 273 \tag{7-1}$$

式中，p 为压力，bar；$R = 8.3145$J/(K·mol)，$K = 1/X_{Zr}^{Rt}$；X_{Zr}^{Rt} 为 Zr 在金红石中的摩尔百分含量。

（2）Zack et al.（2002；2004）根据对 31 个温压条件已知（0.95~4.5GPa、430~1100℃）的地质样品中金红石 Zr 含量分析结果，提出了 Zr 含量温度计的经验公式：

$$T(℃) = 134.7 \times \ln(Zr) - 25 \tag{7-2}$$

（3）Watson et al.（2006）在 1.0~1.4GPa、675~1450℃下，根据金红石在锆石和石英（或含水硅酸盐熔体）中生长的实验结果，并结合温压范围为 0.35~3.0GPa、470~1070℃ 的实际地质样品研究结果，得出 Zr 含量温度计算公式：

$$T(℃) = \frac{4470 \pm 120}{(7.36 \pm 0.10) - \lg(Zr)} - 273 \tag{7-3}$$

该公式不适用于超高压条件，同时也未考虑金红石赋存状态对计算结果的影响。

（4）Tomkins et al.（2007）通过不同温压下对 ZrO_2-TiO_2-SiO_2 体系的影响，修正了金红石 Zr 含量温度计算公式，提出了同时基于温度和压力两个变量的金红石 Zr 含量温度。

在 α 石英稳定域的计算公式：

$$T(℃) = \frac{83.9 + 0.410p}{0.1428 - R\ln\phi} - 273 \tag{7-4}$$

在 β 石英稳定域的计算公式：

$$T(℃) = \frac{85.7 + 0.473p}{0.1453 - R\ln\phi} - 273 \tag{7-5}$$

在柯石英稳定域的计算公式：

$$T(℃) = \frac{88.1 + 0.206p}{0.1412 - R\ln\phi} - 273 \tag{7-6}$$

式中，ϕ 为 Zr 的含量，$\times 10^{-6}$；p 为压力，kbar；R 为气体常数，取值 0.0083144kJ/(K·mol)。[1]

需要说明，上述计算公式是在石英和锆石饱和的体系下获得的（Watson et al.，2006）。如果体系中缺少锆石，会使金红石 Zr 温度计算值偏低；如果体系中缺少石英，会使金红石 Zr 温度计算值偏高（高晓英和郑永飞，2011）。因此，金红石 Zr 温度计算公式的使用前提是：金红石在金红石-锆石-石英共存体系下结晶形成。

显微观察表明，岗岔-克莫金矿金红石赋存的岩石中普遍存在锆石和石英，符合金红石 Zr 温度计适用条件。岗岔金矿金红石 Zr 含量以及几种温度计计算的金红石形成温度见表 7-6，同时，根据金红石产状和共生矿物组合将金红石成因进行了初步分类。

---

[1]　注：1bar = 10^6Pa。

表7-6 岗岔-克莫矿金红石 Zr 含量及温度计算结果

样品编号	$w(Zr)/\%$	金红石产状	$T_{\text{Watson-max}}$	$T_{\text{Watson-min}}$	T_{Zack}	T_{Tomkins}	成因分类
			T/℃				
ZK00-3-140-1Ru1	984.66×10^{-4}	与环带状含 As 黄铁矿密切伴生，它形细粒	802.77	700.87	903.39	714.92	岩浆成因
ZK00-3-140-1Ru3	614.49×10^{-4}	与环带状含 As 黄铁矿密切伴生，它形细粒	753.50	658.18	839.88	671.61	岩浆成因
ZK00-3-140-1Ru4	1813.84×10^{-4}	独立形式存在寄主岩石中，表面洁净	874.10	762.37	985.68	777.32	岩浆成因
ZK00-3-140-1Ru5	1199.36×10^{-4}	独立形式存在寄主岩石中，半自形，表面洁净	824.81	719.91	929.96	734.24	岩浆成因
ZK00-3-140-1Ru6	1043.89×10^{-4}	独立形式存在寄主岩石中，半自形，表面洁净	809.20	706.43	911.26	720.56	岩浆成因
ZK00-3-140-1Ru7	962.45×10^{-4}	独立形式存在寄主岩石中，半自形，表面洁净	800.28	698.71	900.32	712.73	岩浆成因
ZK00-3-140-1Ru8	1332.62×10^{-4}	独立形式存在寄主岩石中，半自形，表面洁净	836.96	730.39	944.15	744.87	岩浆成因
ZK8-6-h34-1ru1	88.84×10^{-4}	赋存在黄铁矿、毒砂边部，它形，发生交代反应	591.18	516.27	579.38	527.63	热液交代
ZK8-6-h34-1ru2	88.84×10^{-4}	赋存在黄铁矿、毒砂边部，它形，发生交代反应	591.18	516.27	579.38	527.63	热液交代
ZK8-6-h34-2ru1	37.02×10^{-4}	独立存在于寄主岩石中，它形晶，发生强烈交代反应	533.46	465.34	461.46	475.96	热液交代
ZK8-6-h34-2ru2	37.02×10^{-4}	独立存在于寄主岩石中，它形晶，发生强烈交代反应	533.46	465.34	461.46	475.96	热液交代
ZK8-6-h34-2ru3	29.61×10^{-4}	独立存在于寄主岩石中，它形晶，发生强烈交代反应	519.94	453.38	431.38	463.82	热液交代
ZK8-6-h34-2ru4	14.81×10^{-4}	独立存在于寄主岩石中，它形晶，发生强烈交代反应	480.76	418.63	338.06	428.57	热液交代
ZK8-6-h25-1ru1	140.67×10^{-4}	独立存在于寄主岩石中，它形晶，发生交代反应	624.92	545.93	641.28	557.72	热液交代
ZK8-6-h25-1ru2	74.03×10^{-4}	独立存在于寄主岩石中，它形晶，发生交代反应	578.48	505.09	554.81	516.28	热液交代
ZK8-6-h25-1ru3	14.81×10^{-4}	独立存在于寄主岩石中，它形晶，发生交代反应	480.76	418.63	338.06	428.57	热液交代
ZK8-6-h25-1ru4	570.06×10^{-4}	独立形式存在寄主岩石中，半自形，表面洁净	746.08	651.73	829.77	665.06	捕掳晶
ZK8-6-h25-1ru5	481.22×10^{-4}	独立形式存在寄主岩石中，半自形，表面洁净	729.70	637.49	806.95	650.61	捕掳晶
ZK8-6-h25-1ru6	207.30×10^{-4}	独立存在于寄主岩石中，表面洁净	655.51	572.74	693.51	584.92	捕掳晶
ZK8-6-h25-2ru7	162.88×10^{-4}	独立存在于寄主岩石中，它形晶，发生交代反应	636.25	555.87	661.03	567.80	热液交代
ZK8-6-h25-2ru8	59.23×10^{-4}	独立存在于寄主岩石中，它形晶，发生交代反应	563.45	491.84	524.77	502.84	热液交代
ZK8-6-h25-3ru1	74.03×10^{-4}	独立存在于寄主岩石中，它形晶，发生交代反应	578.48	505.09	554.81	516.28	热液交代

续表7-6

样品编号	w(Zr)/%	金红石产状	T/℃				成因分类
			$T_{\text{Watson-max}}$	$T_{\text{Watson-min}}$	T_{Zack}	T_{Tomkins}	
ZK8-6-h25-3ru2	22.21×10^{-4}	独立存在于寄主岩石中，它形晶，发生交代反应	503.20	438.55	392.64	448.77	热液交代
ZK8-6-h25-3ru3	88.84×10^{-4}	独立存在于寄主岩石中，它形晶，发生交代反应	591.18	516.27	579.38	527.63	热液交代
ZK8-6-h25-3ru4	0.00×10^{-4}	独立存在于寄主岩石中，它形晶，发生交代反应					热液交代
ZK8-6-h25-3ru5	125.86×10^{-4}	独立存在于寄主岩石中，它形晶，发生交代反应	616.52	538.55	626.30	550.23	热液交代
ZK8-6-h25-3ru6	88.84×10^{-4}	独立存在于寄主岩石中，它形晶，发生交代反应	591.18	516.27	579.38	527.63	热液交代
ZK8-6-h25-3ru7	59.23×10^{-4}	独立存在于寄主岩石中，它形晶，发生交代反应	563.45	491.84	524.77	502.84	热液交代
ZK8-6-h25-3ru8	755.15×10^{-4}	独立存在于寄主岩石中，它形晶，发生交代反应	774.47	676.37	867.65	690.06	热液交代
ZK7-6-451-1ru1	2080.37×10^{-4}	黄铁矿边部产出，菱形，自形晶，表面洁净	891.43	777.25	1004.15	792.42	岩浆成因
ZK7-6-451-1ru2	1251.18×10^{-4}	黄铁矿边部产出，菱形，自形晶，表面洁净	829.65	724.09	935.66	738.48	岩浆成因
ZK7-6-451-1ru3	1576.93×10^{-4}	包裹体形式赋存在黄铁矿内部，自形，与稀土元素矿物共生，表面洁净	856.93	747.60	966.83	762.34	岩浆成因
ZK7-6-451-1ru4	1584.34×10^{-4}	包裹体形式赋存在黄铁矿内部，自形，与稀土元素矿物共生，表面洁净	857.50	748.09	967.46	762.83	岩浆成因
ZK7-6-451-1ru5	2258.05×10^{-4}	包裹体形式赋存在黄铁矿内部，自形，与稀土元素矿物共生，表面洁净	902.04	786.36	1015.19	801.66	岩浆成因
ZK7-6-451-1ru6	962.45×10^{-4}	包裹体形式赋存于黄铁矿内部	800.28	698.71	900.32	712.73	岩浆成因
ZK7-6-451-1ru7	1043.89×10^{-4}	包裹体形式赋存于黄铁矿内部	809.20	706.43	911.26	720.56	岩浆成因
ZK7-6-451-1ru8	1895.28×10^{-4}	独立形式存在于寄主岩石中，表面洁净	879.59	767.09	991.60	782.11	岩浆成因
ZK7-6-451-1ru9	1873.07×10^{-4}	独立形式存在于寄主岩石中，表面洁净	878.11	765.82	990.01	780.82	岩浆成因
ZK7-6-451-2ru1	799.57×10^{-4}	独立形式存在于寄主岩石中，菱形自形晶	780.44	681.55	875.34	695.31	岩浆成因
ZK7-6-451-2ru2	992.06×10^{-4}	独立形式存在于寄主岩石中，菱形自形晶	803.59	701.58	904.40	715.64	岩浆成因
ZK7-6-451-2ru3	769.96×10^{-4}	独立形式存在于寄主岩石中，它形晶	776.50	678.12	870.26	691.84	岩浆成因
ZK7-6-451-2ru4	1280.80×10^{-4}	独立形式存在于寄主岩石中，它形晶	832.35	726.42	938.81	740.84	岩浆成因
ZK7-6-451-2ru5	1317.81×10^{-4}	独立形式存在于寄主岩石中，它形晶	835.66	729.27	942.65	743.73	岩浆成因
ZK7-6-451-2ru6	1258.58×10^{-4}	独立形式存在于寄主岩石中，它形晶	830.33	724.68	936.45	739.08	岩浆成因
ZK7-6-451-2ru7	925.43×10^{-4}	黄铁矿边部产出，半自形晶	796.02	695.03	895.04	708.99	岩浆成因
ZK7-6-451-2ru8	984.66×10^{-4}	黄铁矿边部产出，半自形晶	802.77	700.87	903.39	714.92	岩浆成因

续表 7-6

样品编号	$w(Zr)/\%$	金红石产状	$T_{Watson-max}$	$T_{Watson-min}$	T_{Zack}	$T_{Tomkins}$	成因分类
					$T/^\circ C$		
ZK7-6-451-2ru9	777.36×10^{-4}	黄铁矿边部产出，半自形晶	777.49	678.99	871.55	692.72	岩浆成因
ZK7-6-451-4ru1	1273.39×10^{-4}	边部被黄铁矿包裹，半自形晶	831.68	725.84	938.03	740.26	岩浆成因
ZK7-6-451-4ru2	1576.93×10^{-4}	边部被黄铁矿包裹，半自形晶	856.93	747.60	966.83	762.34	岩浆成因
ZK7-6-451-4ru3	1066.10×10^{-4}	包裹体形式赋存在寄主黄铁矿中，边部有稀土元素矿物	811.54	708.45	914.10	722.61	岩浆成因
ZK7-6-451-4ru4	533.05×10^{-4}	独立形形式赋存在寄主岩石中，半自形晶	739.52	646.03	820.73	659.28	捕掳晶
ZK7-6-451-4ru5	525.64×10^{-4}	独立形形式赋存在寄主岩石中，半自形晶	738.17	644.85	818.84	658.08	捕掳晶
ZK7-6-451-4ru6	229.51×10^{-4}	独立形赋存在寄主岩石中，半条状自形晶，长柱状	663.89	580.08	707.22	592.36	捕掳晶
ZK7-6-451-4ru7	592.28×10^{-4}	独立形赋存在寄主岩石中，半条状自形晶，长柱状	749.85	655.01	834.92	668.38	捕掳晶
ZK7-6-451-4ru8	214.70×10^{-4}	独立形赋存在寄主岩石中，半条状自形晶，长柱状	658.38	575.26	698.24	587.47	捕掳晶
ZK7-6-451-4ru9	547.85×10^{-4}	板条状自形晶以包裹体形式包裹于黄铁矿中	742.19	648.35	824.42	661.63	捕掳晶
ZK7-6-451-4ru10	555.26×10^{-4}	板条状自形晶以包裹体形式包裹于黄铁矿中	743.50	649.49	826.23	662.79	捕掳晶
ZK7-6-451-4ru11	806.98×10^{-4}	呈十字双晶包裹体存在于黄铁矿中	781.41	682.39	876.59	696.16	捕掳晶
ZK7-6-451-4ru12	555.26×10^{-4}	呈十字双晶包裹体存在于黄铁矿中	743.50	649.49	826.23	662.79	捕掳晶
ZK7-6-451-6ru1	873.61×10^{-4}	板条状自形晶以包裹体形式包裹于黄铁矿中	789.82	689.67	887.27	703.55	岩浆成因
ZK7-6-451-6ru2	1058.69×10^{-4}	板条状自形晶以包裹体形式包裹于黄铁矿中	810.77	707.78	913.16	721.93	岩浆成因
ZK7-6-451-6ru3	1214.16×10^{-4}	板条状自形晶以包裹体形式包裹于黄铁矿中	826.21	721.12	931.61	735.47	岩浆成因
ZK7-6-451-6ru4	185.09×10^{-4}	它形赋存于黄铁矿边部，寄主岩石中	646.36	564.73	678.25	576.79	热液交代
ZK7-6-451-6ru5	66.63×10^{-4}	它形赋存于黄铁矿边部，寄主岩石中	571.32	498.78	540.63	509.88	热液交代
ZK7-6-451-6ru6	259.12×10^{-4}	它形赋存于黄铁矿边部，寄主岩石中	674.08	588.98	723.57	601.40	热液交代
Min（最小值）			480.76	418.63	338.06	428.57	
Max（最大值）			902.04	786.36	1015.19	801.66	
Average（平均值）			726.63	634.32	781.06	647.39	

注：1. $T_{Watson-max}$、$T_{Watson-min}$、T_{Zack}、$T_{Tomkins}$ 计算方法见上文，其中 $T_{Tomkins}$ 中的压力值采用岗金矿金矿闪角石压力计算的平均值 1.37kbar，采用 α 石英稳定域计算公式。

2. $bar=10^5Pa$。

　　将表 7-6 计算的金红石形成温度，结合成因类型绘制成直方图进行比较（见图 7-14），结果发现，均符合依次由岩浆成因金红石、捕掳晶金红石至热液成因金红石，温度逐渐降低的规律。同时，不同计算方法所得温度值存在明显差异。总体看，Waston（2006）公式计算出的温度范围较宽泛，为 418.63~902.04℃，存在双峰现象，主峰集中在 800~850℃，在 550~600℃ 也有个峰值区间。Zack（2002）公式计算出的温度范围在 338.06~1015.19℃，也具有双峰式，主峰值区间 900~950℃，次级峰值范围 550~600℃。Tomkins（2007）公式计算的温度范围为 428.57~801.66℃，与 Waston（2006）公式计算范围较为相近，也呈现明显的双峰式，主峰值范围 700~750℃，次级峰值范围 500~550℃。

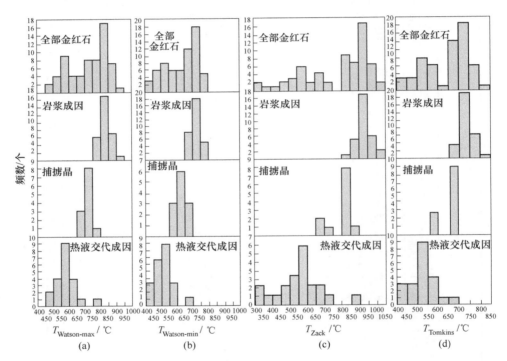

图 7-14　岗岔金矿金红石 Zr 温度计统计直方图

（a）应用 T_{Watson} 温度计计算的最大值；（b）应用 T_{Watson} 温度计计算的最小值；
（c）应用 T_{Zack} 温度计的计算值；（d）应用 $T_{Tomkins}$ 温度计的计算值

　　同时，注意到 T_{Zack} 温度计算值普遍偏高，与诸多文献值偏高的情况一致（于胜尧等，2011；高晓英和郑永飞，2011）。但是，依据 T_{Watson} 温度计和 $T_{Tomkins}$ 温度计计算的结果较为接近，所以认为由 T_{Watson} 和 $T_{Tomkins}$ 计算结果标识岗岔金矿金红石的结晶温度较为合理。

8 "珠滴构造" 与成矿

岗岔-克莫金矿区西面紧邻著名的德乌鲁岩体，二者接触带出露一套闪长质侵出相岩石，其中大量发育具有类似杏仁的"珠滴构造"，而且在一些"珠滴"中含有大量多金属硫化物。前人研究（罗照华，2011a；罗照华等，2011b；罗照华等，2007；刘平平等，2010）表明，富含多金属硫化物的"不混溶珠滴"可能暗示深部流体异常活跃，对成矿过程具有指示意义。因此，在光学显微镜和扫描电镜观察的基础上，对"珠滴"进行矿物学和地球化学分析，并试图探讨其形成机制及对找矿的指示意义。

8.1 "珠滴构造" 与寄主岩石的地质特征

发育"珠滴构造"的寄主岩石主要分布于下家门沟南端以及岗岔河与下家门沟形成的"倒丁字"区，如图 8-1 所示。富含"珠滴"的寄主岩石整体呈青灰色-深灰色，块状构造，中细粒状结构。从矿物结晶程度看，可以分为多斑结构岩石［见图 5-4（a）、（f）］和少斑结构岩石两类［见图 5-4（b）、（d）］，有些少斑结构岩石呈角砾状被多斑结构岩石包裹，局部可见多斑结构岩石中含有"珠滴构造"，其中一些"珠滴构造"明显具有富气特征，也可见局部含有火山角砾碎屑，角砾具有明显的熔圆特征。少斑结构的岩石除少量斑晶是斜长石外，其基质非常细小而不易辨认其矿物组成；多斑结构岩石则明显可见大量斑晶主要为斜长石和角闪石，基质为隐晶质，偶见少量绿帘石、黝帘石和石英等，局部发育流动构造，同时偶见有不均匀混合现象。从野外产状判断，该套岩石具有和浅成闪长岩一致的岩相学特征，多斑结构和少斑结构岩石属于不均匀混合现象，其中含有少量火山角砾，说明该套岩石应为火山侵出相岩石。

光学显微镜观察显示，该套岩石主要矿物组成为斜长石、角闪石、钾长石、石英、绿泥石、黝帘石和绿帘石，次要矿物有磁铁矿、赤铁矿、白云母等。具有自形-半自形结构，局部见有流纹构造，岩石蚀变强烈，可见角闪石交代残余、斜长石绢云母化、硅化、碳酸盐化、斜黝帘石化和钾长石高岭石化等蚀变现象。偶见钾长石卡式双晶。

总体看，含有"珠滴"的侵入体属于偏酸性的中性岩浆超浅侵入体，同时遭受了强烈的交代蚀变。

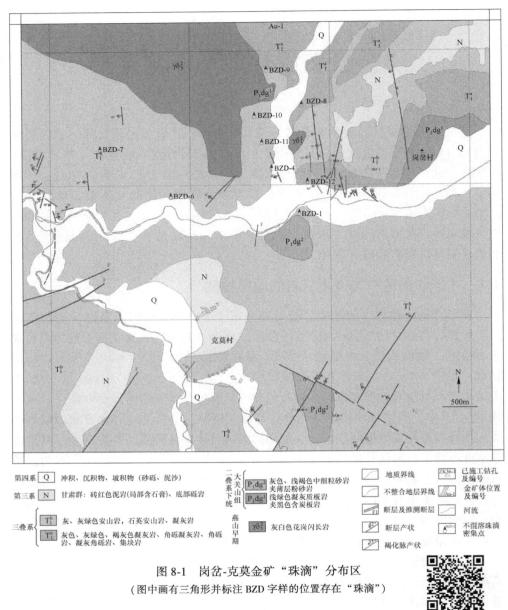

第四系 Q 冲积、沉积物、坡积物（砂砾、泥沙）

第三系 N 甘肃群：砖红色泥岩（局部含石膏）、底部砾岩

三叠系
T₁ᵇ 灰、灰绿色安山岩，石英安山岩，凝灰岩
T₁ᵃ 灰色、灰绿色、褐灰色凝灰岩、角砾凝灰岩、角砾岩、凝灰角砾岩、集块岩

二叠系大关山组下统
P₁dg² 灰色、浅褐色中细粒砂岩夹薄层粉砂岩
P₁dg¹ 浅绿色凝灰质板岩夹黑色含炭板岩

燕山早期 γδ₅² 灰白色花岗闪长岩

地质界线
不整合地层界线
断层及推测断层
断层产状
褐化脉产状

已施工钻孔及编号
金矿体位置及编号
河流
不混溶珠滴密集点

图 8-1　岗岔-克莫金矿"珠滴"分布区

（图中画有三角形并标注 BZD 字样的位置存在"珠滴"）

扫一扫查看彩图

8.2　"珠滴"野外基本特征

"珠滴"除了主要发育于侵出相岩石外，在安山岩、英安岩及次石英闪长玢岩中也有少量发现，多呈圆球状、椭球状、囊状、同心圆环状等不规则形态（见图 8-2）。"珠滴"的颜色主要有灰白色［见图 8-2（a）］、黑色［见图 8-2（b）］、

图 8-2 岗岔-克莫金矿区下家门沟口"珠滴"特征
（a）圆形和椭圆形"珠滴"；（b）、（c）串珠状"珠滴"；（d）较大粒径"珠滴"；
（e）眼圈状"珠滴"；（f）含铁高的"珠滴"风化呈褐色

深绿色［见图 8-2（c）］、边缘深绿色内部浅黄绿色［见图 8-2（c）］
等，部分"珠滴"可见明显褐化或金属矿化现象［见图 8-2（d）］。
"珠滴"大小各异，多数为 1~5cm，最大可达 20cm。"珠滴"分
布具有不均一性，但下家门沟南端及其与岗岔河形成的"倒丁
字"区明显有较多出露（见图 8-1），密度一般在 10~15 个/m²，最密集处可达 100 个/m²，
局部可见"珠滴"呈定向排列的串珠状成群出现，有些"珠滴"由于含铁较高被
氧化后呈现褐色。"珠滴"的矿物组成较细小，肉眼或放大镜条件下不易鉴别。

扫一扫查看彩图

8.3　"珠滴"的矿物学特征

依据矿物组成,"珠滴"可分为以下三类,即硅质"珠滴"、碳酸盐质"珠滴"和含多金属硫化物"珠滴"。其中,硅质"珠滴"以次生石英为主,呈肉红色、灰白色[见图8-3 (a)];碳酸盐质"珠滴"的成分主要是方解石,颜色为暗黄色、灰白色,形态上以囊状为主[见图8-3 (b)];含多金属硫化物"珠滴"一般呈褐色和灰绿色等[见图8-3 (c)、(d)],有时可见有大量气孔[见图8-3 (c)],暗示其富含流体。

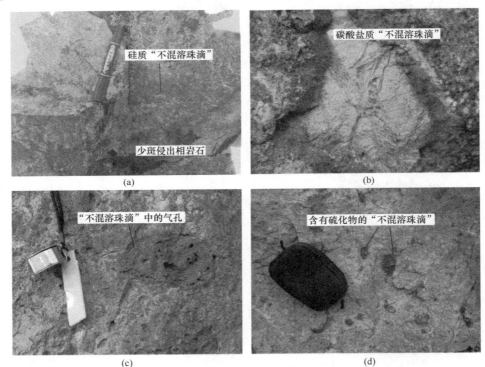

图 8-3　岗岔-克莫金矿不同成分的"珠滴"

(a) 富硅"珠滴";(b) 囊状碳酸盐"珠滴";(c) 富气"珠滴";(d)"珠滴"中可见硫化物矿物

显微镜下观察"珠滴",可见大量发育细粒次生石英和交代成因的钾长石[见图8-4 (a)、(e)],也见中心发育黝帘石、绿帘石,边部发育碳酸盐化、滑石化、黏土矿化[见图8-4 (b)、(c)、(d)],或者发育磷灰石、方解石等,同时局部发育细粒磁铁矿[见图8-4 (c)、(f)],一些磁铁矿被氧化成赤铁矿[见图8-4 (g)]。可见多种硫化物共生现象,其中金属硫化物主要包括黄铁矿、毒砂[见图8-5 (c)、(d)]、方铅矿[见图8-5 (a)、(c)]、闪锌矿[见图8-5 (b)]、黄铜矿[见图8-5 (e)、(f)]和铁辉砷钴矿等[见图8-5 (g)、(h)]。

扫一扫
查看彩图

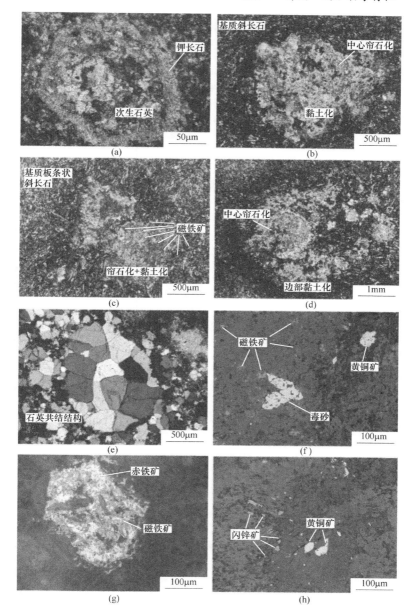

图 8-4 岗岔-克莫金矿"珠滴"在光学显微镜下的特征

（a）钾长石斑晶核部发生硅化；（b）"珠滴"内部黏土化、帘石化；

（c）"珠滴"内部黏土化和帘石化其中发育磁铁矿；（d）"珠滴"的嵌套结构；

（e）石英共结结构；（f）"珠滴"中发育毒砂、磁铁矿、黄铜矿；

（g）磁铁矿与赤铁矿；（h）闪锌矿与它形黄铜矿

扫一扫查看彩图

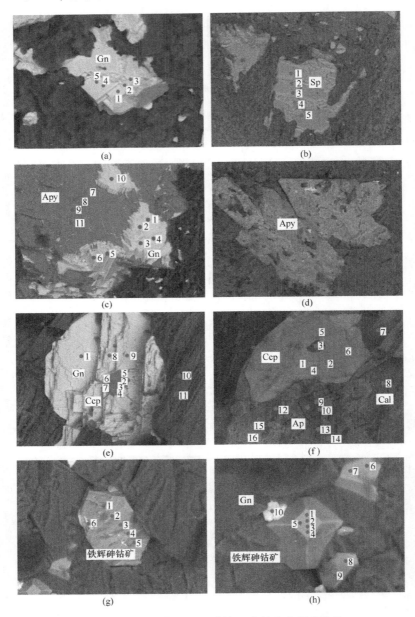

图 8-5 岗岔-克莫金矿"珠滴"中的多金属硫化物

(a)"珠滴"内方铅矿；(b)"珠滴"内闪锌矿；(c)"珠滴"内方铅矿和
毒砂共生；(d)"珠滴"内毒砂；(e)"珠滴"内方铅矿包裹黄铜矿；(f)"珠滴"
内可见黄铜矿与方解石共生；(g)"珠滴"内辉砷钴矿；(h)"珠滴"内方铅矿与
辉砷钴矿共生

Apy—毒砂；Ap—磷灰石；Cal—方解石；Ccp—黄铜矿；
Py—黄铁矿；Gn—方铅矿；Sp—闪锌矿

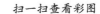

扫一扫查看彩图

一些"珠滴"发育嵌套结构，即大"珠滴"内部包含若干小"珠滴"。含硫化物的"珠滴"其充填度多在60%以上，有些达到85%以上。"珠滴"内矿物间清晰的共结关系说明其形成时组分较为充足。按照由核部到边部结晶粒度顺序，可以划分为由大而小（正粒序）和由小而大（反粒序）两种构造。

光学显微镜观察和电子探针分析结果表明，"珠滴"中常见矿物以石英、绿泥石、绿帘石、钾长石、斜长石、云母及多金属硫化物（主要为黄铁矿、毒砂、闪锌矿、方铅矿、黄铜矿等）为主，此外还有少量电气石、斧石、葡萄石等。以下将主要矿物特征分述如下：

（1）石英：主要呈半自形-它形结构，多与钾长石、绿泥石、绿帘石等矿物共生，部分"珠滴"有次生石英边构造［见图8-6（a）］，中心由石英+绿帘石/绿泥石+方解石+黄铁矿组成［见图8-6（b）、（c）］，也见石英与云母共生［见图8-6（d）］。

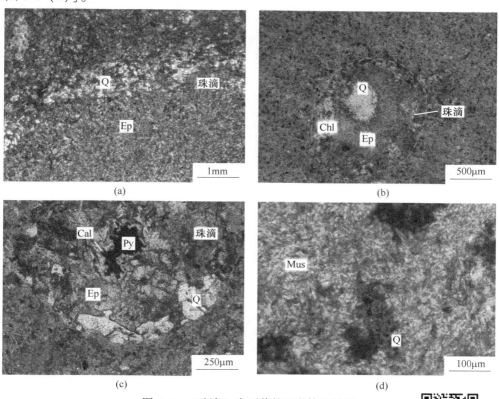

(a)　(b)

(c)　(d)

图8-6　"珠滴"中石英的显微镜下特征

（a）"珠滴"边缘富集细粒石英；（b）"珠滴"内石英与绿泥石、绿帘石共生；（c）"珠滴"内石英、绿帘石、方解石和黄铁矿共生；（d）"珠滴"内石英与白云母共生

Q—石英；Ep—绿帘石；Mus—白云母；Py—黄铁矿；Cal—方解石　扫一扫查看彩图

（2）绿泥石：多数"珠滴"中可见，手标本上呈深绿色，正交光下呈现靛蓝色异常干涉色，与石英、绿帘石、钾长石、斜长石、白云母等均有共生。有时可见其分布于"珠滴"边缘，形成晕圈构造［见图8-7（a）］，多数可见与绿帘石共生"珠滴"［见图8-7（b）、（c）］，少量中心包含白云母［见图8-7（d）］。电子探针成分（见表8-1）显示，SiO_2含量为23.45%～27.61%；Al_2O_3含量为19.68%～21.86%；FeO^T含量为23.03%～34.95%；MgO含量为7.35%～16.82%。其中，Fe、Mg元素含量变化范围较大，彼此呈消长关系。绿泥石分类图解（见图8-8）显示，这些绿泥石以相对富镁的蠕绿泥石为主。

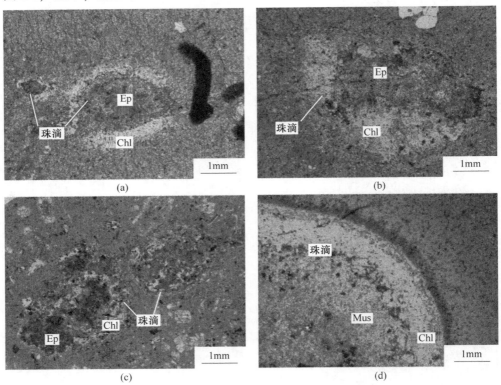

图8-7 "珠滴"中绿泥石显微镜下特征

（a）"珠滴"核部富集绿帘石边缘富集绿泥石；（b）、（c）"珠滴"内绿帘石与
绿泥石共生；（d）"珠滴"核部富集白云母边缘富集绿泥石

Q—石英；Ep—绿帘石；Mus—白云母；Chl—绿泥石

选择典型绿泥石型"珠滴"（BZD6-3 和 BZD6-1），进行"珠滴内"绿泥石（见图8-9中的点6、7、10、11、12）和"珠滴外"的绿泥石（见图8-9中的点5、8、13、14）电子探针成分分析比较（见表8-2）。结果显示，二者成分没有区别（见图8-10），暗示它们具有相同的形成条件或成因。

扫一扫查看彩图

表 8-1 "珠滴"中绿泥石电子探针结果 （质量分数，%）

样号	BZD4-2-1-3	BZD6-1-11	BZD6-3-1-3	BZD7-1-1-4	BZD7-5-1	BZD9-3-1	BZD10-3-1-2	BZD10-3-2-2	BZD11-1-1-1
SiO_2	26.06	24.68	24.98	25.17	25	23.45	27.61	26.46	26.02
TiO_2	bdl	0.05	bdl	0.07	0.19	bdl	bdl	0.06	bdl
Al_2O_3	21.14	20.45	21.63	21.76	20.09	20.49	20.37	20.45	19.68
FeOt	25.26	31.37	29.61	29.67	34.17	34.95	23.03	23.6	27.71
MnO	0.93	0.67	bdl	0.58	0.52	0.79	0.34	0.44	0.56
MgO	14.47	10.77	11.83	10.09	9.95	7.35	16.82	16.4	13.71
CaO	0.09	bdl	bdl	0.26	0.10	0.30	0.13	0.14	0.05
Na_2O	0.28	0.25	bdl	0.23	0.25	0.34	0.23	0.19	0.26
总量	88.24	88.24	88.05	87.83	90.28	87.66	88.53	87.73	87.98
阳离子数（以氧原子数14为基准计算）									
Si	2.74	2.69	2.68	2.72	2.69	2.64	2.84	2.76	2.78
Ti	0	0	0	0.01	0.02	0	0	0	0
Al^{IV}	1.26	1.31	1.32	1.28	1.31	1.36	1.16	1.24	1.22
Al^{VI}	1.35	1.30	1.41	1.48	1.24	1.35	1.30	1.28	1.25
Fe	2.21	2.85	2.65	2.67	3.07	3.27	1.97	2.05	2.46
Mn	0.08	0.06	0	0.05	0.05	0.08	0.03	0.04	0.05
Mg	2.28	1.76	1.90	1.63	1.61	1.24	2.59	2.57	2.19
Ca	0.01	0	0	0.01	0.01	0.04	0.01	0.02	0.01
Na	0.06	0.05	0	0.05	0.05	0.07	0.05	0.04	0.05
Fe/(Fe+Mg)	0.49	0.62	0.58	0.62	0.66	0.73	0.43	0.44	0.53
$T/℃$	322	342	341	336	344	361	297	313	317

注：$T（℃）$ 据式（8-3）计算：$T（℃）= 212\{Al^{IV} + 0.35[Fe/(Fe + Mg)]\} + 18$，bdl 为未检测到。

表 8-2 "珠滴"中绿泥石和寄主岩石中绿泥电子探针分析结果对比

（质量分数，%）

样品	BZD6-1-10	BZD6-1-11	BZD6-1-12	BZD6-1-13	BZD6-1-14	BZD6-1-15	BZD6-3-5	BZD6-3-6	BZD6-3-7	BZD6-3-8
位置	珠滴	珠滴	珠滴	寄主岩石	寄主岩石	寄主岩石	寄主岩石	珠滴	珠滴	寄主岩石
SiO_2	24.54	24.68	24.72	25.29	25.31	24.61	25.46	25.54	24.78	24.94
TiO_2	0.07	0.05	0.09	0.16	0.08	0.01	bdl	bdl	0.1	bdl
Al_2O_3	20.72	20.45	20.74	20.47	19.95	21.42	20.06	20.19	21.41	20.62
Cr_2O_3	0.09	bdl	0.03	0.15	0.24	0.12	0.49	bdl	0.11	0.19
FeO^T	31.07	31.37	31.58	31.49	30.96	30.8	29.02	29.24	29.5	29.88
MnO	0.73	0.67	0.78	0.67	0.6	0.7	0.42	0.49	0.53	0.34
MgO	10.16	10.77	10.37	10.55	10.85	10.39	11.94	12.33	11.39	11.26
CaO	0.13	bdl	0.05	0.14	0.09	0.07	bdl	0.11	0.08	0.08
Na_2O	0.29	0.25	0.26	0.22	0.23	0.22	0.29	0.34	0.23	0.26
总量	87.8	88.24	88.62	89.13	88.31	88.35	87.67	88.25	88.3	87.58

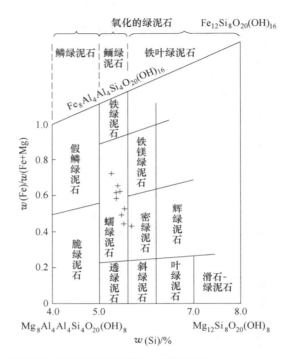

图 8-8 "珠滴"中绿泥石分类图解（底图根据 Deer and Zussman，1962）

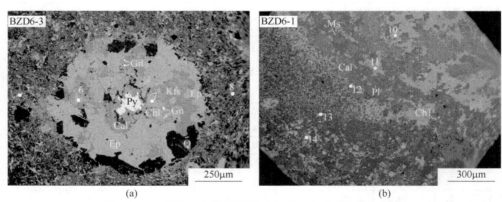

图 8-9 "珠滴"内外的绿泥石电子探针对比分析点位图

（a）"珠滴"电子探针测试点位分布；（b）"珠滴"外电子探针测试点

Chl—绿泥石；Ms—白云母；Pl—斜长石；Cal—方解石；Kfs—钾长石；

Ep—绿帘石；Gn—方铅矿；Q—石英

（3）绿帘石：在多数"珠滴"中发育，手标本上呈浅黄绿
色，多色性不明显，正交偏光下呈不均匀的Ⅱ-Ⅲ级彩色干涉色 ［见
图 8-11 （a）~（c）］。BSE 图像显示，部分绿帘石存在环带结构 ［见图 8-11 （d）］，

扫一扫查看彩图

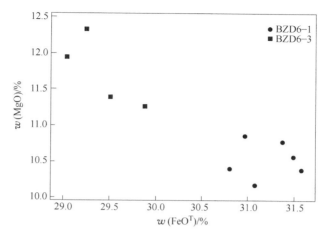

图 8-10   不同"珠滴"的绿泥石在 MgO-FeO^T 图解中具有明显分区特征

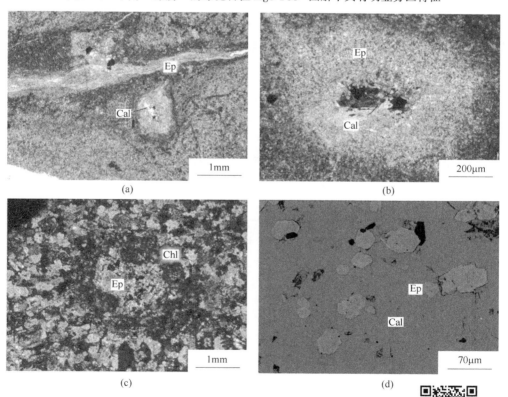

图 8-11   "珠滴"中绿帘石显微镜下特征（A、B、C）及 BSE 图像
（a）~（c）光学显微镜下"珠滴"中绿帘石特征；
（d）扫描电镜下"珠滴"中绿帘石 BSE 图像
Ep—绿帘石；Chl—绿泥石；Cal—方解石

扫一扫查看彩图

常与石英、绿泥石、方解石、金属硫化物等共生，在"珠滴"中心至边缘均有出现，电子探针成分分析显示，这些绿帘石 SiO_2 含量 37.21% ~ 40.53%；Al_2O_3 含量 20.22% ~ 28.20%；FeO^T 含量 6.94% ~ 17.14%；CaO 含量 22.31% ~ 24.00%。Fe 元素和 Al 元素变化较大，且互为消长关系（见图 8-12），说明它们之间的置换较普遍。另外，具有环带的绿帘石其边缘 Fe 含量较高，而 Al 含量较低。

　　"珠滴"内的绿帘石和"珠滴"外的绿帘石脉［见图 8-11（a）、（b）］电子探针成分比较结果显示（见表 8-3），二者成分近似相同，说明二者具有相同成因。

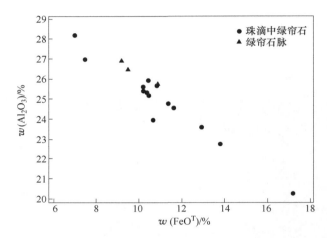

图 8-12　"珠滴"中绿帘石与"珠滴"外绿帘石脉的 Al_2O_3-FeO^T 成分对比

表 8-3　"珠滴"中绿帘石与"珠滴"外绿帘石脉的电子探针结果对比表

（质量分数,%）

样号	BZD9-1-1-1 核	BZD9-1-1-2 边	BZD9-2-1-15 脉	BZD9-2-1-11 脉	BZD9-2-1-13 脉
SiO_2	37.95	37.32	37.62	38.55	38.32
TiO_2	bdl	bdl	bdl	0.15	0.13
Al_2O_3	24.72	22.68	25.71	26.45	26.88
FeO^T	11.34	13.78	10.88	9.48	9.14
MnO	bdl	bdl	0.17	bdl	bdl
MgO	bdl	bdl	0.31	0.03	bdl
CaO	23.4	23.2	22.97	22.99	23.21
Na_2O	bdl	bdl	bdl	0.11	0.18
总量	97.41	96.98	97.66	97.76	97.86

注：bdl 为未检测出。

　　（4）云母：常与绿泥石、方解石、斜长石等矿物共生（见图 8-13），多分布于"珠滴"的中心部位,且含云母的"珠滴"边缘多发育绿泥石和少量电气石[见图 8-13 (a)、(b)]。电子探针成分(见表 8-4)显示,该云母 SiO_2 含量48.84%~50.44%;Al_2O_3 含量 32.75%~33.36%;FeO 含量 0.85%~2.26%;MgO含量 1.09%~1.76%;K_2O 含量 9.89%~10.61%。云母分类图解表明,其属于白云母(见图 8-14),但其成分明显富镁贫铁,镁值 $w(Mg)/w(Fe + Mg + Mn + Ti)$可达 0.43~0.77 之间,可能暗示其成因与地幔物质有关。

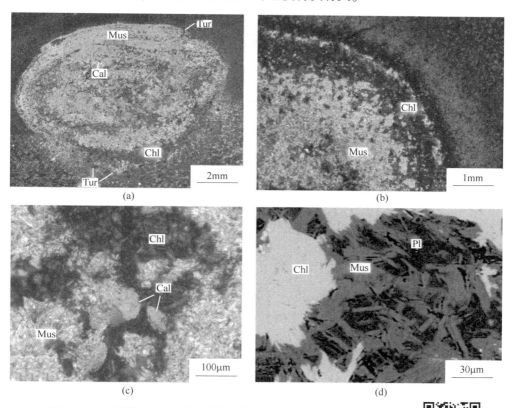

(a)

(b)

(c)

(d)

图 8-13 "珠滴"中白云母显微镜下特征[(a)~(c)]及 BSE 图像 (d)

(a)~(c) 光学显微镜下"珠滴"中白云母特征;(d) 扫描电镜下"珠滴"中白云母 BSE 图像

Cal—方解石;Mus—白云母;Chl—绿泥石;Tur—电气石

扫一扫查看彩图

表 8-4 珠滴中白云母电子探针测试结果 (质量分数,%)

样号	BZD6-1-2	BZD6-4-1-2	BZD10-2-1-3	BZD11-1-1-2
SiO_2	49.84	49.33	49.78	50.44
TiO_2	0.35	0.26	bdl	0.07
Al_2O_3	33.61	32.75	33.67	33.36

样号	BZD6-1-2	BZD6-4-1-2	BZD10-2-1-3	BZD11-1-1-2
FeO^T	2.26	1.75	1.78	0.85
MnO	bdl	0.05	0.12	bdl
MgO	1.09	1.13	1.49	1.76
CaO	bdl	0.03	bdl	0.25
Na_2O	bdl	0.30	0.29	0.26
K_2O	10.31	10.60	10.61	9.89
总量	97.47	96.21	97.75	96.88
以四面体、八面体位置阳离子之和 $[B]+[C]=6$ 的阳离子法				
Si	3.21	3.24	3.20	3.25
Ti	0.02	0.01	0	0.00
Al^{IV}	0.79	0.76	0.80	0.75
Al^{VI}	1.76	1.78	1.75	1.78
Fe^{3+}	0.12	0.02	0.10	0.05
Fe^{2+}	0	0.07	0	0
Mn	0	0	0.01	0
Mg	0.10	0.11	0.14	0.17
Ca	0	0	0	0.02
Na	0	0.04	0.04	0.03
K	0.85	0.89	0.87	0.81
$w(Fe)/w(Fe+Mg)$	0.54	0.46	0.40	0.21
$w(Mg)/w(Fe+Mg+Mn+Ti)$	0.43	0.50	0.58	0.77

注：bdl 为未检测出。

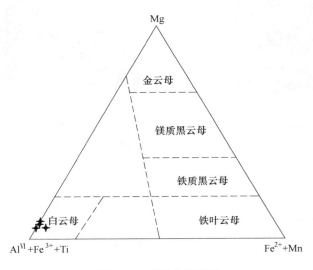

图 8-14　云母分类图解

（底图据 Foster，1960）

（5）钾长石：主要和绿帘石、石英等矿物共生，多分布于"珠滴"边缘，构成"珠滴"外围的显著圈层（见图8-15）。化学成分（见表8-5）表明，SiO_2含量62.78%~64.81%，Al_2O_3含量18.05%~19.78%；K_2O含量16.4%~16.6%。"珠滴"中也见斜长石，其化学成分的SiO_2含量为65.12%~65.52%；Al_2O_3含量为20.80%~21.05%；CaO含量为1.76%~1.98%；Na_2O含量为10.92%~10.96%。长石分类图解显示主要为透长石，少量为钠长石和更长石（见图8-16）。

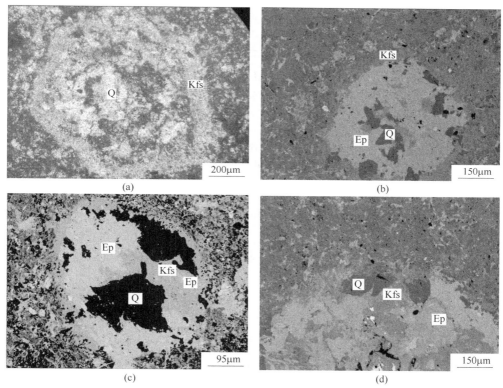

图 8-15　"珠滴"中钾长石显微镜下特征（a）及
BSE 图像[（b）~（d）]
（a）光学显微镜下"珠滴"中钾长石特征；（b）~
（d）扫描电镜下"珠滴"中钾长石 BSE 图像
Q—石英；Kfs—钾长石；Ep—绿帘石

扫一扫查看彩图

（6）金属硫化物：主要包括黄铁矿、毒砂、黄铜矿、闪锌矿、方铅矿、磁黄铁矿、辉砷钴矿等，往往颗粒较小，肉眼难以鉴别。光学显微镜和扫描电镜下，硫化物多呈它形结构出现［见图8-17（a）、（b）］，常可见多种硫化物共生出现［见图8-17（d）、（e）］。一般来说，硫化物多分布在"珠滴"近核部区域，常常与石英、绿泥石、钾长石、绿帘石、方解石等矿物共生。12件样品电

表 8-5   "珠滴"中长石及寄主岩石中长石的电子探针结果

（质量分数,%）

样号	矿物	SiO$_2$	TiO$_2$	Al$_2$O$_3$	FeO^T	MgO	CaO	Na$_2$O	K$_2$O	总量	An（钙长石）	Ab（钠长石）	Or（钾长石）
BZD6-3-1-2		64.27	bdl	18.48	0.22	0.02	0.09	0.45	16.51	100	0.44	3.96	95.6
BZD7-2-2		63.89	0.29	18.11	0.06	bdl	0.01	0.79	16.18	99.33	0.05	6.90	93.05
BZD7-1-1-3	钾长石	62.78	0.07	19.78	0.1	bdl	0.04	0.35	16.45	99.59	0.20	3.13	96.68
BZD7-5-5		63.46	0.23	18.13	0.27	bdl	bdl	0.59	16.42	99.1	0	5.18	94.82
BZD10-3-2-1		64.81	0.08	18.05	0.44	bdl	bdl	0.52	16.63	100.5	0	4.54	95.46
BZD6-1-4		65.52	0.08	21.05	0.12	bdl	1.76	10.92	bdl	99.45	8.18	91.82	0
BZD6-4-1-1	斜长石	66.12	bdl	20.8	bdl	bdl	1.98	10.96	bdl	99.86	9.08	90.92	0
BZD7-2-3		61.33	bdl	24.55	bdl	0.01	6.14	8.47	0.06	100.5	28.5	71.16	0.33

注：bdl 表示未测出。

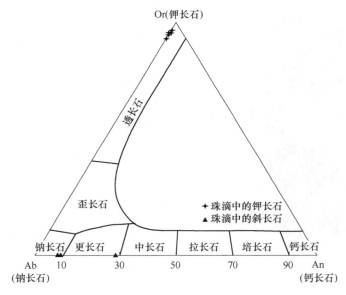

图 8-16   "珠滴"内长石分类图解

（底图据 Deer et al.，2013 修改）

子探针分析结果显示，"珠滴"中黄铁矿与岗岔金矿段矿石中黄铁矿相比有以下四点显著区别：一是"珠滴"中黄铁矿的 As 含量较低，最高值仅为 0.13%，而金矿矿石中黄铁矿的 As 含量较高，为 0.17% ~ 4.07%；二是"珠滴"中的黄铁矿不含 Au，而金矿矿石中的黄铁矿常含有 Au；三是"珠滴"中黄铁矿 Co/Ni 质量分数比值较低，而金矿矿石中段黄铁矿 Co/Ni 质量分数比值较高；四是"珠滴"中黄铁矿 Cu 含量略高，为 0.03%~0.21%，平均 0.13%，而矿石中 Cu 元素含量介于 0.01%~0.13% 之间，平均为 0.07%。

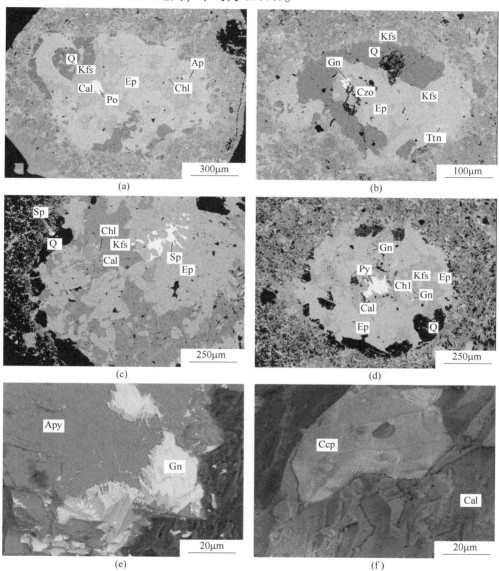

图 8-17 "珠滴"中金属硫化物 BSE 图像[(a)~(d)]及 SE 图像[(e)、(f)]

(a)~(d) 扫描电镜下"珠滴"中硫化物 BSE 图像；(e)、(f) 扫描电镜下"珠滴"中硫化物特征

Q—石英；Cal—方解石；Kfs—钾长石；Ep—绿帘石；Chl—绿泥石；
Py—黄铁矿；Po—磁黄铁矿；Czo—褐帘石；Ttn—榍石；Sp—闪锌矿；
Gn—方铅矿；Apy—毒砂；Ccp—黄铜矿

扫一扫查看彩图

（7）其他矿物：包括电气石、葡萄石等。电气石仅在少数"珠滴"中被发现，一般分布在"珠滴"的边缘，即"珠滴"与寄主岩石的接触部位［见图8-18（a）、（b）］。电气石与白云母、方解石等矿物共生，其化学成分显示 SiO_2 含量 36.50%～36.78%。

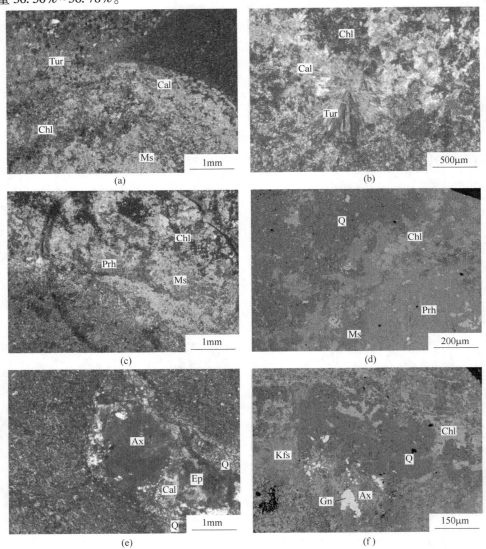

图 8-18   "珠滴"中电气石、葡萄石和斧石的显微特征
（a）、（b）光学显微镜下"珠滴"中电气石特征；（c）光学显微镜下"珠滴"中葡萄石特征；
（d）扫描电镜下"珠滴"中葡萄石 BSE 图像；（e）光学显微镜下"珠滴"中斧石特征；
（f）扫描电镜下"珠滴"中斧石 BSE 图像
Q—石英；Cal—方解石；Tur—电气石；Ms—白云母；Chl—绿泥石；
Ep—绿帘石；Chl—绿泥石；Gn—方铅矿；Prh—葡萄石；Ax—斧石

扫一扫
查看彩图

Al_2O_3 含量 30.87% ~ 33.08%；FeO^T 含量 11.48% ~ 11.92%；MgO 含量 4.88% ~ 5.50%；CaO 含量 1.09% ~ 1.42%；Na_2O 含量 1.96% ~ 2.19%，属于镁铁电气石。葡萄石仅在一个"珠滴"中发现，多分布在"珠滴"边缘区域，与白云母和方解石等共生 [见图 8-18（c）、（d）]，其化学成分显示 SiO_2 含量 43.36% ~ 43.45%；Al_2O_3 含量 23.47% ~ 23.65%；FeO^T 含量 0.43% ~ 0.80%；CaO 含量 26.66% ~ 27.86%。斧石也仅在一个"珠滴"样品中发现，与绿帘石、石英等共生 [见图 8-18（e）、（f）]。

8.4 "珠滴构造"分类

基于大量观察研究，根据矿物组合特点，认为"珠滴"可划分为如下两类：第一类矿物组合为石英±绿帘石±绿泥石±钾长石±斜长石±方解石±金属硫化物型（硫化物主要是黄铁矿±毒砂±磁黄铁矿±闪锌矿±黄铜矿±方铅矿）；第二类矿物组合为白云母+斜长石±绿泥石±方解石±电气石±葡萄石型。

8.5 "珠滴"的形成温度估算

8.5.1 绿泥石温度计

绿泥石是常见蚀变矿物，其化学成分与形成温度之间存在一定函数关系，因此被广泛地用作地质温度计。经过多年研究和不断实践，蚀变绿泥石用于矿床成矿温度计算已然成为较成熟的地质温度计之一（Cathelineau et al.，1985，1988；Walshe，1986；Kranidiotis and MacLean，1987；Jowett，1991；De Caritat et al.，1993；Battaglia，1999；Inoue et al.，2009）。

首先是 Cathelineau and Nieva（1985）发现绿泥石中 Al^{IV} 和其形成温度之间存在正相关关系，并拟合出温度计算方程：

$$T(℃) = 212Al^{IV} + 18 \tag{8-1}$$

后经在 LosAzufres 和 SaltonSea 地热体系的实践应用（Cathelineau，1988），修订为：

$$T(℃) = -61.92 + 321.98Al^{IV} \tag{8-2}$$

Kranidiotis and MacLean（1987）也认识到绿泥石的 Al^{IV} 值有随 $w(Fe)/w(Fe+Mg)$ 增加而升高的趋势，认为 Fe 和 Mg 对温度计有一定影响，因此公式被进一步修正为：

$$T(℃) = 212\{Al^{IV} + 0.35[Fe/(Fe+Mg)]\} + 18 \tag{8-3}$$

需特别强调的是，上述公式主要适用于 Al 饱和型绿泥石的温度计算。一般来说，Al 饱和型绿泥石常与富 Al 的矿物如白云母、斜长石、绿帘石等共生。

经过多次应用后，绿泥石温度计最终修订为如下方程（Jowett，1991）：

$$T(℃) = 319\{Al^{IV} + 0.1[Fe/(Fe + Mg)]\} - 69 \qquad (8-4)$$

这里，式（8-4）只适用于在 150～325℃ 条件下形成的绿泥石，且其 Fe/(Fe+Mg) 须小于 0.6。

由于本区"珠滴"中绿泥石 $w(Fe)/w(Fe + Mg)$ 值多大于 0.6（见表 8-6），但是饱和 $w(Al)$ 值与 $w(Fe)/w(Fe + Mg)$ 呈现良好线性关系（见图 8-19），故采用式（8-3）计算了"珠滴"中绿泥石的形成温度。结果发现，计算所得"珠滴"中绿泥石的形成温度为 297～361℃，平均值 330℃。

表 8-6   "珠滴"中绿泥电子探针结果   （质量分数,%）

样品	BZD4-2-1-3	BZD6-1-11	BZD6-3-1-3	BZD7-1-1-4	BZD7-5-1	BZD9-3-1	BZD10-3-1-2	BZD10-3-2-2	BZD11-1-1-1
SiO$_2$	26.06	24.68	24.98	25.17	25	23.45	27.61	26.46	26.02
TiO$_2$	bdl	0.05	bdl	0.07	0.19	bdl	bdl	0.06	bdl
Al$_2$O$_3$	21.14	20.45	21.63	21.76	20.09	20.49	20.37	20.45	19.68
FeO^T	25.26	31.37	29.61	29.67	34.17	34.95	23.03	23.6	27.71
MnO	0.93	0.67	bdl	0.58	0.52	0.79	0.34	0.44	0.56
MgO	14.47	10.77	11.83	10.09	9.95	7.35	16.82	16.4	13.71
CaO	0.09	bdl	bdl	0.26	0.10	0.30	0.13	0.14	0.05
Na$_2$O	0.28	0.25	bdl	0.23	0.25	0.34	0.23	0.19	0.26
总量	88.24	88.24	88.05	87.83	90.28	87.66	88.53	87.73	87.98
阳离子数（以氧原子数 14 为基准计算）									
Si	2.74	2.69	2.68	2.72	2.69	2.64	2.84	2.76	2.78
Ti	0	0	0	0.01	0.02	0	0	0	0
Al^{IV}	1.26	1.31	1.32	1.28	1.31	1.36	1.16	1.24	1.22
Al^{VI}	1.35	1.30	1.41	1.48	1.24	1.35	1.30	1.28	1.25
Fe	2.21	2.85	2.65	2.67	3.07	3.27	1.97	2.05	2.46
Mn	0.08	0.06	0	0.05	0.05	0.08	0.03	0.04	0.05
Mg	2.28	1.76	1.90	1.63	1.61	1.24	2.59	2.57	2.19
Ca	0.01	0	0	0.03	0.01	0.04	0.01	0.02	0.01
Na	0.06	0.05	0	0.05	0.05	0.07	0.05	0.04	0.05
Fe/(Fe+Mg)	0.49	0.62	0.58	0.62	0.66	0.73	0.43	0.44	0.53
T（℃）	322	342	341	336	344	361	297	313	317

注：$T(℃)$ 据式（8-3）计算：$T(℃) = 212\{Al^{IV} + 0.35[Fe/(Fe+Mg)]\} + 18$，bdl 为未检测到。

8.5.2 二长石温度计

为了进一步研究"珠滴"的形成温度，选择含有碱性长石和斜长石共生的

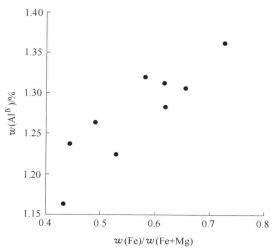

图 8-19　"珠滴"中绿泥石 Fe/(Fe+Mg)-Al^{IV} 成分图解

"珠滴"，采用二长石温度计再次计算了"珠滴"形成温度。

二长石地质温度计是采用 Whitney and Stormer（1977）拟定的低温碱性长石-低温钠长石共生的二元温度计算法。因为在计算应用中、酸性岩浆岩和部分变质岩的生成温度时效果较好，因此被国内外地质界广泛采用，其计算公式如下：

$$T(\mathrm{K}) = \{7973.1 - 16910.6\,X_{\mathrm{ab.AF}} + 9910.9(X_{\mathrm{ab.AF}})^2 + [0.11 - 0.22\,X_{\mathrm{ab.AF}} +$$
$$0.11(X_{\mathrm{ab.AF}})^2] \times p\}/[-1.9872\ln(X_{\mathrm{ab.AF}}/\alpha_{\mathrm{Ab.PF}} \text{为}) + 6.48 -$$
$$21.58\,X_{\mathrm{ab.AF}} + 23.72(X_{\mathrm{ab.AF}})^2 - 8.62(X_{\mathrm{ab.AF}})^3]$$

根据刘海明（2015）通过角闪石温压计得到的岩石形成压力约 2kbar，利用电子探针分析的共生碱性长石和斜长石之化学成分，由上述公式计算出的"珠滴"形成温度为 371.5～435.2℃（见表 8-7）。结合前述绿泥石温度计计算的"珠滴"形成温度 297～361℃，综合认为"珠滴"的形成温度在 297～435℃，显然其形成与岩浆期后的高温热液作用有关。

表 8-7　二长石温度计估算"珠滴"形成温度（假设压力为 2kbar）

样号	长石成分	斜长石	碱性长石	Whitney and Stormer（1977）
BZD7-2-2	Ab	85.69	6.9	423.8
	Or	3.83	93.05	
	An	10.48	0.05	
BZD6-3-1	Ab	81.37	3.96	371.5
	Or	1.81	94.99	
	An	16.83	1.05	

样号	长石成分	斜长石	碱性长石	Whitney and Stormer（1977）
BZD6-3-2	Ab	68.99	5.91	435.2
	Or	1.56	93.89	
	An	29.45	0.19	
BZD6-3-5	Ab	81.89	4.67	387.1
	Or	2.28	94.55	
	An	15.83	0.77	

注：1bar = 10^5Pa。

8.6　"珠滴"的地球化学特征

8.6.1　"珠滴"主量元素特征

"珠滴"的主量元素含量变化较大（见表 8-8）。其中，SiO_2 含量 42.94% ~ 60.83%，Al_2O_3 含量 16.87% ~ 20.92%，FeO^T 含量 3.01% ~ 9.26%，MnO 含量 0.09% ~ 2.14%，MgO 含量 0.11% ~ 7.90%，CaO 含量 3.99% ~ 12.13%，Na_2O 含量 0.54% ~ 2.34%，K_2O 含量 1.07% ~ 5.20%。可以看出，岩石地球化学表现出自基性至酸性的复杂变化特点，结合前述"珠滴"复杂的矿物组合和较宽泛的形成温度，认为"珠滴"应是伴随岩浆演化过程形成的，其中岩浆侵位过程中幔源组分加入、壳源组分的同化混染等是造成化学组成出现变化的原因之一。此外，该区岩浆源区较深（殷勇等，2001），而岩浆上侵定位又较浅（有可能极尽浸出地表才冷凝固结定位），因此其较大的化学组成变化恰恰说明，"珠滴"形成与岩浆演化晚期强烈的热液作用有密切关系。实际上，"珠滴"中较高的烧失量（2.40% ~ 9.60%）也佐证了这一观点。

8.6.2　"珠滴"稀土元素特征

4 件"珠滴"样品的稀土元素分析结果表明，稀土总量变化不大，为（192.82 ~ 225.69）× 10^{-6}，LREE/HREE 值为 9.03 ~ 11.09，La_N/Yb_N = 10.69 ~ 15.64。其配分模式显示轻稀土相对富集的右倾型 [见图 8-20（a）]，δEu = 0.66 ~ 1.39，δCe = 0.95 ~ 1.01。此外，"珠滴"与寄主岩石以及同期火山岩的稀土元素一致性 [见图 8-20（a）、（b）]，说明"珠滴"成分与同期岩浆具有共同的来源和相似的成因机制（Frietsch and Perdahl，1995）。

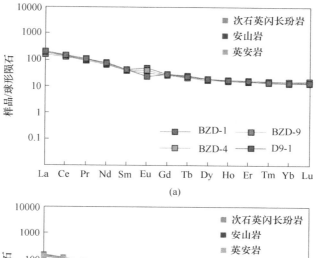

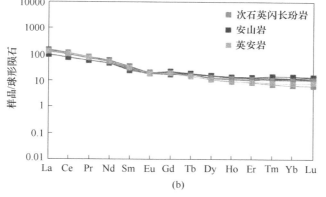

图 8-20 "珠滴"（a）和寄主岩石（b）的稀土元素配分曲线
（a）稀土元素球粒陨石标准化配分图；（b）寄主岩石球粒陨石标准化配分图
（标准化数据引自 Sun and McDouough, 1989）

扫一扫
查看彩图

表 8-8 "珠滴"主量元素（质量分数,%）稀土微量元素（质量分数, 10^{-6}）测试结果

质量分数	样号			
	BZD-1	BZD-4	BZD-9	D9-1
$w(SiO_2)/\%$	42.94	58.41	48.15	48.74
$w(TiO_2)/\%$	0.73	0.58	0.71	0.625
$w(Al_2O_3)/\%$	20.92	18.94	18.67	19.46
$w(FeO^T)/\%$	9.26	3.01	5.59	4.20
$w(MnO)/\%$	0.09	0.11	0.15	0.159
$w(MgO)/\%$	7.90	1.01	1.58	1.58
$w(CaO)/\%$	4.93	6.8	11.76	12.13
$w(Na_2O)/\%$	2.33	0.62	0.74	0.54

质量分数	样号			
	BZD-1	BZD-4	BZD-9	D9-1
$w(K_2O)/\%$	1.07	5.2	2.56	3.50
$w(P_2O_5)/\%$	0.15	0.13	0.13	0.137
$w(LOI)/\%$	8.83	4.73	9.6	8.51
$w(SUM)/\%$	99.15	99.55	99.62	99.58
$w(Li)/\%$	433.4×10^{-4}	98.44×10^{-4}	63.28×10^{-4}	46.10×10^{-4}
$w(Sc)/\%$	29.12×10^{-4}	18.29×10^{-4}	23.12×10^{-4}	15.30×10^{-4}
$w(V)/\%$	135.68×10^{-4}	65.34×10^{-4}	45.94×10^{-4}	77.20×10^{-4}
$w(Cr)/\%$	149.3×10^{-4}	38.9×10^{-4}	10.08×10^{-4}	27.60×10^{-4}
$w(Mn)/\%$	846.4×10^{-4}	1206.4×10^{-4}	1673.6×10^{-4}	—
$w(Co)/\%$	41.98×10^{-4}	14.95×10^{-4}	63.44×10^{-4}	8.80×10^{-4}
$w(Ni)/\%$	46.16×10^{-4}	6.44×10^{-4}	5.68×10^{-4}	8.84×10^{-4}
$w(Cu)/\%$	59.12×10^{-4}	21.62×10^{-4}	17.08×10^{-4}	59.10×10^{-4}
$w(Zn)/\%$	69.86×10^{-4}	102.22×10^{-4}	120.46×10^{-4}	117.00×10^{-4}
$w(Ga)/\%$	30.28×10^{-4}	31.62×10^{-4}	41.4×10^{-4}	30.20×10^{-4}
$w(Rb)/\%$	47.46×10^{-4}	164.2×10^{-4}	152.78×10^{-4}	121.00×10^{-4}
$w(Sr)/\%$	278.2×10^{-4}	475.6×10^{-4}	426.0×10^{-4}	443.0×10^{-4}
$w(Y)/\%$	27.30×10^{-4}	26.72×10^{-4}	27.80×10^{-4}	27.10×10^{-4}
$w(Zr)/\%$	214.89×10^{-4}	259.16×10^{-4}	252.32×10^{-4}	177.00×10^{-4}
$w(Nb)/\%$	21.51×10^{-4}	29.22×10^{-4}	28.92×10^{-4}	23.10×10^{-4}
$w(Cs)/\%$	23.40×10^{-4}	118.46×10^{-4}	10.84×10^{-4}	28.70×10^{-4}
$w(Ba)/\%$	202.0×10^{-4}	2170.0×10^{-4}	531.6×10^{-4}	1088.0×10^{-4}
$w(La)/\%$	52.10×10^{-4}	48.08×10^{-4}	40.24×10^{-4}	47.50×10^{-4}
$w(Ce)/\%$	97.72×10^{-4}	93.82×10^{-4}	83.22×10^{-4}	88.90×10^{-4}
$w(Pr)/\%$	11.12×10^{-4}	10.27×10^{-4}	9.42×10^{-4}	10.10×10^{-4}
$w(Nd)/\%$	37.42×10^{-4}	34.76×10^{-4}	32.46×10^{-4}	39.10×10^{-4}
$w(Sm)/\%$	6.89×10^{-4}	6.49×10^{-4}	6.32×10^{-4}	6.93×10^{-4}
$w(Eu)/\%$	1.44×10^{-4}	2.48×10^{-4}	1.94×10^{-4}	3.04×10^{-4}
$w(Gd)/\%$	6.18×10^{-4}	5.72×10^{-4}	5.81×10^{-4}	6.18×10^{-4}
$w(Tb)/\%$	0.91×10^{-4}	0.82×10^{-4}	0.88×10^{-4}	1.00×10^{-4}
$w(Dy)/\%$	5.02×10^{-4}	4.55×10^{-4}	5.04×10^{-4}	5.09×10^{-4}
$w(Ho)/\%$	1.01×10^{-4}	0.94×10^{-4}	1.04×10^{-4}	0.94×10^{-4}
$w(Er)/\%$	2.75×10^{-4}	2.59×10^{-4}	2.91×10^{-4}	2.55×10^{-4}

质量分数	样号			
	BZD-1	BZD-4	BZD-9	D9-1
$w(Tm)/\%$	0.38×10^{-4}	0.37×10^{-4}	0.42×10^{-4}	0.41×10^{-4}
$w(Yb)/\%$	2.39×10^{-4}	2.33×10^{-4}	2.70×10^{-4}	2.66×10^{-4}
$w(Lu)/\%$	0.36×10^{-4}	0.35×10^{-4}	0.42×10^{-4}	0.38×10^{-4}
$w(Hf)/\%$	4.80×10^{-4}	5.74×10^{-4}	5.81×10^{-4}	5.20×10^{-4}
$w(Ta)/\%$	1.37×10^{-4}	2.17×10^{-4}	1.69×10^{-4}	1.80×10^{-4}
$w(Pb)/\%$	18.5×10^{-4}	194.52×10^{-4}	237.8×10^{-4}	108.00×10^{-4}
$w(Th)/\%$	9.53×10^{-4}	11.96×10^{-4}	9.53×10^{-4}	11.60×10^{-4}
$w(U)/\%$	1.87×10^{-4}	2.40×10^{-4}	1.97×10^{-4}	3.60×10^{-4}
$w(\Sigma REE)/\%$	225.69×10^{-4}	213.57×10^{-4}	192.81×10^{-4}	214.78×10^{-4}
LREE/HREEE	10.88	11.09	9.04	10.18
$w(La_N)/w(Yb_N)$	15.62	14.81	10.68	12.81
$w(Eu)/w(Eu^*)$	0.66	1.22	0.96	1.39
$w(Ce)/w(Ce^*)$	0.95	0.99	1.01	0.95

8.7 "珠滴构造"成因探讨

8.7.1 "珠滴"矿物组成与流体作用

"珠滴"中出现的主要矿物为石英、钾长石、白云母、绿帘石、绿泥石、方解石和多金属硫化物等蚀变矿物,说明"珠滴"的形成与流体关系密切。其中较高的烧失量(2.40%~9.60%),也反映出大量的 H_2O、CO_2 及 SO_2 等挥发分参与了"珠滴"的形成。一些研究者认为(Harris et al.,2004;马星华等,2010)次生石英和石英多晶集合体是初始流体出溶有效记录,显然寄主于岩浆的"珠滴"中含有的大量石英即暗示其形成与岩浆早期出溶的流体有关。一些"珠滴"的钾长石"外壳"则反映了其捕获或圈闭流体并发生了自交代作用(彭惠娟等,2012,2014),而且可能是捕获了富钾质流体,这一作用有利于金属元素的迁移和再分配。

8.7.2 "珠滴"与寄主岩石的稀土元素地球化学比较

稀土元素属于不活泼元素,在热液活动中一般不发生变化,可以有效示踪成矿流体的来源和水-岩相互作用过程,因此稀土元素特征常常被用来示踪流体来源和变化(Henderson,1984)。

"珠滴"和寄主岩石的稀土元素组成一致(见图8-20),其含量和配分模式基本相同，足以说明"珠滴"与寄主岩石的物源和成因机制相同（Frietsch and Perdahl，1995）。特别是"珠滴"和寄主岩石的稀土元素在 Y/Ho-La/Ho 图解上集中分布（见图 8-21），更加证明"珠滴"与寄主岩石具有同源性（Bau and Dulski，1995）。

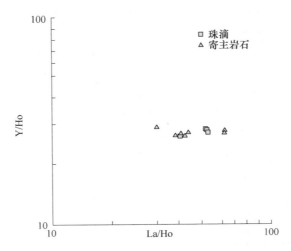

图 8-21　岗岔-克莫金矿床"珠滴"与寄主岩石的 Y/Ho-La/Ho 图

8.7.3 "珠滴构造"成因探讨

已有研究（Candela，1991；Lowenstern，1994；Hedenquist and Lowenstern，1994；朱永峰等，1994，1995；Cloos，2001；Halter and Webster，2004；Harris et al.，2004；Veksler，2004；Thompson et al.，2007）表明，深部岩浆侵位过程中，减压作用易导致熔浆中挥发分的溶解度下降，从而引起岩浆中的熔体相和流体相（液相或气相）发生分异作用。一般来说，流体相会在浮力的作用下以气泡的形式向岩浆顶部汇聚（Candela，1991；朱永峰，1994；Shinohara et al.，1995；Shinohara and Hedenquist，1997）。随着岩浆结晶程度增加，黏度增大，若出溶流体不能有效的汇聚，则会被熔体相以气泡的形式捕获封存，形成石英斑晶或显微晶洞构造。若其能够集聚，则会在岩体的顶部形成石英的单向固结结构（UST）或称为 A 脉（Candela and Blevin，1995a；Harris et al.，2004；杨志明等，2008）。在岩浆分离出挥发相晚期，由于岩浆内部流体压力超过限制压力，会引起斑岩顶部破碎使得压力突降，导致这些流体向岩体顶部汇聚，从而可能凝结成为热液脉系（称为 B 脉和 D 脉）（Harris et al.，2004；杨志明等，2008；马星华等，2010；杜等虎等，2015）。

前已述及，"珠滴"寄主岩石主要是一套浸出岩或浅成-超浅成次火山岩，含有"珠滴"的寄主岩石具有显著的斑状结构（尤其是局部呈现多斑结构），表明熔浆凝固前黏度较大，基质粒度极细又说明岩浆从深部向浅部运移速度较快，冷却迅速，因而容易捕获流体形成气泡或"液滴"。从野外露头可见"珠滴"寄主岩石局部存在隐爆角砾岩脉，镜下观察可见广泛发育钾长石细脉、绿帘石脉等细脉状构造，说明岩浆凝固前封存了大量流体相。局部封存的流体相造成岩浆内压增大，引发了隐爆作用，且释放了部分流体。

因此认为，"珠滴"的可能形成过程为：从深部快速运移到浅部的岩浆，由于降温释压作用有利于多种矿物相晶出形成斑晶，富含挥发分的流体相与熔体相强烈的分异作用导致熔体不断变得黏稠，其中一些没有逃逸的流体被不断增大的黏稠岩浆圈闭作用而捕获，形成早期的塑性"珠滴"，且因其密度差和浮力作用使得这些"珠滴"容易在即将固结定位的顶部聚集。不断聚集增加的"珠滴"促进了内压迅速提升，导致快速冷却的岩浆发生破裂甚至发生了隐蔽爆破，同时释放部分圈闭在"珠滴"内的流体或气体沿着通道或裂隙形成脉状构造。大量未能有效逃逸的流体则继续留在原位，伴随着其中热液的自交代作用和随着温度的逐渐降低，最终这些"珠滴"留在了寄主岩石中。

8.8 "珠滴构造"及其成矿指示意义

有研究（赵嘉农等，2002；张汉成等，2003）认为，火山岩中的"杏仁构造"是火山活动提供的热流体（这些流体或许携带了金属物质，抑或淋滤萃取了围岩中的金属物质）随岩浆运移演化过程中，当温压条件或物化环境适宜时，由于冷凝作用被封闭于熔岩中的残留气孔内，经充填、沉淀、交代等多种过程协同作用下形成。因此，"杏仁构造"被认为包括气孔的形成作用和后期的充填作用两个过程。

上述解释似乎不能用来合理解释岗岔-克莫金矿发现的"珠滴构造"成因。首先，含有"珠滴构造"的寄主岩石并非典型火山岩，因此不具有火山喷发过程伴随排气作用那么大量的气液流体。从显微观察结果看，该"珠滴"似乎主要是经历了复杂的自交代作用，与周围的寄主岩石也主要呈渐变接触关系，应该主要是经历了封闭、自交代、沉淀结晶等作用过程。特别是斑晶含量较多说明其岩浆黏度较大，可能是"珠滴"被封闭的主要动力学条件。这样看来，"珠滴"中矿物组合与岗岔金矿石一致，特别是含有大量金属硫化物，就说明含有"珠滴"的寄主岩石与成矿关系密切，至少为成矿物质预富集提供了条件。

实际上，已有学者（罗照华等，2007，2008a，2008b，2010，2011a，2011b，2014）对铜、铅、锌、钼、金、银等多金属矿床中的"珠滴"进行了详细研究，并且认为"珠滴"与成矿关系密切，而且是重要的找矿标志。罗照华等（2008a）基于透岩浆流体成矿理论模型，很好地解释了成矿系统中熔浆与流体之间的关系，认为熔浆与流体的相互作用决定了整个成矿系统的行为（罗照华等，2010）。因此认为岗岔-克莫金矿区的"珠滴构造"成因，应用透岩浆流体理论模型解释更加合理。

由于成矿岩浆往往被认为是一种含矿流体过饱和的熔体-流体体系（罗照华等，2011a），当高温的熔浆、流体和气体温度降低时，该体系会自发的发生结构重组，进而导致气相-液相-固相的分离（Thompson et al.，2007）。熔浆中挥发分的溶解度依赖于压力，伴随岩浆侵位过程，压力逐渐降低并使得挥发分浓度减小，所以岩浆侵位过程中的减压作用是相分离的重要因素之一。尤其是在流体减压气化时，气体的高度活跃性可能导致了气体组分的迅速逃逸，同时促使气相中溶解度较低的成矿组分被圈闭在岩浆内部（罗照华等，2010）。如果被封闭在一定空间的含矿流使其排气作用的速率小于去络合作用的速率时，成矿元素则不会扩散丢失，成矿物质富集过程才能有效发生（罗照华等，2008）。由于挥发分逃离熔浆的最有效方式是发泡作用，并且岩浆的快速减压、气泡周围熔浆的高度黏滞作用和因气泡压力作用导致的塑形变形往往影响气泡的生长（Lensky et al.，2004），当气泡的浮力不能克服上覆岩浆层的阻力时，它们会聚集在黏滞层下形成富含挥发分的泡沫层。这样一系列的作用可能导致以离子基团形式溶解的成矿元素被迫滞留在岩浆体内，当温度降低至固相线温度时，被迫滞留的组分逐渐结晶。所以，富含流体的岩浆如果携带了金属成矿物质，而且上述一系列作用过程能够有效避免成矿组分逃逸，聚集成矿便有了可能。

实验结果还表明，流体中的成矿金属是以络合物形式运移的，其溶解度会随着温度和压力的升高而增加，反之亦然（朱永峰和安芳，2010）。那么，在温度和压力较高时容纳携带的金属成矿物质，一旦进入减压降温过程，金属矿物也会随之结晶析出。罗照华等（2007）基于透岩浆流体理论，结合西藏冈底斯成矿带的地质特征，总结出成矿作用的前提条件是：（1）存在大量富含金属成矿元素的深部流体；（2）岩浆系统和成矿流体系统是两个独立的子系统；（3）大规模金属沉淀有赖于深部含矿流体的快速上升，同时具备封闭条件阻止成矿元素逃逸。

对于岗岔-克莫金矿的"珠滴构造"来说，其非常显著的特点之一是寄主岩石为一套具有多斑结构的中酸性侵出相岩石。一般说来，火成岩中晶体的生长粒径与岩浆房深度、挥发分和岩浆体积有关。因此，该岩体的多斑结构暗示岩浆可能经历了至少两种不同的结晶环境。即早期岩浆房深度较大，且富含挥发分，因此析出大量斑晶。晚期基质结晶时岩浆侵位到浅部，虽经排气作用，但是挥发分仍然没有大量逃逸。所以，多斑结构被解释为岩浆在深部或富含挥发分的环境中经历了较长时间的结晶生长后，突然快速上升到浅部（罗照华等，2010），但是含有大量斑晶的"晶粥"其所具有的强烈黏滞作用没有实现喷发过程，而是像挤牙膏一样"侵出"了地表。所以，流体的注入有效地降低了早期岩浆的密度和黏度，同时增加岩浆的浮力，进而促进了岩浆的快速上升。发泡作用使得岩浆体内挥发分迅速降低，同时溶解度较低的成矿组分被滞留在岩浆体内，这一过程有效完成了相分离，使得"珠滴构造"出现在岩体内。显然，"珠滴"的形成暗示了熔浆-流体流的快速上升过程、有效相分离过程以及成矿物质的滞留和封闭。所以说，岗岔-克莫金矿区中酸性侵出相岩石中观察到含有多金属硫化物的"珠滴"，不仅暗示了深部流体的活跃，同时也证明了深部有较大的成矿潜力。

9 岗岔-克莫金矿床近红外光谱勘查与找矿

9.1 近红外光谱勘查技术方法简介

9.1.1 概述

近红外光是指波长位于 780~2526nm 之间的电磁辐射波，在地质找矿方面的应用是由高光谱遥感技术发展而来。当红外光照射矿物时，由于矿物晶格中化学键的弯曲和伸缩表现为对某些波段红外光的吸收，产生特征吸收峰，因而可以用来识别矿物及其结晶度。该技术在区分层状硅酸盐矿物（如高岭石、伊利石、绿泥石、蛇纹石等）等微细矿物，以及含羟基硅酸盐矿物（绿帘石、闪石等）、硫酸盐矿物（明矾石、黄铁钾矾、石膏等）和碳酸盐矿物（方解石、白云石等）方面得到了广泛应用。

根据上述原理开发的 PIMA 测量仪（Portable Infrared Mineral Analyzer）在澳大利亚、美国、加拿大、南非、智利和欧洲的许多矿业公司已得到广泛的应用，测量仪通过识别蚀变矿物种类、丰度和成分，可有效地圈定热液蚀变带或矿化带，甚至可以半定量估算蚀变矿物含量，给出成矿作用规模和强度等（Crowley，1999；Denniss et al.，1999；Passos et al.，1999；浦瑞良等，2000；Yang et al.，1999；2001），因此在地质找矿领域日益受到重视。

我国利用近红外光谱分析技术进行地质找矿中的应用起步较晚，连长云等（2005）首先将其用于勘查云南普朗斑岩铜矿床和新疆土屋斑岩铜矿床，建立了PIMA 找矿模型，取得了良好找矿效果。之后，一些学者（赵利青等，2008；曹烨等，2008；孟凯等，2008）将其应用到金矿床的研究中，也取得了良好的效果。

9.1.2 近红外矿物分析的基本原理

当光以能量的形式进入物体内部后，部分光波被吸收，表现为物质对光的吸收响应，这一现象的实质是物质内部结构和组分与光波作用的光谱表现。一般来说，光波粒子与矿物晶体中原子、分子发生相互作用后，矿物晶体中某些原子或离子就会表现出对光能的一定量吸收，并在一定波长范围内（400~1000nm）产生电子能级跃迁，产生特征谱带；而波长在 1000~2500nm 范围内其原子或离子吸收能量之后会发生电荷耦合极性变化，导致粒子振动进而产生特征谱带

（Hunt，1977）。近红外矿物分析仪的光谱范围为 1300~2500nm，因此能够甄别矿物内粒子振动特征谱带，达到区分矿物的目的。

近红外光谱的波长范围为 780~2500nm，能够在这一波段中产生吸收效应的官能团主要有含氢基官能团（包括 C—H，即甲基、亚甲基、羧基、芳基等）、羟基（O—H）、巯基（S—H）、氨基（N—H）等，它们的合频和一级倍频位于 1300~2500nm 波段（Yang et al.，2001）。不同的矿物具有不同的化学键特征或含有不同的官能团，根据近红外光照射矿物以及晶格中化学键弯曲和伸缩所表现出的吸收红外光谱段特征，可以区分不同矿物或同一矿物的不同结晶度（修连存等，2006）。

根据上述原理研制的 BJKF-1 近红外矿物分析仪被证实可以识别大多数热液蚀变成因的低温矿物，比如大多数层状硅酸盐矿物（绿泥石、白云母、伊利石、滑石、蛇纹石等）。此外，含羟基硅酸盐矿物如绿帘石、闪石等，硫酸盐矿物如明矾石、黄铁钾矾、石膏等，碳酸盐矿物如方解石、白云石等，也有较好的识别效果。

以下是几种常见近红外光谱吸收峰特征描述及其矿物学解译。

（1）Al—OH 吸收峰：一般出现在 2170~2210nm 谱段，常见含 Al—OH 的矿物有白云母、绢云母、伊利石、高岭石、蒙脱石等，并在 1390~1440nm 波长处有羟基和结构水合成峰，1490~1950nm 处有吸附水峰。

特别地，绢云母在 2345~2350nm 有次吸收峰，其含量影响 2170~2210nm 特征谱段 2160nm 处的左肩峰；高岭石在 2200nm 处出现主吸收峰，并在 2160~2165nm 处出现肩峰，肩峰随着结晶度的增加向长波方向移动，次吸收峰是在 2320~2380nm 处出现三阶梯吸收峰。未经风化的高岭石结晶度好，峰形尖锐。经过风化作用的高岭石结晶度低，峰形较缓（修连存等，2007）。

（2）Mg—OH 吸收峰：出现在 2300~2400nm，含 Mg—OH 的常见矿物有绿泥石、绿帘石、滑石、叶蛇纹石、黑云母、金云母等（修连存等，2007）。

（3）Fe—OH 吸收峰：铁的氧化物吸收峰一般在 1100nm 之前，但是 1300~2500nm 谱段对于含铁矿物如常见的钾/钠明矾石、黄铁钾矾、石膏、纤铁矿、直闪石、阳起石和石榴子石等也有显示（修连存等，2007）。

（4）碳酸根吸收峰：碳酸盐矿物一般在 2300~2350nm 出现特征吸收峰，而且峰形表现非常强，另外在 1800~2100nm 也有较弱的其他吸收峰，1800nm 之前没有吸收峰。方解石、文石、白云石、孔雀石等具有如上红外光谱特征（修连存等，2007）。

9.1.3 近红外光谱参数的地质意义

由于矿物的成因不同，其特征吸收峰的峰强度、峰对称、半高宽、峰位移、峰强比等参数常常不尽相同。一般来说，每种矿物产生的特征吸收峰均有如下几个参数，其地质意义解释如下（修连存等，2009）：

（1）峰强度：特征峰的强度一定程度上反映了蚀变矿物的出现频率或含量。

（2）峰对称：反映地质作用强度。峰形对称性越好，代表地质作用强度越大。

（3）半高宽：反映矿物形成温度。半高宽数值越大，代表该矿物形成温度越低。

（4）峰位移：特征峰的位移反映了地质作用过程中矿物遭受的细微变化。其中，矿物所遭受的蚀变作用不同，其某些阳离子在晶格中占位则表现出差异。如云母晶格中四次配位和六次配位的 Al 如果被 Fe^{2+}、Fe^{3+}、Mg^{2+} 等替代，那么其替代程度会影响到 Al—OH 特征吸收峰峰位的变化（刘圣伟等，2006）。

（5）峰强比：指矿物特征峰强度与其吸附水峰强度之比值。云母类矿物峰强比越大，说明其结晶度越大，形成温度也越高（Pountual et al.，1997；赵利青等，2008；Chang et al.，2011；徐庆生等，2011；杨志明等，2012）。

（6）反射率：近似反映了岩石的颜色深浅和蚀变程度。一般来说偏酸性火成岩颜色偏浅，反射率大，矿物蚀变褪色会导致反射率增加。

9.2　岗岔-克莫金矿区近红外光谱分析结果

选取岗岔金矿段第 27 号勘探线 ZK27-1、ZK27-3、ZK27-4 钻孔；第 8 号勘探线 ZK08-6 钻孔；第 7 号勘探线 ZK07-4、ZK07-6、ZK07-7 钻孔，共计 7 个钻孔 1000 余件岩心样品进行了短波红外测试工作。为保证测量结果具有代表性，每件岩心样品至少选取 3 个不同方向的平整面进行测试，共计获得蚀变矿物光谱曲线 4000 余条。

基于 4000 余条光谱曲线解译和信息提取，结合矿区地质特征，甄别出主要蚀变矿物有：相对含量大于（出现频率高于）5% 的主要矿物为云母类（以白云母为主，少量珍珠云母）、伊利石、地开石、高岭石、蒙脱石；相对含量小于 5% 的次要矿物有绿泥石、绿帘石、白云石、方解石等，以及极低含量的石膏。

其中白云母是矿区内分布最为广泛蚀变矿物之一，空间上主要出现于矿体内和近矿部位。此外，伊利石也是热液系统常见的蚀变矿物之一（连长云等，2005），其相对含量仅次于白云母。伊利石主要出现在矿体的上、下盘部位，远离矿体则含量明显降低。整体看，伊利石也与金矿化关系非常密切，属于近矿蚀变矿物。

地开石也属于热液蚀变矿物之一（王濮等，1987）。在 27 号勘探线剖面可见地开石高值区主要分布于矿体上盘，与白云母和伊利石比较，地开石与矿体的空间关系不甚密切。

　　高岭石的空间分布与地开石类似，二者仅在含量上稍有差异，即地开石含量多大于高岭石，局部可见高岭石含量大于地开石。总体看，高岭石主要分布于矿化部位的上盘外围，矿化部位和下盘则少有高岭石出现。

　　分别以"白云母+伊利石"矿物组合和"高岭石+地开石"矿物组合的相对含量作为分带单位，选择第27号勘探线剖面和第7号勘探线剖面进行蚀变矿物分带，结果如图9-1和图9-2所示。可以看出，蚀变矿物组合具有明显分带规律。其中，近矿蚀变矿物组合主要是伊利石+白云母+次生石英，也称为绢英岩化带；在绢英岩化带的外围，蚀变矿物组合为高岭石+地开石+蒙脱石，另有少量其他矿物如方解石、白云石、绿帘石、绿泥石及石膏等，这一矿物组合也称作泥化带或高岭石-地开石蚀变带。

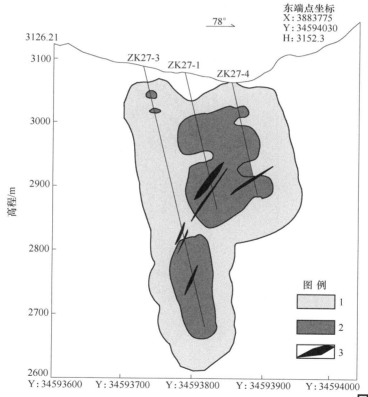

图 9-1　第 27 号勘探线剖面蚀变矿物分带图

1—高岭石-地开石化带；2—绢英岩化带；3—矿体

扫一扫查看彩图

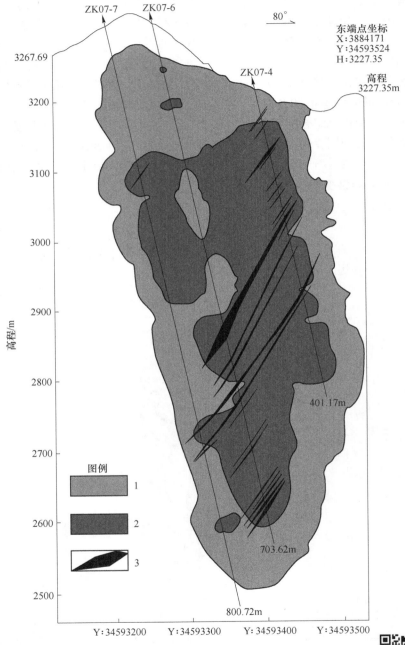

图 9-2　第 7 号勘探线剖面蚀变矿物分带图

1—高岭石-地开石化带；2—绢英岩化带；3—矿体

扫一扫查看彩图

此外，基于不同类型岩/矿石共计 460 件样品的近红外光谱曲线梳理总结还注意到，从远矿至近矿其光谱曲线形态呈现有规律的变化。即，蚀变较强的样品或靠近矿体的样品，其谱线 1400nm 处结晶水吸收峰、1910nm 吸附水吸收峰和 2200nm 处 Al—OH 特征吸收峰的深度明显较小，且峰形较为平缓；蚀变较弱的样品或远离矿体的样品，其谱线 1400nm 处结晶水吸收峰、1910nm 吸附水吸收峰和 2200nm 处 Al—OH 特征吸收峰的深度明显偏大，且峰形较为尖锐。所以岗岔-克莫矿区近红外吸收光谱形态变化可作为找矿标志。

9.3 岗岔-克莫金矿区伊利石近红外光谱标型特征

岗岔-克莫矿区大量的近红外光谱解析结果表明，岩（矿）石样品中伊利石矿物出现频率明显较高，因此该矿物与金成矿的关系值得深入研究。

尽管光谱的混合效应对于准确识别矿物相有一定影响（王润生等，2005），但是矿区广泛出现伊利石矿物相依然是非常重要的矿物学信息，特别是不同空间样品的近红外光谱差异抑或具有标型意义。

为进一步确定矿区样品中伊利石的存在及含量变化，选取 ZK07-4、ZK07-6、ZK27-1 三个钻孔 7 件不同岩性样品进行了 XRD 物相分析，并将其与 BJKF-1 型近红外矿物分析仪分析结果进行比对，结果见表 9-1。可以看出，采用 BJKF-1 型近红外矿物分析仪确定的蒙脱石、伊蒙混层、伊利石、高岭石相对含量与 XRD 方法测试结果近似一致，这表明采用 BJKF-1 法近红外矿物分析仪对矿区岩（矿）石样品进行伊利石检测结果是可信的。

表 9-1 由 XRD 法和 BJKF-1 红外光谱法确定的矿物相对照表

编号	取样位置	原岩岩性	XRD 法确定的物相相对含量/%				BJKF-1 法确定的物相相对含量/%		
			M	I/M	I	K	M	I	K
1	ZK27-1/−179m/矿体	凝灰质砂岩	5	66	/	29	/	78	22
2	ZK27-1/−152m/非矿体	凝灰质砂岩	/	/	23	77	/	38	62
3	ZK07-4/−80m/矿体	凝灰岩	/	/	97	3	7	85	8
4	ZK07-4/−264m/非矿体	凝灰岩	/	/	46	54	/	35	65
5	ZK07-6/−370m/非矿体	凝灰质砂岩	/	/	69	31	/	56	44
6	ZK07-6/−465m/矿体	凝灰质砂岩	/	95	/	5	13	80	7
7	ZK07-6/−573m/矿体	凝灰质砂岩	/	/	95	5	/	100	/

注：1. M—蒙脱石，I/M—伊蒙混层，I—伊利石，K—高岭石；

2. ZK27-1 标高 3084m，ZK07-4 标高 3221m，ZK07-6 标高 3309m；

3. XRD 分析测试由中国石油勘探研究院完成，2014 年 11 月。

由于伊利石的结晶度变化常常可以反映其形成时的温度信息，而且多数学者（Duba & Williams，1983；Frey，1987；王河锦等，2007）认为热液蚀变条件下形成的伊利石具有如下规律，较高温度下（靠近热源中心）形成的伊利石结晶度（用 XRD-*IC* 值表示，XRD 表示该结晶度值是采用 X 射线衍射方法测得）较高，较低温度下（远离热源中心）形成的伊利石则结晶度较低。

同样地，有学者（Pontual et al.，1997）采用近红外矿物分析仪进行了伊利石结晶度（用 SWIR-*IC* 值表示，SWIR 表示该值是采用近红外光谱分析方法测得）测算，即，采用伊利石近红外吸收光谱中 2200nm 处吸收峰深度除以其 1900nm 处吸收峰深度计算获得 SWIR-*IC* 值（见图 9-3）。同时发现，伊利石生成时的温度越高，伊利石结晶度越高，其 SWIR-*IC* 值越大，而且近红外光谱表现为在 2200nm 波长位置的吸收峰较为尖锐（Chang et al.，2011；徐庆生等，2011）。显然，伊利石的 SWIR-*IC* 值和 Al—OH 特征吸收峰 *A* 值（*A* 值是指 Al—OH 在 2200nm 处特征吸收峰的峰高与半峰宽比值）是与伊利石形成温度有关的两个重要光谱参数。特别是对于铝硅酸盐来说，随着 Al—OH 键力的增强与数量的增多，其 Al—OH 吸收峰会表现得更加尖锐（甘甫平等，2003）。

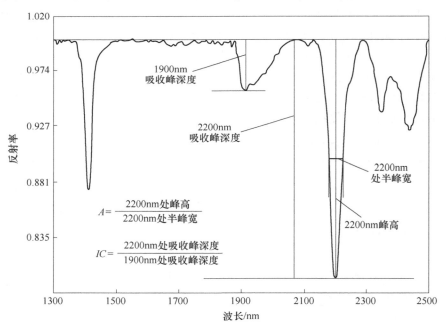

图 9-3　伊利石特征峰主要参数计算图

选取 Au-2 号矿体、Au-3 号矿体和 Au-5 号矿体共 5 个钻孔合计 48 件岩心样品（见表 9-2），进行了伊利石结晶度和 Al—OH 特征吸收峰 SWIR-*IC* 值和 *A* 值计算，结果见表 9-3～表 9-8。

表 9-2　伊利石结晶度和 Al—OH 特征峰分析取样位置表

钻孔	ZK08-6	ZK07-4	ZK07-4	ZK27-1	ZK27-3	ZK27-4
矿脉	2 号脉	2 号脉	3 号脉	5 号脉	5 号脉	5 号脉
海拔高度 /m	3191.6	3154.9	2948.9	2970	2699.7	2925.4
	3189.6	3148.9	2936.9	2961	2697.7	2921.4
	3183.6	3142.9	2931.9	2936	2695.7	2919.4
	3181.6	3136.9	2920.9	2926	2691.7	2911.4
	3179.6	3130.9	2913.9	2914	2689.7	2899.4
	3177.6	3124.9	2909.9	2912	2687.7	2897.4
	3176.6	3116.9		2907		
	3174.6	3110.9		2903		
	3172.6	2975.9		2902		
	3169.6	2956.9		2897		

表 9-3　第 Au-2 号脉之 ZK07-4 钻孔样品伊利石 SWIR-IC 值及 A 值计算表

编号	海拔高度/m	金品位 (10^{-6})	SWIR-IC 值	A 值（峰高/半峰宽）
1	3154.9	0.05	1.403	5.075
2	3148.9	0.05	1.404	5.111
3	3142.9	0.4	1.404	5.118
4	3136.9	3.3	5.537	11.678
5	3130.9	0.05	1.405	5.082
6	3124.9	0.05	1.405	5.116
7	3116.9	0.3	5.530	11.495
8	3110.9	0.05	1.404	5.116

表 9-4　第 Au-2 号脉之 ZK08-6 钻孔样品伊利石 SWIR-IC 值及 A 值计算表

编号	海拔高度/m	金品位 (10^{-6})	SWIR-IC 值	A 值（峰高/半峰宽）
1	3191.6	0.05	1.404	5.111
2	3189.6	0.05	1.348	3.256
3	3183.6	1.78	5.562	11.532
4	3181.6	0.05	1.404	5.329
5	3179.6	0.05	1.405	4.781
6	3177.6	0.05	6.850	3.159
7	3176.6	1.30	5.542	11.615
8	3174.6	0.89	5.539	11.475
9	3172.6	0.78	5.541	11.413
10	3169.6	0.05	1.404	5.121

表 9-5 第 Au-3 号脉之 ZK07-4 钻孔样品伊利石 SWIR-IC 值及 A 值计算表

编号	海拔高度/m	金品位（10^{-6}）	SWIR-IC 值	A 值（峰高/半峰宽）
1	2948.9	0.78	5.544	11.577
2	2936.9	0.86	5.541	11.548
3	2931.9	0.05	5.532	11.511
4	2920.9	3.18	5.540	11.477
5	2913.9	0.05	1.404	5.359
6	2909.9	0.05	1.404	5.091
7	2948.9	0.35	5.546	11.528
8	2936.9	0.55	5.551	11.452
9	2931.9	0.73	5.5410579	11.62341

表 9-6 第 Au-5 号脉之 ZK27-4 钻孔样品伊利石 SWIR-IC 值及 A 值计算表

编号	海拔高度/m	金品位（10^{-6}）	SWIR-IC 值	A 值（峰高/半峰宽）
1	2925.4	0.05	1.403	5.106
2	2921.4	0.05	1.404	4.985
3	2919.4	0.05	1.403	5.052
4	2911.4	1.07	5.553	11.336
5	2899.4	0.05	1.404	5.027
6	2897.4	0.05	1.404	5.055

表 9-7 第 Au-5 号脉之 ZK27-3 钻孔样品伊利石 SWIR-IC 值及 A 值计算表

编号	海拔高度/m	金品位（10^{-6}）	SWIR-IC 值	SWIR-IC 值均值	A 值（峰高/半峰宽）	A 值均值
1	2699.7	0.05	1.405	1.405	5.075	5.075
2-1	2697.7		5.538		11.230	
2-2	2697.7	0.05	5.535	4.159	11.879	9.342
2-3	2697.7		1.405		4.918	
3	2695.7	1.33	5.543	5.543	11.540	11.540
4-1	2691.7		5.554		11.257	
4-2	2691.7	0.05	1.405	4.169	5.177	9.274
4-3	2691.7		5.547		11.388	
5	2689.7	0.05	1.404	1.404	5.060	5.060
6	2687.7	0.05	1.405	1.405	5.039	5.039

表 9-8　第 Au-5 号脉之 ZK27-1 钻孔样品伊利石 SWIR-IC 值及 A 值计算表

编号	海拔高度/m	金品位（10^{-6}）	SWIR-IC 值	SWIR-IC 值均值	A 值（峰高/半峰宽）	A 值均值
1	2970	0.1	1.402	1.402	5.100	5.100
2	2961	0.1	1.404	1.404	5.139	5.139
3	2936	0.1	1.403	1.403	5.039	5.039
4-1	2926		5.548		5.727	
4-2	2926	0.1	5.547	4.166	11.520	7.436
4-3	2926		1.404		5.060	
5	2914	2.85	5.539	5.539	11.503	11.503
6	2912	11.15	5.543	5.543	11.617	11.617
7	2907	5.68	5.548	5.548	11.518	11.518
8-1	2903	0.55	5.532		11.416	
8-2	2903	0.55	1.404	2.780	5.142	7.235
8-3	2903	0.55	1.404		5.148	
9-1	2902	0.6	1.348	1.376	3.309	4.197
9-2	2902		1.404		5.085	
10	2897	0.25	5.552	5.552	11.616	11.616

可以看出，Au-2 和 Au-3 号矿脉及其附近伊利石的 SWIR-IC 值较大，一般在 5.5~5.7 之间；远离 Au-2 和 Au-3 号矿脉的伊利石则该值较小，通常在 1.3~1.5 之间。同样地，矿体及近矿样品的 A 值较大，一般在 11.4~11.7 之间；远离矿体的样品则 A 值较小，多在 5.0~5.4 之间。Au-5 号金矿脉也表现出矿体及近矿段伊利石的 SWIR-IC 值较大，变化于 2.7~5.6 之间；远离矿体处 SWIR-IC 值较小，变化于 1.40~1.41 之间。当然，矿体及近矿段 A 值较大，为 7.2~11.7，远矿段 A 值较小，在 5.0~5.1 之间波动。

以上结果显然说明，近矿部位伊利石的结晶度较高，远离矿体伊利石的结晶度较低。所不同的是，与 Au-2、Au-3 号脉相比，Au-5 号脉近矿部位的 SWIR-IC 值和 A 值变化范围较大，推测 Au-5 号脉附近热液活动更为复杂。

这样看来，岗岔-克莫金矿区基于近红外光谱特征解析的伊利石 SWIR-IC 值和 A 值具有金矿化指示意义。

为了进一步揭示岗岔-克莫矿区伊利石结晶度与金矿化之间的关系，选取 ZK07-4 钻孔和 ZK27-1 钻孔的样品进行了 SWIR-IC 值与金品位相关性分析。为避免由于岩性不同对近红外光的吸收特征的影响，以 2m 为采样间距，分别在 ZK07-4 钻孔和 ZK27-1 钻孔采集 82 件样品，进行近红外光谱测试，提取了伊利石吸收光谱特征信息，计算了 SWIR-IC 值，并与样品的金含量测试值对比分析。结果显示，两个钻孔样品金含量变化与伊利石结晶度变化具有非常一致的变化趋势。即，金品位高的样品其伊利石结晶度也相对较高，反之金品位较低的样品其伊利石结晶度也相对较低。这表明在岗岔-克莫金矿区，伊利石结晶度的变化对于金矿化具有很好的指示意义。

由于伊利石在岗岔-克莫金矿广泛出现，而且其结晶度还对金矿化具有很好的指示意义，因此伊利石的化学成分值得进一步研究。为此，选取 ZK07-7 钻孔中的 13 件蚀变矿化程度不同的样品进行了伊利石单矿物成分测试，样品特征见表 9-9。

表 9-9　岗岔金矿区 ZK07-7 钻孔伊利石成分取样位置及岩性表

样品编号	取样位置/m	样品岩性	矿化情况
1	-85	凝灰质砂岩	无矿化
2	-203	蚀变凝灰质砂岩	矿体；金品位 1.92g/t
3	-215	凝灰质砂岩	无矿化
4	-221	蚀变凝灰质砂岩	有蚀变，未化验品位
5	-367	蚀变凝灰质砂岩	有矿化，未化验品位
6	-438	凝灰质砂岩	无品位
7	-543	蚀变凝灰质砂岩	矿体；金品位 1.66g/t
8	-546	蚀变凝灰质砂岩	近矿
9	-571	蚀变凝灰质砂岩	矿体；金品位 1.84g/t
10	-592	凝灰质砂岩	无矿化
11	-593	凝灰质砂岩	无矿化
12	-617	蚀变凝灰质砂岩	有蚀变，未化验品位
13	-683	凝灰质砂岩	无矿化

13 件样品共完成 411 组扫描电镜能谱测点数据采集，其中 82 组数据进行了伊利石化学成分分析，对照扫描电镜图像看出，伊利石主要呈鳞片状、羽毛状、蜂窝状或丝缕状，如图 9-4 所示。

将扫描电镜能谱测试数据按照标准伊利石晶体化学式（同时考虑类质同象替代的影响）换算出伊利石的出现频率，并与各样品采用近红外光谱测试识别出伊利石的相对含量进行对比（见表 9-10），结果发现二者的变化趋势具有很好的一致性。这说明近红外光谱能够有效识别岗岔-克莫金矿床的伊利石物相。

此外，还选择 13 件样品进行了伊利石出现频率与含金量的对比分析，结果如图 9-5 所示。可以看出，除 4 号样品和 12 号样品未分析金品位之外，伊利石出

图 9-4 岗岔-克莫金矿区伊利石在扫描电镜下的形态
（a）羽毛状伊利石；（b）鳞片状伊利石；
（c）丝絮状及细碎状伊利石；（d）细碎状伊利石

扫一扫查看彩图

现概率高的样品其金品位也相对较高。这表明岗岔-克莫金矿区伊利石的形成与
金矿化存在密切的联系。

表 9-10 第 ZK07-7 钻孔各样品中伊利石出现频率与近红外测试结果对比表

样号	取样位置/m	随机选择测点数	检测出伊利石的数	伊利石出现频率/%	近红外测伊利石相对百分含量/%
1	−85	48	2	4	20
2	−201	42	23	55	75
3	−215	26	1	4	27
4	−221	48	24	50	71
5	−367	19	0	0	10
6	−438	19	0	0	10
7	−543	26	10	38	70

样号	取样位置/m	随机选择测点数	检测出伊利石的数	伊利石出现频率/%	近红外测伊利石相对百分含量/%
8	-554	23	2	9	16
9	-572	27	12	44	75
10	-592	47	1	2	11
11	-593	31	0	0	0
12	-617	29	10	34	59
13	-683	26	0	0	0

注：取样钻孔，即海拔标高为 3307.70m。

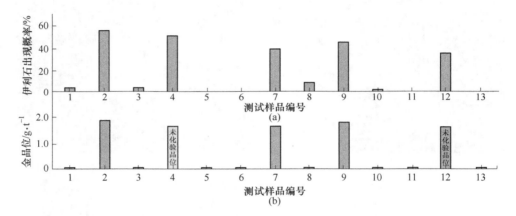

图 9-5　岗岔-克莫金矿区伊利石出现率（a）与金品位对比图（b）

关于热液型金属矿床伊利石成因，前人（李晓峰等，2002，2006；Lackschewitz et al.，2004；曾乔松等，2005；吴学益等，2006）认为可能源自深部富 K 流体的面型大规模蚀变所致，也可能来自碱性长石或云母的中低温蚀变产物。笔者认为，无论 K 的来源如何，伊利石的形成肯定与热流体活动有关。从光学显微观察结果可知，岗岔-克莫矿区矿体及其围岩样品中长石和云母几乎全部遭受了蚀变，尤其在强绢英岩化地段，其中的长石和云母类矿物遭受流体的影响也比较显著。因此，推测该区矿化段伊利石的形成可能存在如下反应过程（Ylagan，2000；Thyne et al.，2001）：

$$(K, Na, Ca)[(Si, Al)_4O_8] + H_2O + CO_2 \longrightarrow$$

长石

$$K_{0.83}(Mg, Fe^{2+})_{0.19}Al_{1.81}Si_{3.28}Al_{0.64}O_{10}(OH)_2 + [HCO_3]^- + SiO_2 + K^+ + Na^+ + Ca^{2+}$$

伊利石　　　　　　　　　　　　　　石英

$$K\{Al_2[AlSiO_3](OH)_2\} + H_2O + CO_2 \longrightarrow K_{0.83}(Mg, Fe^{2+})_{0.19}Al_{1.81}Si_{3.28}Al_{0.64}O_{10}(OH)_2 + [HCO_3]^-$$

　　白云母　　　　　　　　　　　　　　　　　　　　　　伊利石

　　上述反应过程也很好地解释了矿区绢英岩化与硅化紧密共生的现象，同时 $[HCO_3]^-$ 还可能是流体 pH 值变化的主要原因之一。显然，流体 pH 值的变化可以显著影响金属离子或金属络合物的沉淀过程。这也恰好说明矿区强绢英岩化和强硅化地段，即是多金属硫化物富集（或金矿化）地段。

　　在上述研究的基础上，对 13 件样品中检出伊利石的 9 件样品进行了伊利石成分分析（见表 9-11），并计算了伊利石的晶体化学式（见表 9-12）。可以看出，全部符合典型伊利石的晶体化学组成，这一结果进一步明确了岗岔-克莫金矿区以往认为的"绢云母"并非全部是"细小白云母"，其中诸多绢云母化，实际应该主要是伊利石化。即伊利石也是该区近矿蚀变绢英岩化带的主要矿物之一。

表 9-11　不同标高伊利石化学成分平均值

样号	取样位置/m	化学成分（质量分数）/%							
		K_2O	Na_2O	CaO	Al_2O_3	SiO_2	MgO	FeO	TiO_2
1	-85	6.52	/	/	35.23	55.8	0.44	0.51	/
2	-201	5.98	/	/	32.88	51.51	0.75	8.87	/
3	-215	7.47	/	/	35.15	56.88	0.48	/	/
4	-221	8.47	/	/	33.30	54.76	0.77	2.16	0.13
7	-543	7.12	/	/	33.10	55.52	2.04	2.22	/
8	-554	7.41	/	/	34.33	57.89	0.36	/	/
9	-572	7.61	/	/	32.44	51.6	1.50	6.85	/
10	-592	7.58	/	/	36.81	54.87	0.73	/	/
12	-617	5.85	1.11	/	36.52	54.9	0.91	0.71	/

注：取样钻孔（即 ZK07-7 钻孔）海拔标高为 3307.70m；"/"表示未检测出。

表 9-12　矿区伊利石样品可能的晶体化学式

样号	晶体化学式
1	$K_{0.65}Mg_{0.05}Al_{1.95}Si_{3.40}Al_{0.60}O_{10}(OH)_2$
2	$K_{0.80}(Mg, Fe^{2+})_{0.18}Al_{1.82}Si_{3.38}Al_{0.62}O_{10}(OH)_2$
4	$K_{0.67}(Mg, Fe^{2+})_{0.10}Al_{1.90}Si_{3.43}Al_{0.57}O_{10}(OH)_2$
7	$K_{0.83}(Mg, Fe^{2+})_{0.19}Al_{1.81}Si_{3.28}Al_{0.64}O_{10}(OH)_2$
8	$K_{0.61}Al_2Si_{3.50}Al_{0.61}O_{10}(OH)_2$
9	$K_{0.77}(Mg, Fe^{2+})_{0.17}Al_{1.83}Si_{3.42}Al_{0.60}O_{10}(OH)_2$
12	$K_{0.73}Al_2Si_{3.27}Al_{0.73}O_{10}(OH)_2$

另外还需要说明，矿化段样品伊利石的 Fe、Mg 含量可能与其含金性存在相关关系，即 Fe、Mg 含量高的伊利石样品，金含量也高。这一认识，与前人（王濮等，1982；潘兆橹等，1993；李胜荣等，2008）关于层状硅酸盐矿物晶体中八面体位置的 Al^{3+} 被 Fe^{2+}、Fe^{3+}、Mg^{2+} 等金属阳离子类质置换时可能造成金属离子富集的观点是一致的。结合前面关于伊利石成因与结晶温度的关系讨论认为，富 Fe、Mg 伊利石出现频率高的空间有可能是成矿流体运移通道。由于温度相对较高，因而有利于类质同象置换，使得伊利石结晶时捕获流体中较多的 Fe、Mg 等金属离子，造成流体中金属离子因析出而亏损，打破了成矿流体的成分平衡，同时会显著影响流体的物理化学条件，进一步促进了金等金属物质的沉淀，这一变化或许是岗岔-克莫地区金沉淀的原因之一。

还需特别注意的是，伊利石 Al—OH 近红外吸收峰具有明显的漂移特征，抑或其对金成矿也有指示意义。

以前的一些学者（刘圣伟等，2006；王润生等，2010）注意到，云母类矿物（如绢云母、白云母等）的 Al—OH 近红外特征吸收峰之峰位，由于六次配位的 Al^{3+} 离子占位减少而向长波方向漂移，认为是相对低压高温环境条件不利所致。反之，如果六次配位 Al^{3+} 离子含量增加时则向短波方向漂移。而且白云母的（TFe+Mg）含量与 Al—OH 波长值成正比，TAl 含量与 Al—OH 波长成反比，说明白云母六次配位的 Al^{3+} 离子被 Fe、Mg 等大量置换影响近红外光谱 Al—OH 特征吸收峰峰位向长波方向漂移（Clark et al.，2003；刘圣伟等，2006；梁树能等，2012）。

大量测试结果表明，岗岔-克莫金矿区矿体和近矿体样品的近红外光谱 Al—OH 特征吸收峰多偏向长波一侧（即，一般大于 2200nm），而远离矿体的样品 Al—OH 特征吸收峰则多偏向短波一侧（即，一般小于或等于 2200nm），这一差异抑或是蚀变矿化条件下伊利石结晶时 Fe、Mg 等类质同象置换的结果，暗示 Al—OH 特征吸收峰峰位的漂移对金矿化也具有指示意义。

10 岗岔-克莫一带地球化学和地球物理勘查

地球化学和地球物理方法是找矿勘查最重要的方法，是找矿靶区圈定和深部成矿预测最有效方法，在指导找矿勘查方面具有实际意义。其中，地球化学勘查主要是通过地表土壤、水系沉积物或岩石的化学组成异常提取找矿信息，缩小找矿靶区，达到找矿目的。地球物理勘查则是通过地质体之间的物性差异来提取异常信息，进而确定找矿潜力。

就地球化学勘查来说，近年来采用手持式 X 射线荧光光谱（XRF）元素分析技术，并结合实验室精确测量技术，在土壤地球化学测量和岩石地球化学测量方面得到广泛应用。该技术针对土壤和岩石样品，进行元素半定量快速测量，可以实现地球化学次生晕和原生晕异常圈定，快速提供找矿信息。手持式 XRF 快速元素分析仪具有便携、高效、经济和样品无损等优点（景亮兵等，2011），能够检测分析的元素可达 43 种，其中包括 As、Sb、Cu、Pb、Zn、W、Sn、Bi、Mo、Co、Ni、Au 和 Ag 等多种元素，检测的浓度范围可以从 100% 至 10^{-6}（Rollison 等，2000），被测试样可以是块状，也可以是粉末，是野外快速勘查并迅速缩小找矿靶区的重要手段之一。

10.1 地球化学勘查

区域地质普查结果显示，西秦岭夏河-合作-礼县岩浆岩带存在 As、Sb、Au、Ag、Cu、Pb、Zn 组合异常，该区是重要的多金属元素异常区带，异常强度高，规模大，呈串珠状沿深大断裂断续排列。

北京西域纵横能源科技有限公司在 2010 年提交的地瑞岗—佐盖多玛一带金矿区《1/50000 化探测量报告》中，明确提出德乌鲁岩体东侧至克莫村一带存在 Au-Cu 异常。该异常主要覆盖二叠系板岩夹砂岩段和三叠系火山岩，部分覆盖闪长岩体，总体显示异常与岩体接触带具有空间套合一致。主要为 Au 异常，异常强度高，面积大，同时叠加有 Hg、Ag、As、Sb、Cu、Pb 异常。

10.1.1 土壤地球化学勘查

本研究化学勘查区主要集中在下家门-岗岔村-克莫村一带，即岗岔河南岸作为南界，下家门村作为北界，德乌鲁岩体东南接触带为西界，岗岔村为东界，分别进行了土壤和岩石地区化学测量。

土壤样品采集方法按照中华人民共和国地质矿产行业标准《土壤地球化学测量规范》（DZ/T 0145—94）执行。选择 100m（线距）×50m（点距）网格状节点取样法，即沿勘探线方向（78°方向）布设测线，线距为 100m，沿测线取样点距 50m。当基岩区存在明显蚀变时，采样间距适当加密。每个点位土壤样品采集，是在预设采样点直径 20m 范围内多点采集土壤综合代表样，采样深度达到风化淋滤层（即土壤 B 层），一般在 40cm 左右。

土壤背景值及异常下限确定采用传统的数理统计方法计算获得，见表 10-1。其中，土壤异常区和异常强度采用 2 倍异常下限值圈定。

表 10-1　岗岔-克莫金矿区土壤化探背景值及异常下限表

元　素	10^{-9}		10^{-6}			
	Au	Ag	As	Sb	Pb	Zn
背景值	2.52	145.80	25.23	4.28	49.56	86.82
异常下限	13.79	387.50	73.46	35.07	207.03	167.83
2 倍异常下限	27.57	774.99	146.92	70.15	414.07	335.65

10.1.1.1　Au 异常识别

Au 异常分布有三个面积大、强度高的异常区域，分别为岗岔矿区 Au-3 矿脉和 Au-2 矿脉附近、下家门沟口的"金三角"区（指下家门沟、岗岔河与岗岔村西近南北向大断裂三者围成的三角区，下同），以及岗岔村北部（见图 10-1）。其中 Au-3 矿脉和 Au-2 矿脉南段属于已知矿化区，出现了大范围高强 Au 异常，以高于 2 倍异常下限的异常为主，最高可达 4 倍异常下限。北侧没有封闭，向南有沿着控制 Au-2 和 Au-3 矿脉断裂向深部延伸趋势。异常区内地表褐化脉发育，基岩蚀变强烈。"金三角"区异常面积相比于北侧 Au-2、Au-3 矿脉引起的异常面积较小，强度也低，多为 1~2 倍异常下限强度的异常。但地表蚀变强烈，断层发育，异常位置与断层和褐化脉位置较为吻合，极有可能是 Au-2 和 Au-3 矿脉北段异常向南延伸的结果。岗岔村北部的 Au 异常表现为北西-南东向的串珠状分布，异常面积比"金三角"区处的异常略大，异常强度也较大，异常多为 2 倍异常下限以上强度的异常，地表覆盖较为严重，基岩蚀变情况不十分明显。

总之，下家门沟口东侧的"金三角"区组合异常区非常值得进一步验证。

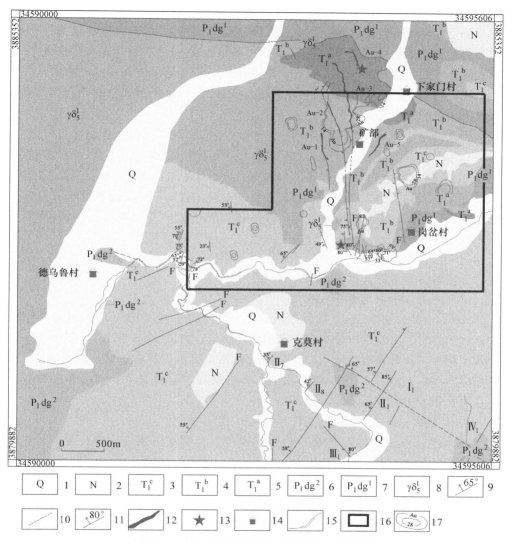

图 10-1　岗岔-克莫金矿区土壤化探 Au 异常图

1—第四系冲积、沉积、坡积物（砂砾、泥沙）；2—第三系甘肃群砖红色泥岩（局部含石膏）、底部砾岩；

3—三叠系灰色、灰绿色安山岩，石英安山岩、凝灰岩；4—三叠系灰色、灰绿色褐灰色凝灰岩、角砾凝灰岩、

角砾岩、凝灰角砾岩；5—三叠系灰色、灰绿色褐灰色集块岩；6—二叠系下统大观山组灰色、

浅褐色中细粒砂岩夹薄层粉砂岩；7—二叠系下统大观山组浅绿色凝灰质板岩夹黑色含炭板岩；

8—印支期灰白色花岗闪长岩；9—断层及产状；10—推测断层；

11—褐化脉及产状；12—矿体；13—火山口；14—村庄、驻地；15—河流；

16—化探区域；17—Au 元素异常（10⁻⁹）

扫一扫查看彩图

10.1.1.2　Ag 异常识别

Ag 元素异常与 Au 异常范围非常一致，主要位于"金三角"区。异常面积大，几乎涵盖了整个"金三角"区的南部地区，特别是断裂与蚀变集中的区域异常显著。异常强度大多为 1~2 倍异常下限，局部异常强度高于 Au 异常，高于 2 倍异常下限的异常面积大于 Au 异常区。明显看出 Ag 的异常与断裂套合较好，主要位于断裂带附近。

10.1.1.3　As 异常识别

As 在矿区内的背景值为 25.23×10^{-6}，异常下限是 73.46×10^{-6}，显然矿区内 As 明显富集。其中"金三角"区的南部有一处明显的异常，与 Au-2 和 Au-3 矿脉附近大范围强度高 As 异常具有对应性，以 2 倍异常下限以上的区域为主。在"金三角"区南部与 Au 和 Ag 异常具有很好套合关系，"金三角"区的 As 异常与众多断裂非常吻合。

此外，岩相学分析结果表明，黄铁矿和毒砂均与金的关系密切，所以 As 异常对金富集具有很好指示意义。

10.1.1.4　Sb 异常识别

Sb 异常除 Au-3 和 Au-2 矿脉附近有很好对应外，在"金三角"区内存在较大范围的异常，主要集中分布在下家门沟口附近。尤其 Au-3 和 Au-2 矿脉南延位异常面积大，异常强度也较高。Sb 在下家门沟口附近的异常区域与 Ag、As 相比更加偏向西侧。Ag、As、Sb 的异常分布具有较好的套合关系，暗示下家门沟口存在大面积低温热液活动。

10.1.1.5　Pb 异常识别

Pb 异常大面积存在于"金三角"区南部，尤其在下家门沟口一带。"金三角"区附近的 Pb 异常面积超过 Au、Ag、As、Sb 等元素的异常面积，异常强度虽然以 1~2 倍异常下限为主，但是 2 倍异常下限的区域也明显较大。Pb 异常在"金三角"区内与断裂对应较好，均位于断裂附近。

10.1.1.6　Zn 异常识别

Zn 异常主要集中在"金三角"区内，而且异常面积较大，异常强度以 1~2 倍下限的异常为主。但是在"金三角"区南部，2 倍异常下限的位置与断裂和褐化脉的位置非常吻合。Zn 异常与 Pb 异常位置几乎一致对应，说明中温热液在"金三角"区活跃，其 Au-2 和 Au-3 矿脉附近以及南向延伸位置异常显著。Zn 异常在"金三角"区内与断裂对应较好，均位于断裂附近。

综合上述几个单元素异常分布特征可以看出，Au、Ag、As、Sb、Pb、Zn 等元素在两个位置形成了较强的组合异常，其中一个位于 Au-2 和 Au-3 矿脉附近，另一个位于"金三角"区南部（见图 10-2）。Au-2 与 Au-3 矿脉附近的异常呈近南北向分布，属于已知的矿致异常。"金三角"区南部的组合异常，从形态上大

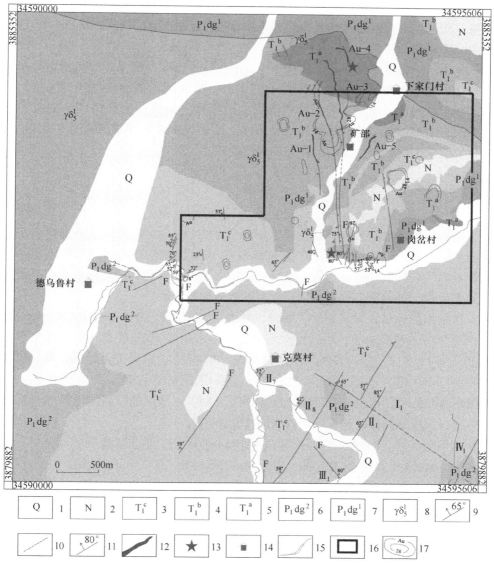

图 10-2 岗岔-克莫金矿区土壤化探 Au、Ag、As、Sb、Pb、Zn 组合异常图

1—第四系冲积、沉积、坡积物（砂砾、泥沙）；2—第三系甘肃群砖红色泥岩（局部含石膏）、底部砾岩；
3—三叠系灰色、灰绿色安山岩，石英安山岩、凝灰岩；4—三叠系灰色、灰绿色褐灰色凝灰岩、
角砾凝灰岩、角砾岩、凝灰角砾岩；5—三叠系灰色、灰绿色褐灰色集块岩；6—二叠系下统大观山组灰色、
浅褐色中细粒砂岩夹薄层粉砂岩；7—二叠系下统大观山组浅绿色凝灰质板岩夹黑色含炭板岩；
8—印支期灰白色花岗闪长岩；9—断层及产状；10—推测断层；11—褐化脉及产状；
12—矿体；13—火山口；14—村庄、驻地；15—河流；16—化探区域；
17—Au 元素异常（10⁻⁹）

扫一扫查看彩图

致呈现近东西向的条带状展布，异常分布范围广，异常强度大，尤其在下家门沟一带，而且异常与近南北的断裂构造非常吻合，暗示 Au-1、Au-2 和 Au-3 矿脉具有向南部延伸的特点。

上述这一明显的异常集中分布特征，不仅暗示该区存在强烈的热液活动，而且"金三角"区可能是一个热液活动的中心。热液活动范围受构造约束，约束异常分布的构造可能是下家门沟口隐伏火山机构（抑或是破火山口）的配套裂隙系统。这种构造和地球化学的耦合关系，显然说明该区深部具有金矿化潜力，而且说明金矿化分布与火山机构存在密切关系。

10.1.2 地表原生晕

10.1.2.1 地表原生晕研究方法

地表原生晕样品采集，是在矿区内先后共布设了 30 条与蚀变带走向近于垂直的剖面，采用"连续拣块法"沿侧线每约 10m 长度范围内多点采集形成综合被测样品，采样位置记录为每个采样长度的中点。如果遇有蚀变强烈地段，则适当加密取样，如遇第四系覆盖较严重，则放疏取样间隔。

将采集的样品经颚式破碎、缩分、球磨等步骤，获得 $-75\mu m$（-200 目）粒级大于 90% 的粉末样品，然后再次缩分，获得不少于 100g 待测样品。原生晕样品共采集 1115 件，分别委托甘肃建材总院（140 件）、中国冶金地质总局一局测试中心（463 件）测试，其余 512 件样品采用便携式手持 X 射线荧光光谱仪（XRF）测试。采用手持 X 射线荧光光谱仪（XRF）测试的样品抽检待测样品的 20% 进行实验室同步测试，以校对 XRF 测试结果。

从所有采用 XRF 测试样品中随机选取 54 件送核工业北京地质研究院进行抽检校正。抽检元素包括 B、Cu、Zn、Mo、Sb、Co、Ni、W、Pb、Bi、Te、Au、Ag、As、Hg 共 15 种元素。结果发现其中的 As、Sb、Cu、Pb、Zn 采用手持式 XRF 测试结果和实验室检测结果非常接近（见图 10-3），说明采用手持式 XRF 测试的上述 5 种元素可直接用于异常圈定。

将所有原生晕测试数据进行整理后发现，其中的 Au、Ag、Hg、As、Sb、Cu、Pb、Zn、W 均显示出异常。进一步的相关性分析（见表 10-2）结果表明，Au 与 Ag、As、Sb、Cu、Pb、Zn 具有较好的正相关关系，其中 Au 与 As 相关性最好，相关系数为 0.603。此外，还进行了元素 R 型聚类分析（见图 10-4）。结果显示在相关系数 $r=0.4$ 的相似水平上，可以将元素分为三类：第一类为 Ag、Pb、Zn、As、Sb、Au、Cu 中低温热液元素组合，显示出 Au 与前缘晕元素和近矿晕元素之间的密切关系；第二类为以 Hg 为代表的挥发性低温热液元素组合；第三类是以 W 为代表的高温热液元素组合。

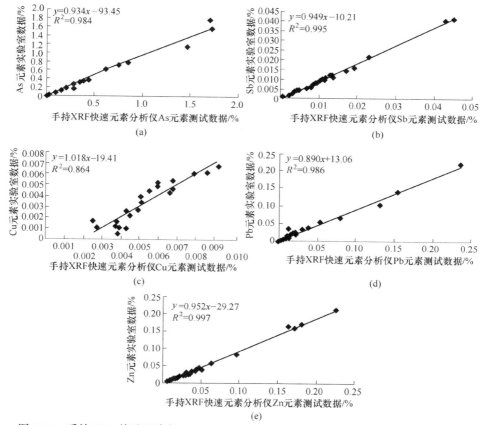

图 10-3 手持 XRF 快速元素仪 As、Sb、Cu、Pb、Zn 测定结果与实验室测定结果比较

（a）手持元素仪与实验室测定 As 元素结果对比；（b）手持元素仪与实验室测定 Sb 元素结果对比；

（c）手持元素仪与实验室测定 Cu 元素结果对比；（d）手持元素仪与实验室测定 Pb 元素结果对比；

（e）手持元素仪与实验室测定 Zn 元素结果对比

表 10-2 岗岔-克莫岩石原生晕元素相关系数矩阵

元素	Au	Ag	Hg	As	Sb	Cu	Pb	Zn	W
Au	1								
Ag	0.501	1							
Hg	0.276	0.131	1						
As	0.603	0.598	0.282	1					
Sb	0.449	0.505	0.263	0.664	1				
Cu	0.444	0.426	0.048	0.430	0.388	1			
Pb	0.411	0.787	0.111	0.564	0.544	0.444	1		
Zn	0.383	0.638	−0.016	0.507	0.443	0.447	0.706	1	
W	0.168	0.056	0.057	0.015	0.317	0.104	0.168	−0.021	1

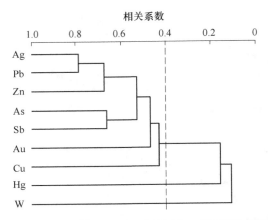

图 10-4   岗岔-克莫金矿区岩石原生晕 R 型聚类分析谱系

此外，选取 ZK27-1 和 ZK07-4 两个钻孔，采用手持式 XRF 快速元素分析仪进行 As、Sb、Pb、Zn 的系统测量，并与 Au 品位进行了比较，结果分别如图 10-5 和图 10-6 所示。可以看到，当 Au 品位高时，As、Sb、Pb、Zn 均表现出了同步异常，说明 Au 与 As、Sb、Pb、Zn 之间存在较强的相关关系。

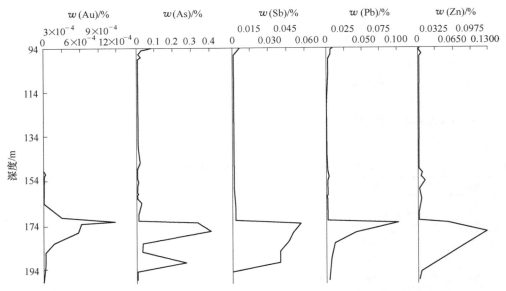

图 10-5   岗岔金矿 ZK27-1 钻孔岩心 Au、As、Sb、Pb、Zn 元素含量分布图

10.1.2.2   地表原生晕研究结果

对于地表岩石样品测得 Au、Ag、As、Sb、Cu、Pb、Zn 含量采取了点状分布

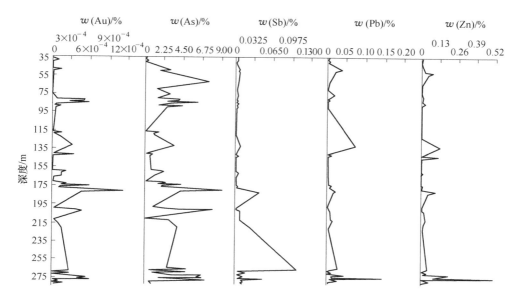

图 10-6 岗岔金矿 ZK07-4 钻孔岩心 Au、As、Sb、Pb、Zn 元素含量分布图

的表达形式，结果发现其原生晕异常与土壤次生晕异常非常相似。地表 Au 原生晕异常主要分布在岗岔矿段中部近南北向断裂带附近以及南部断裂带两侧，大致呈南北向的带状分布，显然说明"金三角"区 Au 原生晕异常与断裂构造关系非常密切。Ag 的原生晕与 Au 基本一致，不同的是岗岔矿段南部断裂带附近 Ag 异常更为强烈，并具有进一步向南延伸的趋势。

地表 As 的原生晕仍在"金三角"区表现出集中且强度大的特点。除 Au-2 和 Au-3 断裂带南段显著异常并有继续向南延伸的趋势外，矿区西部岗岔河与嘎尔酿曲河交汇处断裂附近也显示异常。统计表明，矿区内 As 原生晕异常值是区域平均含量的 10 倍左右。另外，Sb 的原生晕异常与 As 非常类似。

Pb 原生晕异常与 As 基本一致，尤其在"金三角"区内异常特别显著。Zn 原生晕异常大致与 As 和 Pb 一致，仅矿区西部岗岔河与嘎尔酿曲河交汇处 Zn 的原生晕异常不明显。Cu 原生晕在"金三角"区异常不很明显，主要异常位于岗岔矿段南部断裂带附近，局部还显示为负异常。

为了标识低温元素和中温元素异常区，分别将低温元素组合 As、Sb 进行乘积，中温元素组合 Cu、Pb、Zn 进行乘积，同样形成点状平面分布图，如图 10-7 和图 10-8 所示（见二维码里的彩图），其中点状分布图中，红色点代表该元素含量最高 5% 的样品，橙色点代表该元素含量仅次于红色点 15% 的样品，以红色和橙色点出现的频率来表示异常的强弱。其中，As 与 Sb 原生晕组合异常（见图 10-7）主要在"金三角"区、Au-2 和 Au-3 断裂带南段，以及矿区西部岗岔河

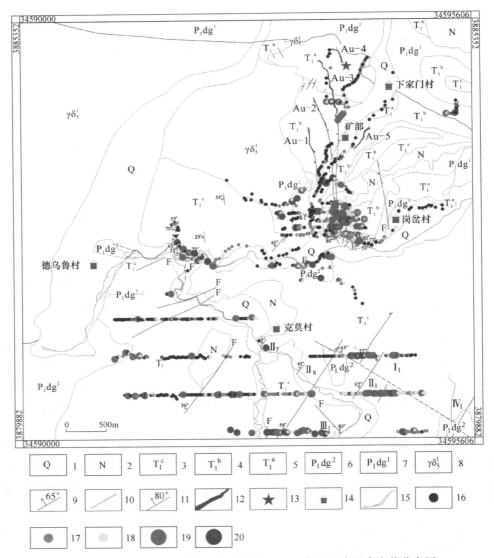

图 10-7 岗岔-克莫金矿区地表原生晕 As、Sb 低温元素组合点状分布图

1—第四系冲积、沉积、坡积物（砂砾、泥沙）；2—第三系甘肃群砖红色泥岩（局部含石膏）、底部砾岩；
3—三叠系灰色、灰绿色安山岩，石英安山岩，凝灰岩；4—三叠系灰色、灰绿色褐灰色凝灰岩、角砾凝灰岩、
角砾岩、凝灰角砾岩；5—三叠系灰色、灰绿色褐灰色集块岩；6—二叠系下统大观山组灰色、
浅褐色中细粒砂岩夹薄层粉砂岩；7—二叠系下统大观山组浅绿色凝灰质板岩夹黑色含炭板岩；
8—印支期灰白色花岗闪长岩；9—断层及产状；10—推测断层；11—褐化脉及产状；12—矿体；
13—火山口；14—村庄、驻地；15—河流；16—As、Sb 含量乘积数值为 0~200；
17—As、Sb 含量乘积数值为 200~500；18—As、Sb 含量乘积数值为 500~2000；
19—As、Sb 含量乘积数值为 2000~10000；20—As、Sb 含量乘积数值不小于 10000

扫一扫查看彩图

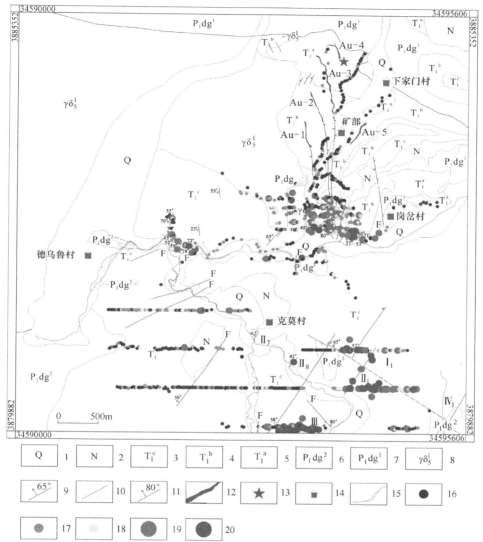

图 10-8 岗岔-克莫金矿区地表原生晕 Cu、Pb、Zn 中温元素组合点状分布图

1—第四系冲积、沉积、坡积物（砂砾、泥沙）；2—第三系甘肃群砖红色泥岩（局部含石膏）、底部砾岩；
3—三叠系灰色、灰绿色安山岩，石英安山岩，凝灰岩；4—三叠系灰色、灰绿色褐灰色凝灰岩、角砾凝灰岩、
角砾岩、凝灰角砾岩；5—三叠系灰色、灰绿色褐灰色集块岩；6—二叠系下统大观山组灰色、
浅褐色中细粒砂岩夹薄层粉砂岩；7—二叠系下统大观山组浅绿色凝灰质板岩夹黑色含炭板岩；
8—印支期灰白色花岗闪长岩；9—断层及产状；10—推测断层；11—褐化脉及产状；12—矿体；13—火山口；
14—村庄、驻地；15—河流；16—Cu、Pb、Zn 含量乘积数值为（0~5）×10^4；
17—Cu、Pb、Zn 含量乘积数值为 5×10^4~2×10^5；18—Cu、Pb、Zn 含量乘积数值
为 2×10^5~1×10^6；19—Cu、Pb、Zn 含量乘积数值为 1×10^6~5×10^6；
20—Cu、Pb、Zn 含量乘积数值不小于 5×10^6

扫一扫查看彩图

与嘎尔酿曲河交汇处。Cu-Pb-Zn 原生晕组合异常（见图 10-8）与 As-Sb 组合异常基本一致，最大异常区在"金三角"区南部。如上中低温元素组合形成的原生晕异常表明，矿区内具有多期热液活动叠加，是成矿元素富集的良好标志，同时也说明该区剥蚀程度较浅，预示着深部具有较大找矿前景。

综合分析认为，"金三角"区原生晕与土壤次生晕存在组合异常耦合关系，反映该区热液活动强烈，深部具有较好的 Au 矿化潜力。其中，"金三角"区南部断裂密集区是 Au、Ag、As、Sb、Cu、Pb、Zn 的富集中心，因此是最具成矿潜力地区。矿区西部岗岔河与嘎尔酿曲河交汇处，同样是伴随断裂发育 As、Sb、Cu、Pb、Zn 原生晕组合异常，属于第二个成矿潜力区。

10.2　地球物理勘查

矿区内先后委托甘肃省地质矿产勘查开发局第一地质矿产勘查院、甘肃省核工业 213 地质队、湖南省有色地质勘查研究院等，在岗岔矿段中部 Au-2 和 Au-3 断裂带南段及其南延部分，分别采用可控源音频大地电磁法、激电中梯法和激电测深法进行了地球物理测量，下面分别介绍这两种方法及其勘查结果。

10.2.1　矿区岩/矿石电性特征

岩/矿石物性特征是地球物理勘查结果地质解释的基础。特别是蚀变矿化导致的岩/矿石电阻率和极化率的差异，是金属矿床地球物理勘查重要依据。对矿区不同岩性以及遭受不同程度蚀变的岩/矿石手标本进行电性测量后，获得的电阻率和极化率统计结果见表 10-3。可以看出，测区内常见岩/矿石存在较明显的电性差异，其中未发生蚀变的安山岩和凝灰岩以及闪长岩体均表现为相对高电阻、低极化率的特性，而蚀变后含有金属硫化物的岩/矿石表现为相对低电阻、高极化率的特性，其中强蚀变矿体的低阻高极化特征更为明显。另外，炭质板岩表现为较低电阻和较低极化率的特性，可明显与蚀变矿化特征区别。因此，矿区内矿化蚀变与围岩之间存在的电阻率和极化率差异可以圈定矿化范围。

表 10-3　岩/矿石电性参数统计表

岩　性	测量块数/块	电阻率 $\rho_s/\Omega \cdot m$		极化率 $\eta_s/\%$	
		范围	平均值	范围	平均值
蚀变安山岩	13	149~1144	381.08	0.9~2.2	1.36
安山岩	23	41~4784	1034.39	0.48~1.4	0.77
矿体强蚀变凝灰岩	10	157~1154	384.45	1.36~7.02	3.78
蚀变凝灰岩	34	42~8107	420.94	0.42~3.14	1.18
凝灰岩	20	248~6377	792.10	0.69~2.3	1.17

岩 性	测量块数/块	电阻率 $\rho_s/\Omega \cdot m$		极化率 $\eta_s/\%$	
		范围	平均值	范围	平均值
闪长岩	22	293~3721	1312.24	0.56~1.9	1.01
炭质板岩	19	89~393	209.77	0.48~1.06	0.77
砂板岩互层	22	161~2012	365.14	0.41~1.09	0.69

10.2.2 激发极化法勘查结果

10.2.2.1 测线布设

激发极化法又称为激电法,是基于地质体的激电效应差异来区分矿化与否的一种地球物理找矿方法,广泛应用于金属矿床的找矿勘查,并且效果较好。特别是对于地形高差较大且矿化区主要表现为金属硫化物富集的岗岔-克莫金矿区开展激电法是较好的方法之一。

本研究布设大功率激电中梯剖面 15 条。其中,北部的岗岔矿段布设了 11 条测线(见图 10-9),自北至南依次布设在第 26、20、14、10、6、7、15、27、39、51 和 63 勘探线(走向为 78°),共布设激电测深 50 点,测点距均为 20m。测量时发射电极距 AB 为 1200m,接收信号的非极化电极距 MN 为 40m。另外,在南部地瑞岗矿段布设了激电中梯剖面 4 条,自北向南依次为 470 线、450 线、430 线和 410 线,测线位置如图 10-9 所示。南部 4 条激电中梯剖面线走向为近东西向,线距 200m,点距 20m,发射电极距离 AB 为 1400m,接收的非极化电极相距 40m。

10.2.2.2 测量结果及异常解释

岗岔矿段 11 条激电中梯剖面测量得到的视极化率 η_s 和视电阻率 ρ_s 平面等值线图如图 10-10 和图 10-11 所示。可以明显看出,极化率和电阻率异常明显,大致沿近南北向呈带状展布,其中北段显示强烈高激化,南段呈明显高阻区。

北段的高激化条带基本沿着 Au-2 展布,其极化率值在 3%~7% 之间。由于 Au-2 和 Au-3 号脉向西倾,所以这个显著的激化条带实际反映的是 Au-2 和 Au-3 硫化物矿脉的叠加激化。对应高激化区带呈现较低电阻率,视电阻率小于 400Ω·m。

南部的高阻值区带恰恰分布在 Au-2 和 Au-3 矿脉南延部分的东西两侧,显然近于合并的 Au-2 和 Au-3 矿脉处于中间低阻区。东西两条高阻带视电阻率为 700~1500Ω·m,而极化率较低,多在 2% 以下。下家门沟口东侧的高阻值区主要岩性是蚀变较弱的安山质含角砾凝灰岩,底部存在一套底砾岩,砾石成分主要是火山岩,下伏火山角砾岩。因此推测安山质含角砾凝灰岩是覆盖破火山口的"岩帽",其下存在由岩浆通道转换成流体通道的火山裂隙系统,暗示深部存在找矿潜力。

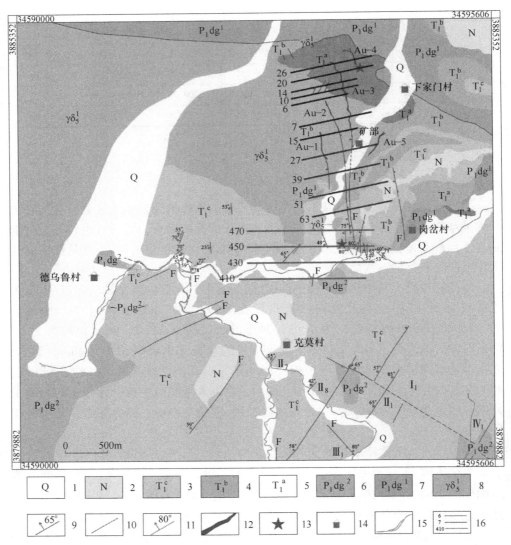

图 10-9 岗岔-克莫金矿区物探测线位置图

1—第四系冲积、沉积、坡积物（砂砾、泥沙）；2—第三系甘肃群砖红色泥岩（局部含石膏）、底部砾岩；

3—三叠系灰色、灰绿色安山岩，石英安山岩，凝灰岩；

4—三叠系灰色、灰绿色褐灰色凝灰岩、角砾凝灰岩、角砾岩、凝灰角砾岩；

5—三叠系灰色、灰绿色褐灰色集块岩；6—二叠系下统大观山组灰色、浅褐色中细粒砂岩夹薄层粉砂岩；

7—二叠系下统大观山组浅绿色凝灰质板岩夹黑色含炭板岩；8—印支期灰白色花岗闪长岩；

9—断层及产状；10—推测断层；11—褐化脉及产状；12—矿体；13—火山口；

14—村庄、驻地；15—河流；16—物探测线位置

扫一扫查看彩图

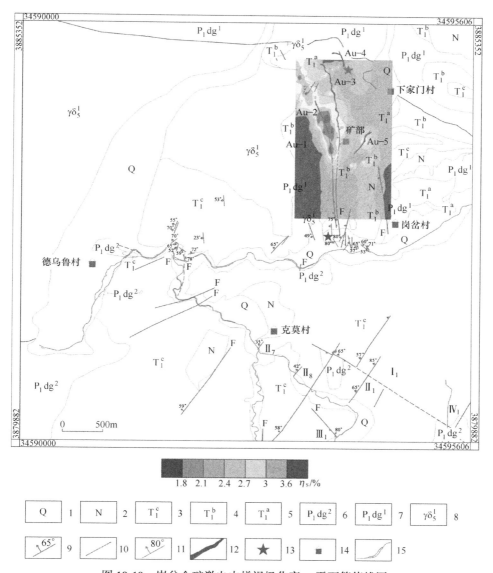

图 10-10　岗岔金矿激电中梯视极化率 η_s 平面等值线图

1—第四系冲积、沉积、坡积物（砂砾、泥沙）；2—第三系甘肃群砖红色泥岩（局部含石膏）、底部砾岩；
3—三叠系灰色、灰绿色安山岩，石英安山岩，凝灰岩；4—三叠系灰色、
灰绿色褐灰色凝灰岩，角砾凝灰岩，角砾岩、凝灰角砾岩；5—三叠系灰色、灰绿色褐灰色集块岩；
6—二叠系下统大观山组灰色、浅褐色中细粒砂岩夹薄层粉砂岩；
7—二叠系下统大观山组浅绿色凝灰质板岩夹黑色含炭板岩；8—印支期灰白色花岗闪长岩；
9—断层及产状；10—推测断层；11—褐化脉及产状；12—矿体；13—火山口；
14—村庄、驻地；15—河流

扫一扫查看彩图

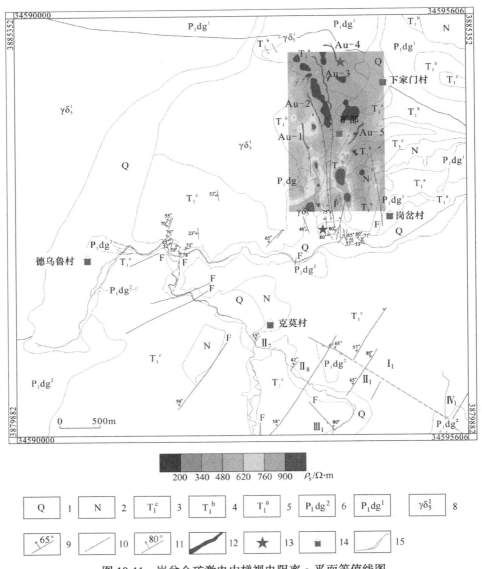

图 10-11　岗岔金矿激电中梯视电阻率 ρ_s 平面等值线图

1—第四系冲积、沉积、坡积物（砂砾、泥沙）；2—第三系甘肃群砖红色泥岩（局部含石膏）、底部砾岩；

3—三叠系灰色、灰绿色安山岩，石英安山岩，凝灰岩；4—三叠系灰色、灰绿色褐灰色凝灰岩、

角砾凝灰岩、角砾岩、凝灰角砾岩；5—三叠系灰色、灰绿色褐灰色集块岩；

6—二叠系下统大观山组灰色、浅褐色中细粒砂岩夹薄层粉砂岩；

7—二叠系下统大观山组浅绿色凝灰质板岩夹黑色含炭板岩；8—印支期灰白色花岗闪长岩；

9—断层及产状；10—推测断层；11—褐化脉及产状；12—矿体；13—火山口；

14—村庄、驻地；15—河流

另外，从第20、14、10、6和27激电中梯测深剖面（图略）可知，在200~500m深度范围出现多个低阻高极化异常区，且异常向深部没有封闭。特别值得说明的是，高激化低阻异常与Au-2和Au-3矿脉的位置有较好的对应关系，特别是从第6测线和第27测线往南，深部出现的低阻高极化异常区均没有封闭（徐立为，2017），暗示深部存在硫化物富集区或矿化区。

还需说明的是，在下家门沟口东侧布设的4条激电中梯剖面验证了与Au-2和Au-3矿脉对应的高激化低阻异常带具有向南延伸的趋势。自北向南依次布设的470、450、430、410测线，其剖面异常曲线（略）显示，该区存在显著的中高极化率—低电阻率异常区。其中470测线的386~420号点、450测线的396~420号点、430测线的392~420号点和410测线的398~420号点均为中高极化—低阻异常，特别是470测线的386~420号点和430测线的392~430号点之极化率异常较为明显，极化率值在2.5%~5.5%之间。显然说明，"金三角"区内与Au-2和Au-3矿脉所对应的高极化率-低电阻率异常向南延伸了。

综上激电中梯扫面和激电测深结果认为，岗岔-克莫矿区北部激电异常与矿脉对应关系很好，说明深部仍有找矿潜力。与Au-2和Au-3矿脉对应的高激化低阻异常明显向南延伸并向深部侧伏进入"金三角"区，说明"金三角"区深部的成矿潜力较大，特别是下家门沟口东侧的"岩帽"覆盖区，非常值得重型勘查工程验证。

10.2.3 可控源音频大地电磁法勘查结果

可控源音频大地电磁法（CSAMT）是基于大地电磁法（MT）和音频大地电磁法（AMT）发展起来的一种人工源频率域电磁测深法。

CSAMT剖面共布设4条，均沿岗岔矿段第27、39、51、63勘探线布设（测线走向78°），线距200m，点距40m。测线位置如图10-9所示。其中第27、39、51、63测线收发距依次为5240m、5480m、5740m和5980m，发射偶极距AB均为930m，接收偶极距MN为40m。依次获得电阻率断面如图10-12~图10-15所示。

可以发现，第27测线的420~540号点，以及第39测线的420~460号点之间为明显的低阻带，电阻率小于200Ω·m。结合地质特点推断，该低阻带为走向近南北的同一低阻带，为向西陡倾的断裂带所致，且与Au-2和Au-3矿脉南延部分非常吻合，该断裂带宽约120m。此外，第27测线140号点处和第39测线180号点处可连接形成一个低阻带，其两侧为高阻体，两侧的电阻率均大于1500Ω·m。结合露头地质特征推断，两侧高阻体为未蚀变的安山质角砾凝灰岩，低阻带应为断裂构造所致。该断裂与Au-1矿脉南延部分相对应。还有，第27测线860号点与第39测线的740号点处链接形成的低阻带与Au-5矿脉所在断裂相

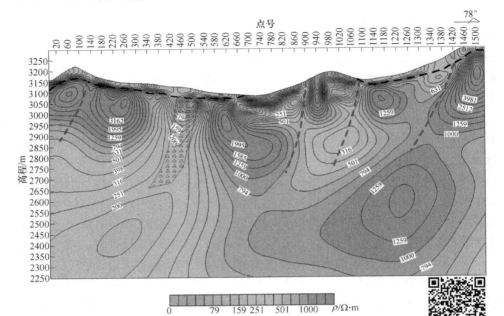

图 10-12　第 27 勘探线 CSAMT 二维反演电阻率断面图

扫一扫看彩图

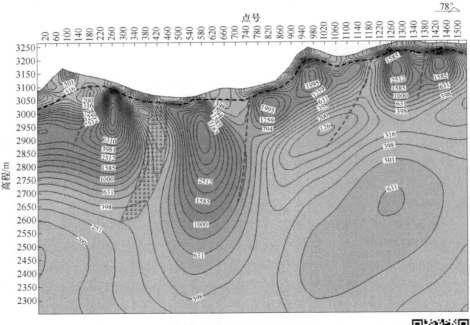

图 10-13　第 39 勘探线 CSAMT 二维反演电阻率断面图

扫一扫看彩图

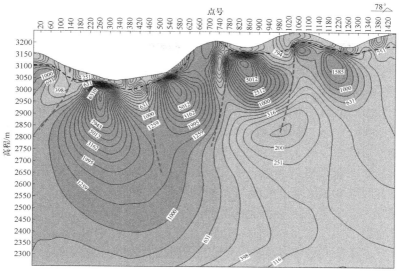

图 10-14 第 51 勘探线 CSAMT 二维反演电阻率断面图

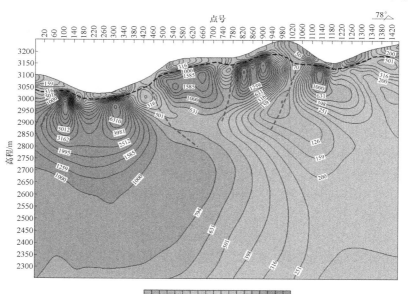

图 10-15 第 63 勘探线 CSAMT 二维反演电阻率断面图

对应。此外，第 27 测线的 1100 号点和 1420 号点，与第 39 测线的 1180 号点和 1400 号点也存在两个低阻带，电阻率小于 600Ω·m，推断为断裂蚀变破碎带引起。

第 51 测线 100~140 号点处出现一个低阻异常，其电阻率小于 400Ω·m，而且与第 63 测线 80 号点处出现的低阻异常连接形成同一低阻带，推断它们属同一个断裂带引起的低阻异常。第 51 与第 63 测线在 460 号点处均存在低阻异常，电阻率小于 1000Ω·m，推断二者连线为同一低阻带，应属同一个断裂所致，该断裂向东倾。同样地，第 51 与第 63 测线在 780 号点存在一低阻带，电阻率小于 500Ω·m，该低阻带宽约 40m，近似直立，两边高阻体电阻率大于 5000Ω·m，其地表被第四系堆积覆盖，推断其为隐伏断裂蚀变破碎带。此外，第 51 测线与第 63 测线在 1060 号点处存在低阻带，电阻率小于 300Ω·m，向下延伸变宽，推测为隐伏断裂。

综合上述 4 条 CSAMT 剖面出现的低阻区带，发现均具有垂向分层、横向分块的特点。

关于垂向分层。由于地下普遍出现电阻率在 500~5000Ω·m 之间，厚度变化于 200~800m 的电性层，其中夹有倾斜条带状的低电阻率层，其最低电阻率仅 100Ω·m 左右。结合矿区岩石的电性特征分析，认为 500~5000Ω·m 电性层是安山质角砾凝灰岩或闪长岩体，其间夹持的倾斜低电阻率带则应该是构造破碎带所致。一些构造破碎带在地表可见有金属硫化物出现，说明构造破碎带即是蚀变矿化带，是找矿有利部位。

在安山质角砾凝灰岩电性层下方存在一个低阻电性层，电阻率一般在 50~500Ω·m 之间，多个剖面图显示这个低阻电性层未见封闭。结合地质特征推测，该电性层为三叠系火山岩下伏的二叠系砂岩、板岩层。

采用水平切片方式，基于 4 条 CSAMT 剖面进行了二维反演，获得海拔 3000m 高程的水平切面电阻率等值线图（见图 10-16）。可以明显看出，沿北北西走向出现 5 个低阻条带，其中 F1 低阻带、F2 和 F3 夹持的低阻带分别与 Au-1 矿脉、Au-2 和 Au-3 矿脉相对应，F4 与 Au-5 金矿脉对应，F5 与岗岔村西侧的北西向大断裂对应。其中在 1060 号点处所有剖面均显示一条断裂破碎带，地表却没有出露，但在"金三角"区南侧岗岔河北岸可见到宽约 80m 的断层垭口，与该隐伏断裂有较好的对应关系。由此可以推测，矿区北部岗岔矿段几个主要金矿脉所在的断裂大多南延进入到"金三角"区，并在"金三角"区内表现为较宽大的隐伏断裂，暗示"金三角"区具有良好的成矿前景，特别是控制 Au-2 和 Au-3 矿脉的断裂南段或下家门沟口一带，均是值得进一步工程验证地段。

综合地球化学和地球物理勘查结果，认为岗岔-克莫金矿区具有良好的找矿前景。特别是土壤地球化学（次生晕）异常、岩石地球化学（原生晕）异常和地球物理（电阻率和极化率）异常的显著叠合区带，应该是下一步重点勘查区，需要采取必要的工程验证。比如，沿 Au-2 和 Au-3 号断裂带南段，特别是"金三角"区西南部的下家门沟口东侧 Au、Ag、As、Sb、Cu、Pb、Zn 组合异常区，应是首选找矿突破区。

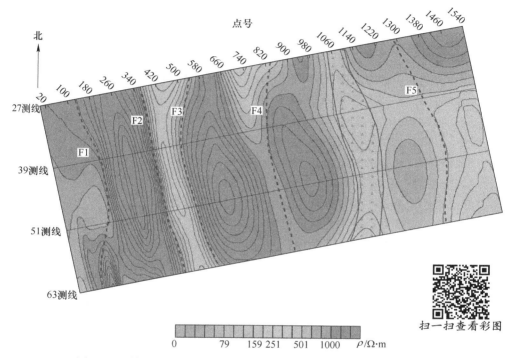

图 10-16　第 27 勘探线-第 63 勘探线海拔 3000m 处电阻率切片平面图

11 成岩成矿年代学研究

11.1 岗岔-克莫金矿区火成岩年代学研究

岗岔-克莫金矿床位于德乌鲁岩体东南边缘带，矿体受控于近南北向断裂破碎带，其地表赋矿围岩为一套中酸性火山岩-火山碎屑岩。前人（杨雨等，1997；冯益民等，1999）认为该套火山岩-火山碎屑岩形成于侏罗系。之后的综合地质资料对比认为（杨雨等，1997），该套火山岩可能不是侏罗系底层，但尚未精确成岩年龄。

本研究通过对矿区的赋矿围岩之火山岩-火山碎屑岩和中酸性侵入岩体进行锆石 U-Pb 定年，并结合矿区的地层接触关系，确定了这一套火山岩及中酸性岩体的形成时代，为进一步找矿勘查提供了新的事实依据。

定年样共计 5 件，分别为矿区广泛出露的安山质凝灰岩、岗岔矿段西部的花岗闪长岩、岗岔矿段南部的石英闪长岩、岗岔矿段东部的安山岩、岗岔矿段东南部的闪长岩。5 件测年样品野外及显微镜下特征如下：

安山质凝灰岩（样品号 PD2-1）：采自岗岔矿段 PD2-1-CD1 硐口处。岩石新鲜面呈青灰色，凝灰质结构，块状构造，光学显微镜下可见玻屑、晶屑及少量岩屑［见图 11-1（a）、（b）］，其中晶屑主要有长石、石英等，含量较高，约占 50%，多数具有棱角-次棱角状，大小为 0.05～1.5mm，其边部常常伴有碳酸盐化、绢云母化，且发育绢云母化处可见晶形较好的细粒黄铁矿。岩屑成分主要由长英质矿物组成，大小为 0.25～0.5mm，含量约占 10%。另外，安山质凝灰岩中偶见 0.1mm 的方解石-黄铁矿细脉。

花岗闪长岩（样品号 No.1）：采自岗岔矿段西部。岩石风化面呈灰白色，新鲜面呈灰绿色，半自形粒状结构、似斑状结构，块状构造，主要矿物有斜长石 50%、石英 25%、钾长石 5%，暗色矿物为角闪石 10%、黑云母 5%［见图 11-1（c）、（d）］，副矿物有磁铁矿、榍石、磷灰石，偶见黄铜矿。斜长石呈板状、长条状产出，可见聚片双晶、环带结构；钾长石黏土矿化，呈自形-半自形晶，局部可见接触双晶；角闪石呈黄绿色，若多色性，干涉色为 II 级黄蓝色，两组解理，节理夹角 56°（124°），沿解理缝隙偶见磁铁矿；黑云母呈黄褐色，平行消光，一组极完全解理，黑云母局部可见绿泥石化。

石英闪长岩（样品号 No.6）：采自岗岔矿段西南部。岩石呈灰黑色，中-细粒结构，块状构造，主要矿物有角闪石 20% 和斜长石 60%，次要矿物为石英、黑云母和钾长石。副矿物有磷灰石、榍石、金红石、锆石、钛铁矿等［见图 11-1（e）、（f）］。角闪石为黄-灰绿色，大小为 1~3.5mm，长柱状、针柱状，斜消光，干涉色较高为 Ⅱ级蓝-黄，边部可见细粒磁铁矿，横切面为假六边形，部分角闪石发生熔圆并发育有反应边结构；斜长石呈灰白色，长条状、板状，大小为 1~2mm；石英呈它形粒状分布于斜长石之间，干涉色较低，约占总矿物的 15%。

安山岩（样品号 D10-2）：采自岗岔矿段东部。岩石呈灰绿色，斑状结构，块状、气孔状、杏仁状构造。斑晶占 20%~30%，主要矿物为斜长石、角闪石、辉石和少量的黑云母，斜长石多呈自形-半自形，柱状-针柱状；基质中的暗色矿物主要是斜长石、角闪石、磁铁矿等，占 70%~80%，副矿物有磷灰石等。单偏光下斜长石呈灰白色，较为自形，呈柱状-针柱状微定向流动分布，部分斜长石表面发生蚀变，如图 11-1（g）、（h）所示。

闪长岩（样品号 D8-1）：采自岗岔矿段东南部。闪长岩呈灰绿色，粒状结构，块状构造，主要矿物为斜长石、角闪石和少量的黑云母，副矿物有磷灰石、榍石、磁铁矿、钛铁矿等。单偏光下斜长石多呈自形-半自形，具有双晶结构、环带结构，角闪石呈黄绿-红褐色，自形程度较好，横截面呈假六边形，两组解理，斜消光，多数角闪石较为新鲜，部分发生蚀变即黑云母化、绿帘石化、绿泥石化，如图 11-1（i）、（j）所示。

PD2-1：含晶屑岩屑凝灰岩   20mm

(a)

黄铁矿   岩屑

长英质基质   石英晶屑   1mm

(b)

No.1：花岗闪长岩   20mm

(c)

Hbl   Pl   Bi   200μm

(d)

图 11-1　岗岔金矿 U-Pb 测年样品岩石学特征

（a）含晶屑岩屑凝灰岩手标本照片；（b）含晶屑岩屑凝灰岩偏光显微镜照片；

（c）花岗闪长岩手标本照片；（d）花岗闪长岩偏光显微镜照片；（e）石英闪长岩手标本照片；

（f）石英闪长岩偏光显微镜照片；（g）安山岩手标本照片；（h）安山岩偏光显微镜照片；

（i）闪长岩手标本照片；（j）闪长岩偏光显微镜照片

Bi—黑云母；Hbl—角闪石；Pl—斜长石；Qz—石英

扫一扫查看彩图

测年结果显示，安山质凝灰岩样品中共挑选 320 粒锆石，对其中的 49 粒进行同位素年龄测试。CL 图像显示该样品大部分锆石晶形完整［见图 11-2（a）］，呈短柱状，长为 50~220μm，长宽比（3∶1）~（2∶1），可见较好环带，Th/U 比值为 1.0509~0.1049，具有火山岩成因锆石的特征。年龄结果为（245±2）Ma ［见图 11-2（b）］，属于早三叠世。

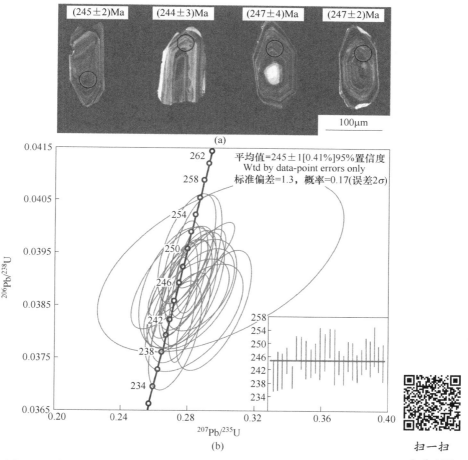

图 11-2　岗岔金矿区安山质凝灰岩样品中典型锆石 CL 图像与年龄谐和图
（a）安山质凝灰岩锆石阴极发光照片；（b）安山质凝灰岩锆石年龄谐和图

扫一扫
查看彩图

从花岗闪长岩样品中共挑选 172 粒锆石，对其中的 57 粒进行同位素年龄测试。CL 图像显示该样品大部分锆石晶形完整［见图 11-3（a）］，呈短柱状，长为 100~300μm，长宽比（3∶1）~（2.5∶1），环带较为发育，锆石颗粒明显可见核-幔-壳结构，Th/U 比值为 0.6480~0.2801，均大于 1，为典型的岩浆成因锆石。年龄结果为（246±2）Ma ［见图 11-3（b）］，属于早三叠世。

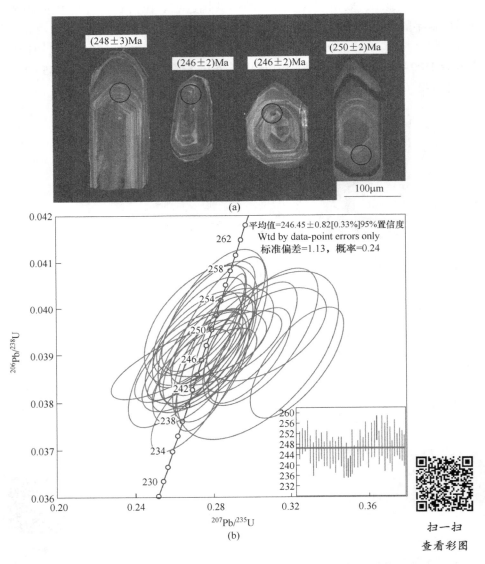

图 11-3　岗岔金矿区花岗闪长岩样品中典型锆石 CL 图像与年龄谐和图

（a）花岗闪长岩锆石阴极发光照片；（b）花岗闪长岩锆石年龄谐和图

　　从石英闪长岩样品中共挑选 163 粒锆石，对其中的 61 粒进行同位素年龄测试。由 CL 图像可知该样品大部分锆石晶形完整 ［见图 11-4（a）］，呈短柱状，长为 100~300μm，长宽比（3.5∶1）~（2.5∶1），可见清晰的环带结构，Th/U 比值为 0.5938 ~ 0.2679，均大于 0.1，为典型的岩浆成因锆石。年龄结果为（242±3）Ma ［见图 11-4（b）］，属于早三叠纪。

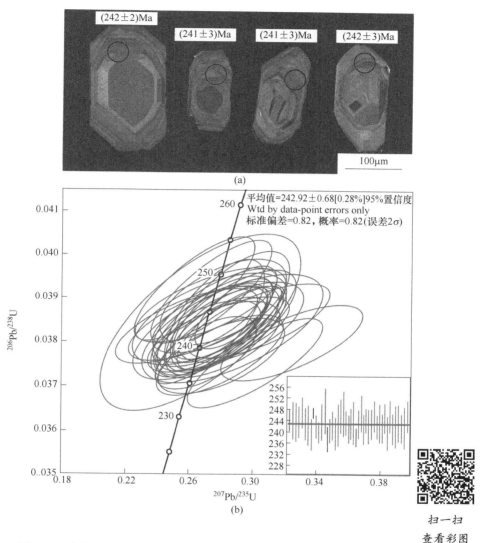

图 11-4 岗岔金矿区石英闪长岩样品中典型锆石 CL 图像与年龄谐和图

（a）石英闪长岩锆石阴极发光照片；（b）石英闪长岩锆石年龄谐和图

安山岩样品中共挑选 167 粒锆石，对其中的 22 粒进行同位素年龄测试。CL 图像可知锆石呈六方双锥［见图 11-5（a）］，长为 90~270μm，长宽比（3.5∶1）~（2.5∶1），可见清晰环带结构，Th/U 比值为 0.8772~0.2016，均大于 0.1，具典型的岩浆成因锆石特征。年龄结果为（242.6±1.8）Ma［见图 11-5（b）］，属于早三叠纪。

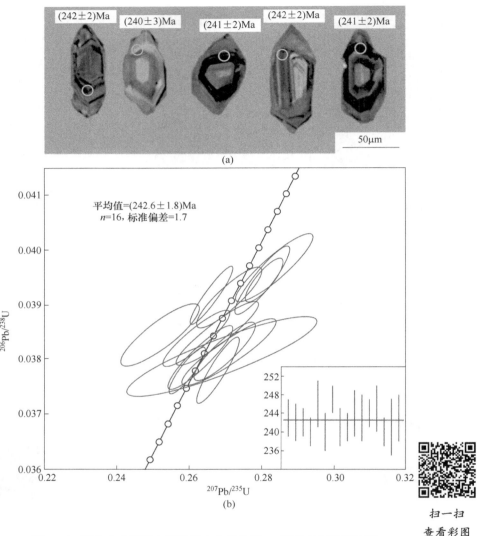

图 11-5 岗岔金矿区安山岩样品中典型锆石 CL 图像与年龄谐和图

（a）安山岩锆石阴极发光照片；（b）安山岩锆石年龄谐和图

扫一扫
查看彩图

从闪长岩样品中共挑选 174 粒锆石，对其中的 26 粒进行同位素年龄测试。CL 图像显示锆石呈六方双锥 [见图 11-6（a）]，长为 85～200μm，长宽比（3∶1）～（2∶1），可见清晰环带结构，Th/U 比值为 0.4901～0.2339，均大于0.1，具有典型的岩浆成因锆石特征。年龄结果为（243±1.6）Ma，如图 11-6（b）所示，属于早三叠纪。

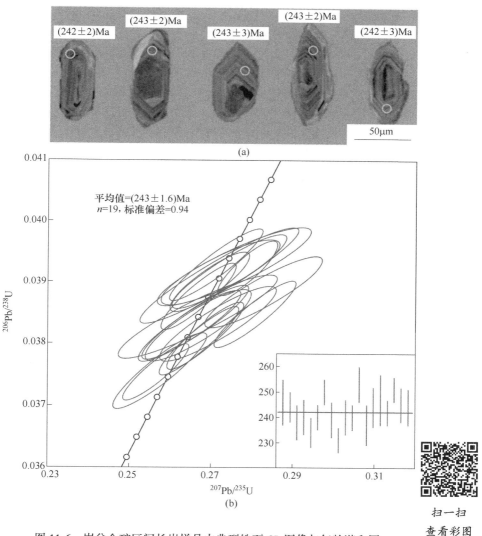

图 11-6　岗岔金矿区闪长岩样品中典型锆石 CL 图像与年龄谐和图

（a）闪长岩锆石阴极发光照片；（b）闪长岩锆石年龄谐和图

可以看出，本研究采集的主要赋矿围岩安山质凝灰岩和安山岩，其锆石 U-Pb 测年结果显示二者年龄分别为 245Ma（见图 11-2）和 242.6Ma（见图 11-5），显然均属于三叠纪的产物，应属早-中三叠纪隆务河组地层。

岗岔金矿区出露有花岗闪长岩、石英闪长岩及闪长岩，而且这三类岩石与本区的火山岩时间-空间关系非常密切。采用锆石 U-Pb 对这三类侵入岩获得的测年结果分别为 242.92Ma（见图 11-4）、246.45Ma（见图 11-3）和 243.00Ma（见

图 11-6)，显然与上述火山岩为同期产物，说明岗岔金-克莫金矿区在早—中三叠世发生了剧烈岩浆活动。

从区域地质看，本矿区研究的火山岩位于德乌鲁岩体和美武岩体之间。前人（金维俊等，2005；隋吉祥等，2012；骆必继等，2012；隋吉祥等，2013；靳晓野等，2013）的年代学研究已经确定德乌鲁岩体和美武岩体为同一时期产物，均在 238~247Ma，并推测德乌鲁岩体和美武岩体深部具有同源性，二者深部可能属于相连成一体的岩基。对照本研究测年结果认为，德乌鲁岩体和美武岩体之间缺失了岩体，但是正好在二者之间堆积了同期火山岩产物，可以理解为这三者均源自同一岩浆房，由于构造控制作用，在两个岩体之间存在的岩浆通道使得岩浆溢出地表形成火山堆积物，两侧的岩浆没能喷出地表而形成岩体，这说明两个岩体之间是构造薄弱带。岩浆由此喷出，说明构造裂隙系统发育，大量的火山岩-火山碎屑岩强烈蚀变还说明火山喷发通道也有大量流体溢出，岗岔矿段的矿体形成，暗示成矿流体可能是继承火山通道上升迁移的。显然，该区由于剧烈的火山活动而引发形成的裂隙系统很发育，成矿也可能受控于火山裂隙系统。但是，成矿过程应该发生在火山活动之后，成矿流体继承了火山裂隙系统，并依托火山裂隙作为成矿物质堆积空间。因此，该区深部找矿应该围绕火山裂隙系统（目前看主要是隐伏裂隙）展开找矿勘查。

11.2　岗岔-克莫金矿成矿年代学研究

硫化物是内生金属矿床中产出最广泛的矿物。因其往往形成于热液成矿作用过程中或直接受热液作用影响，其硫同位素和铅同位素往往能记录成矿过程和物质源区特征。黄铁矿、毒砂是岗岔金矿床中最主要的金属硫化物（见图 11-7)，并且也是最主要的载金矿物。所以，黄铁矿被认为是测定成矿年代的目标矿物。

关于硫化物定年研究，不少学者（Maxwell，1976；Nakai et al.，1990；Brannon et al.，1992；Christensen et al.，1995；杨进辉等，2000；Yang et al.，2001）基于金属硫化物进行过 Rb-Sr 同位素定年研究，该方法也先后在寿王坟铜矿、车户沟斑岩型 Mo-Cu 矿床、胶东蓬莱金矿区河西金矿、黑岚沟金矿、湘南宝山铅锌银多金属矿床、辽宁五金金矿、豫西祁雨沟金矿等得到了成功应用。本研究针对矿区主要载金矿物黄铁矿，采用 Rb-Sr 同位素进行成矿年代厘定。

测年样品主要来自岗岔金矿段的 Au-3 矿脉，共计 9 件样品进行 Rb-Sr 同位素测年研究（见表 11-1）。测年样品中金属矿物主要有黄铁矿、毒砂、黄铜矿、方铅矿、闪锌矿等，结构以半自形-它形结构、碎裂结构、交代残余结构、镶嵌结构等为主，构造以细脉状构造、斑点状构造、浸染状构造、团块状构造等为主。

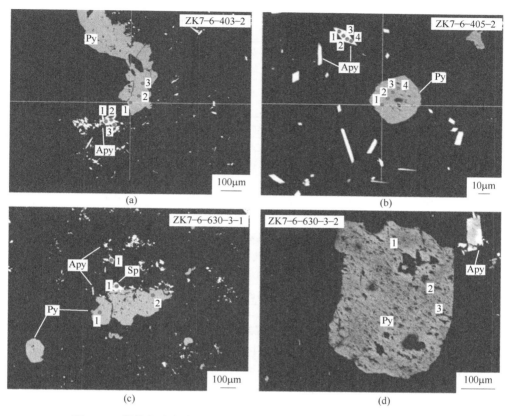

图 11-7 岗岔金矿主成矿阶段黄铁矿背散射图像及电子探针测点位置

（a）403-2 样品黄铁矿和毒砂；（b）405-2 样品黄铁矿和毒砂；

（c）630-3-1 样品黄铁矿和毒砂；（d）630-3-2 样品黄铁矿和毒砂

Py—黄铁矿；Apy—毒砂；Sp—闪锌矿

扫一扫

查看彩图

由于岗岔-克莫金矿的黄铁矿很多情况下是与毒砂形成紧密共生的（见图 11-7），因此进行黄铁矿 Rb-Sr 同位素测年样品制备时，很难完全剔除混入在黄铁矿中的毒砂矿物。所以，实际 Rb、Sr 同位素测试样品是混有一定量毒砂的黄铁矿样品。

表 11-1 测年用黄铁矿样品特征

样号	样号/取样位置	样品描述
1	ZK23-5-140	弱蚀变的凝灰岩，黄铁矿呈浅黄色，浑圆状斑点状，团块直径 2~6mm，以 6mm 左右团块较多，密集分布
2	ZK07-6-403	蚀变凝灰岩，黄铁矿产于烟灰色石英边部，呈极细粒状、斑点状，黄色。该处为 43g/t 位置

样号	样号/取样位置	样品描述
3	ZK07-6-480	破碎带炭质板岩，黄铁矿呈浸染状与大量毒砂共生，偏黄，它形到半自形
4	ZK07-6-530	蚀变凝灰岩，黏土矿化发育，可见细脉状，半自形-它形，浅黄-黄色黄铁矿
5	ZK07-6-572	蚀变凝灰岩，浸染状，它形，黄色黄铁矿
6	ZK07-6-630	砂岩中见有浑圆斑点状黄铁矿与毒砂共生，直径 3~4mm，同时可见有细脉状黄铁矿，黄铁矿均偏黄，它形-半自形，为 4g/t 样品
7	ZK07-6-636	破碎带中的炭质板岩含砂岩捕掳体，在捕掳体中见有直径 2~3mm 浑圆状黄铁矿，同时与毒砂共生，炭质板岩破碎，角砾被方解石脉充填，方解石脉边有黄铁矿发育，为 4g/t 样品
8	ZK07-7-572	蚀变凝灰质砂岩中发育斑点状、细脉状黄铁矿，斑点直径 2~3mm 不等，半自形-它形，黄铁矿偏黄，可见毒砂，同时方解石细脉切穿斑点状黄铁矿，为 1.4g/t 样品
9	ZK09-1-448	凝灰质砂岩中见有颜色偏黄的斑点状黄铁矿，它形-半自形

黄铁矿的 Rb、Sr 元素含量以及同位素比值测试结果见表 11-2。Rb-Sr 年龄计算利用国际通用的 Ludwig（1998）软件 ISOPLOT 计算程序完成，其中 λ 值为 $1.42 \times 10^{-11}/a$，$^{87}Rb/^{86}Sr$ 比值误差小于 1%，$^{87}Sr/^{86}Sr$ 比值误差小于 0.05%，置信度 95%。Rb-Sr 等时线年龄图如图 11-8 所示。

可以发现，9 件样品中，6 件样品（1、2、3、7、8、9 号）的 Rb-Sr 同位素相近，另外 3 件样品（4、5、6 号）的 Rb-Sr 同位素相近。在等时线上表现为其中 6 个 Rb-Sr 年龄点（包括 1、2、3、7、8、9 号点）较集中，其余 3 个 Rb-Sr 年龄点（包括 4、5、6 号点）相对离散。如果不去除离散点时，将多有数据点拟合，所得年龄为 222Ma，年龄差为 ±14Ma，相对误差为 5.9%，$MSWD = 18$，不符合定年的标准；当去掉 4、5 号离散点时，所得年龄为 195Ma，年龄差为 ±12Ma，相对误差为 5.7%，$MSWD = 2.4$。虽然 $MSWD$ 值在标准范围之内，但年龄误差太大，仍然不符合定年标准；当去掉 4、6 号离散点时，所得年龄为 229.9Ma，年龄差为 ±4.7Ma，相对误差为 2.0%，$MSWD = 1.14$，符合定年的标准；当去掉 5、6 号离散点时，所得年龄为 225.3Ma，年龄差为 ±3.4Ma，相对误差为 5.7%，$MSWD = 1.02$，也符合定年的标准。

这样看来，成矿年龄确定为 225.3~229.9Ma 是比较合理的。但是，相对前者来说，后者年龄差和 $MSWD$ 均较小，故最合理的年龄值应该为（225.3±3.4）Ma（见图 11-2）。

将岗岔-克莫金矿的这一成矿年龄 225.3Ma，与前述该区获得的火成岩（火山岩和侵入体）形成年龄242～246Ma对比发现，成矿时间比岩浆活动晚了约17Ma。这说明该区的岩浆活动为后期成矿作用提供良好的构造条件，即火山作用形成的构造裂隙系统是良好的成矿流体通道和赋矿空间。

表 11-2　岗岔-克莫金矿床黄铁矿 Rb-Sr 同位素测试结果

序号	样品号	名称	$Rb/\mu g \cdot g^{-1}$	$Sr/\mu g \cdot g^{-1}$	$^{87}Rb/^{86}Sr$	$^{87}Sr/^{86}Sr$	2σ
1	ZK23-5-140	黄铁矿	0.0835	2.418	0.1029	0.710789	8
2	ZK07-6-403	黄铁矿	0.1524	2.874	0.1561	0.710731	9
3	ZK07-6-480	黄铁矿	0.1937	2.439	0.2284	0.711178	6
4	ZK07-6-530	黄铁矿	0.9520	0.5646	4.963	0.726263	7
5	ZK07-6-572	黄铁矿	0.8324	0.6778	3.627	0.722208	15
6	ZK07-6-630	黄铁矿	0.7091	0.7119	2.945	0.718603	17
7	ZK07-6-636	黄铁矿	0.2984	2.925	0.3016	0.711217	9
8	ZK07-7-572	黄铁矿	0.4236	2.083	0.5982	0.712343	10
9	ZK09-1-448	黄铁矿	0.5038	1.687	0.9309	0.713261	8
美国 NBS98 锶同位素标准						0.710236±7	

注：正负 2σ 为实测误差，例如加减 8 表示正负 0.000008。

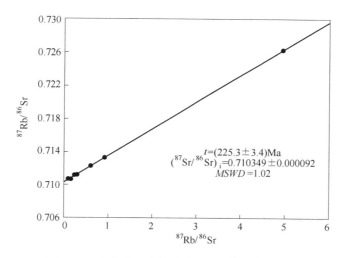

$$t=(225.3\pm3.4)Ma$$
$$(^{87}Sr/^{86}Sr)_i=0.710349\pm0.000092$$
$$MSWD=1.02$$

图 11-8　岗岔金矿床黄铁矿 Rb-Sr 等时线年龄图

12 成矿模式与找矿预测

12.1 岗岔-克莫金矿成岩成矿动力学背景

西秦岭地区的夏河、阿姨山、德乌鲁、美武等侵入岩的形成年龄在 245~230Ma（金维俊等，2005；骆必继等，2012；隋吉祥等，2013；徐学义等，2014；张德贤等，2015），被认为是俯冲碰撞环境的产物（Liu et al.，2015；Dong et al.，2015）。特别是夏河和冶力关地区 245~218Ma 的花岗岩主要是 I 型花岗岩，并具有高的 Mg# 值，可能经历了俯冲环境下镁铁质岩石部分熔融过程，也说明幔源岩浆参与了成岩过程（Liu et al.，2011a，b；Yang et al.，2012，2013），被认为属典型俯冲型花岗岩（Dong et al.，2015）。

岗岔-克莫金矿区的凝灰岩形成于 245Ma，安山岩的年龄为 243Ma，花岗闪长岩、石英闪长岩和闪长岩的年龄分别为 242Ma、246Ma 和 239Ma（李金春等，2016），与西秦岭西段的岩浆活动时间具有一致性（金维俊等，2005；隋吉祥等，2013；徐学义等，2014；张德贤等，2015），均被认为是具有典型活动大陆边缘弧环境的火成岩组合（邓晋福等，2007）。这说明岗岔-克莫金矿区发生在印支早期的岩浆活动，是洋壳俯冲消减至衰老阶段的表现（岳远刚，2014），特别是这些安山质和闪长质岩石均具有较高的 Mg# 值（多在 0.56~0.63），说明这些岩浆岩的源区深度较大。

从岗岔-克莫金矿外围的老豆金矿床（成矿时间 249Ma，靳晓野，2013）和早子沟金矿床（成矿时间 230Ma，隋吉祥等，2013）的成矿时间看，与岗岔-克莫金矿床（成矿时间 225Ma）的形成时间接近，而且与上述成岩年龄也非常接近，说明这些金成矿作用发生于西秦岭俯冲碰撞阶段的挤压环境。实际上，西秦岭地区还存在约 220~210Ma 时期的同碰撞型花岗质岩浆活动（Zhang et al.，2008；Dong et al.，2015），这些都意味着西秦岭地区在印支期存在重要的成岩成矿期事件。

12.2 岗岔-克莫金矿床成因浅探

前人研究（杨秉进等，2004；包随成，2009；周俊烈等，2010；刘升有，2015；陈明辉等，2016）显示，德乌鲁岩体的内外接触带为多金属成矿潜力区，发育有多金属矽卡岩矿床（如德乌鲁矽卡岩铜金矿和岗以矽卡岩铜金矿）和多个脉状金矿床（拉不在卡、吉利、老豆、下看木仓等）。这些金矿床呈现从西到东近似等间距分布特征，且均受近南北向分布的断裂破碎蚀变岩带控制。其中，吉利、拉不在卡、老豆等金矿位于德乌鲁岩体北部的内接触带内，下看木仓金矿位于老豆石英闪长斑岩与岗岔火山岩组合的接触带部位，岗岔-克莫金矿赋矿围岩主要是火山岩，但是空间位置也属于德乌鲁岩体的东部接触带。Sui et al.（2016）对德乌鲁矽卡岩铜金矿的成矿年龄、矽卡岩矿物成分和同位素特征进行研究后指出，该矿床成矿热液来源于德乌鲁石英闪长岩，成矿作用主要由于岩浆岩与碳酸盐地层发生接触交代作用导致。Jin et al.（2016）对老豆金矿研究后认为，老豆金矿成矿热液来源于老豆石英闪长斑岩，成矿作用与岩浆作用关系密切。此外，陈明辉等（2016）也认为，德乌鲁岩体内外带金矿床的成因类型应属于同一构造-岩浆-热液系统的中温岩浆热液矿床。

岗岔-克莫金矿黄铁矿 Rb-Sr 年龄为 225Ma（李金春等，2016；Kong et al.，2017），稍晚于赋矿围岩岗岔火山岩组合、德乌鲁杂岩体和美武岩体的岩浆活动时间 250~230Ma（金维俊等，2005；高婷，2011；徐学义等，2012；靳晓野等，2013；Luo et al.，2015；李春金等；2016），说明岗岔-克莫金矿应属于岩浆活动后期的产物。另外，流体包裹体研究结果显示（刘海明，2015），岗岔-克莫金矿成矿流体为中低温（190~250℃）、低盐度（3.17%~4.91% NaCleqv）、中等密度（0.80~0.87g/cm^3）流体。H-O-S-Pb 稳定同位素研究表明（李杰等，2016b），成矿物质主要来源于岩浆，金矿成矿流体和成矿物质与岩浆活动关系密切。黄铁矿微量元素研究结果表明（Du et al，2020），早成矿阶段的黄铁矿之 Co/Ni 值介于 1.58~10.66 之间，显示了成矿早阶段黄铁矿为岩浆热液成因，成矿晚阶段黄铁矿 Co/Ni 值有所降低，显示了大气降水的加入。

综合认为，岗岔-克莫金矿成矿作用与岩浆作用密切相关，属于岩浆热液成因类型。

12.2.1 岗岔-克莫地区存在斑岩成矿系统的可能性

虽然岗岔-克莫金矿床的成因目前尚无定论，但是从地层组合和岩相学特征、断裂构造叠加组合特点、火山机构空间结构、矿床地球化学特征、同位素年代学、地球化学勘查和地球物理勘查结果、近红外光谱勘查结果、多斑结构岩石类型、"珠滴构造"现象、隐爆角砾岩脉等多方面证据，均指证该区可能存在 Cu-Au 斑岩成矿系统，以下简述之。

12.2.1.1 赋矿地层组合及其蚀变特征是有利找矿标志

矿区地层为典型二元结构，下伏强烈变形甚至严重破碎的二叠系板岩，上覆三叠系中酸性火山岩-火山碎屑岩组合。其中火山碎屑组合在时间上能够明确划分出至少两次大的喷旋回，火山碎屑岩中夹带下伏板岩碎屑以及巨大集块岩堆积暗示其火山活动非常剧烈。火山岩-火山碎屑岩岩相（如集块岩、角砾岩、凝灰岩和熔岩）的有规律展布特点，侵出岩的发现，火山盆地相堆积，年代学研究结果，广泛的蚀变矿化等均说明该区在剧烈的火山活动之后发生强烈的含矿热液蚀变作用，极有可能早期的火山通道最后演化成了热液通道，这一地层组合是成矿赋矿的物质基础，其构造发育强烈和热液蚀变的地区是找矿有利位置。

12.2.1.2　晚期近南北向断裂系统叠加在早期火山机构之上形成复杂控矿裂隙系统

岗岔矿段的含矿断裂及其南延部分，与矿区南部的克莫矿段的裂隙具有对应性，断裂产状近乎一致（倾向 260°~270°），可以推断其为同期一致应力场形成的裂隙系统。尤其是"金三角"区的西倾断裂组合大多具有明显的破碎蚀变特征，为含矿断裂。整体看，大多数断裂破碎带和褐化蚀变带具有一致倾向西或北西的特点（倾向在 280°~330°），形成近乎以矿区北西部德乌鲁岩体为焦点的倾向规律性，而且倾角以 30°~50° 为主，少数达 70°~80°。从以上这些断裂的发育时代看，多已切割了火山岩-火山碎屑岩地层，显然是火山喷发后区域应力场作用的结果。表面上似乎这些近南北向断裂即是矿区的控矿断裂系统。然而，矿区火山碎屑岩中出现大量集块岩和角砾岩组合，特别是局部可见爆破角砾岩充填裂隙，角砾凝灰岩震碎，说明火山喷发活动是剧烈的，那么火山裂隙系统也必然是非常发育的，特别是在下家门沟口处存在破火山口裂隙系统和 Au-4 矿脉处发育的火山通道，均说明矿区存在复杂的火山机构裂隙系统，且时间要早于目前矿区出露的倾向西或北西的断裂系统。显然，矿区的控矿构造应该是早期的火山机构裂隙系统叠加了晚期的近南北向断裂系统，才是该区的真正的控矿构造系统，这个与火山机构密切相关的复杂成矿系统控制了金矿的空间分布，这一构造特点为含矿热液"定制"了有利的导矿和容矿空间。

12.2.1.3　地球化学勘查结果指示隐伏火山机构存在较大成矿潜力

土壤地球化学勘查结果显示，"金三角"区具有套合很好的 Au、Ag、As、Sb、Pb、Zn、Cu 组合异常，岩石地球化学也出现了同样的 As、Sb、Pb、Zn、Cu 组合异常。特别是出现在"金三角"区南部强烈的 As、Sb、Pb、Zn、Cu 岩石地球化学组合异常，与下家门沟口的隐伏火山机构具有一致的空间位置，而且该处火山喷发后的裂隙特别发育。显然地球化学异常与火山喷发系统存在密切关系，并且较大的异常强度以及广泛的蚀变表明，"金三角"区的南部是成矿潜力最大的地区之一。

12.2.1.4　地球物理勘查结果指示隐伏火山机构可能是良好的导矿和容矿空间

地球物理勘查结果显示，Au-2 和 Au-3 断裂带南延地段深部以及"金三角"区南段深部出现强烈的高极化低阻异常，但是这些地段浅部则属于低极化高阻异常。这些地球物理异常空间分布特征说明，控制 Au-2 和 Au-3 断裂带在岗岔矿段北段浅部出现的金矿化向南侧伏延伸到了"金三角"区南段的深部。另外，下家门沟口存在隐伏火山机构，并在其上覆盖有"岩帽"，还有火山盆地相堆积以及隐爆充填裂隙和震碎现象、成矿事件发生在火山喷发之后并相差17Ma等。所有这些说明"金三角"区南段之深部存在与火山喷发系统密切相关的复杂控矿系统，抑或是很好的流体通道，也是优越的导矿和容矿空间。而提供成矿热流体运移的热源应该是晚于239～246Ma但早于225Ma的深部隐伏侵入事件。矿区在239～225Ma存在一次岩浆侵入事件，其侵入体是岗岔-克莫金矿床的成矿地质体。

12.2.1.5 短波红外勘查结果显示斑岩型分带模型

基于钻孔岩心开展的近红外光谱勘查结果，明确指示矿区广泛存在中低温蚀变矿物组合，而且近矿存在强烈的绢英岩化蚀变。特别是"金三角"区地表也发育强烈的高岭石-伊利石-褐铁矿组合蚀变，其外围（主要是"金三角"区的西侧和南侧）出现明显大范围的绿泥石蚀变，尤其是"金三角"区西南部的下家门沟口东侧，其蚀变矿物组合和元素组合表现出"热液溢出"特征，空间上具有"以绢英岩化为中心，周边具有广泛绿泥石+绿帘石+碳酸盐蚀变"斑岩型蚀变空间分带特征，因此推测该区可能存在 Cu-Au 斑岩型热液成矿系统。

12.2.1.6 多斑结构岩石应该是覆盖流体通道的"岩帽"

一般来说，多斑结构侵入体的出现说明岩浆固结前已晶出大量固体颗粒，这些先期晶体显著增加了岩浆黏度，大大降低岩浆流动性而减弱侵位能力。岗岔-克莫金矿区出露多斑结构闪长质岩体，局部也明显可见少斑结构，而且常常可见二者呈间变过渡关系，其中还发育有大量富含气体的"珠滴"。这些特征一方面说明其侵位很浅，抑或"侵出"了地表，同时也说明该岩浆体可能有一定量流体注入而活化了黏稠的岩浆，因而固结前的岩浆仍然具有一定的侵位流动性。这些闪长质浸出岩在"金三角"区南部下家门沟口广泛发育，说明该产物与下家门沟口的"隐伏破火山口"的岩浆通道有关，也意味着岩浆通道演化成了流体通道，其上覆盖有"岩帽"，与近红外识别出的热液溢出区对应，以及发现的隐爆充填裂隙，暗示该处深部仍有尚未侵位到浅部的岩体。这一点与地球物理勘查结果非常吻合，深部可能存在斑岩体。

12.2.1.7 "珠滴构造"说明金属物质被封堵圈闭在深部

"珠滴构造"的产生，意味着其寄主岩石富含流体，对黏稠的岩浆具有一定的稀释作用，同时也增加了岩浆的浮力，但是整个岩浆体仍然处于黏稠状态而足以圈闭富气流体不至于逃逸掉，所以岩浆侵位上升速度仍然较为缓慢。一些被拉长并有呈定向排趋势的"珠滴"暗示其寄主岩石凝固前处于塑形状态。"珠滴"中含有黄铁矿、毒砂、方铅矿等多金属硫化物，暗示金属物质并未随着岩浆或流体扩散逃逸，而是可能被黏滞、封堵在深部。"珠滴"较密集地分布于"金三角"区南部的下家门沟口一带，非常容易将其与下家门沟口的隐伏火山通道关联。"珠滴"以下家门沟口一带分布密度最大，并以此为中心向北、西、南辐射形成半圆形分布区，与近红外光谱识辨出的绢英岩化与青磐岩化组合分带一致，同时与推测的热液溢出异常区也非常吻合。下家门沟口的侵出相岩石中发现了囊状碳酸盐包体，说明深部发生了激烈的矽卡岩化。该处的隐爆充填裂隙现象，也说明被封堵圈闭流体积累了足够大内压导致了隐爆发生。

综合认为，下家门沟口的隐伏火山通道也是含矿流体的溢出通道，不过由于富含早期晶出斑晶的黏稠状岩浆抑制了含矿流体的扩散逃逸，深部仍然存在富含成矿物质的地质体。下家门沟口深部极有可能存在 225～239Ma 侵位的隐伏岩体，而且是为成矿流体提供热源的岩体。

12.2.1.8 隐爆角砾岩的出现暗示深部存在金属物质剧烈卸载作用

"金三角"区的西南部下家门沟口一带发现了隐爆角砾岩脉，宽约 10cm，脉壁较为平直，内部充填角砾岩，角砾成分主要是凝灰岩、闪长岩等，胶结物为浆屑。这一现象说明下家门沟口的火山通道在喷发后被再次"凝固封堵"过，封堵后的火山通道蓄积了流体并增加了内压，随着内压不断增到极限，引发了隐蔽爆破作用。囊状碳酸盐包体的发现，正好合理地解释了深部矽卡岩化作用诱发内压剧增，同时也暗示该通道深部存在提供热源和大量气体的地质作用。这些现象综合起来是对深部存在晚期岩体侵位的最好佐证，也为"金三角"区深部 Cu-Au 斑岩系统的存在提供了有力证据。

除了上述主要证据之外，在"金三角"区的西侧约 800m 处还发现了孔雀石转石，且该区土壤化探出现弱的铜异常。

综合上述研究结果认为，岗岔-克莫金矿床目前在北部岗岔矿段的探明储量，仅为受构造控制的浅成低温热液矿床，只是该区斑岩成矿系统的浅部特征之一。"金三角"区西南部的下家门沟口一带可能存在 Cu-Au 斑岩成矿系统，该处深部具有隐爆角砾岩型、矽卡岩型和斑岩型 Cu-Au 多金属矿找矿潜力。

12.2.2 成矿时代对矿床成因的约束

硫化物是内生金属矿床中分布最广泛的矿物，因其往往形成于热液成矿作用，因此其形成年代可以代表成矿年龄。黄铁矿和毒砂是岗岔-克莫金矿床中最主要的金属硫化物，并且是最主要的载金矿物。因此，进行黄铁矿 Rb-Sr 同位素测试，可有效约束矿床形成时代。前述可知，岗岔-克莫金矿床黄铁矿 Rb-Sr 同位素年龄为 225Ma。

我们知道，西秦岭夏河-合作一带发育了大量与印支期岩浆后动相关的成矿事件，这些岩体成岩年龄在 233～245Ma（金维浚等，2005；骆必继等，2012；徐学义等，2014；张德贤等，2015），并伴随一系列岩脉产出，年龄在 233～

248Ma（李亮，2009；隋吉祥等，2013；张德贤等，2015）。岗岔-克莫金矿区测得岩浆活动年龄为 239~245Ma，与区域成岩年龄一致。

隋吉祥等（2013）采用了绢云母^{40}Ar/^{39}Ar 法限定早子沟金成矿年龄为 219~230Ma；靳晓野（2013）测得老豆金矿床成矿期绢云母^{40}Ar-^{39}Ar 年龄为 249Ma。

这样看来，夏河-合作一带 233~245Ma 有一次重要岩浆活动，紧随其后的 219~230Ma 有一次重要的成矿事件，这说明大规模岩浆活动期后的热液活动是导致本区大量金矿床形成的原因之一。

岗岔-克莫金矿的成矿时代明显晚于区域岩浆活动时代，其成矿年龄明显小于老豆金矿的成矿年龄，但早于早子沟金矿的成矿年龄，表明岗岔金矿可能是区域上岩浆活动晚期成矿事件表现之一。隋吉祥等（2013）的研究证明，该区域在 220Ma 前后还有一次岩浆侵入活动，说明夏河-合作地区的岩浆活动一直持续到 220Ma，显然岗岔-克莫金矿黄铁矿 Rb-Sr 同位素等时线年龄（225Ma）是一次有效的金成矿活动记录，也与西秦岭地区 Au-Pb-Zn 多金属矿成矿高峰期年龄 214~232Ma 基本一致（毛景文等，2012）。

12.2.3 成矿流体性质及来源

根据主成矿阶段的石英流体包裹体研究结果，岗岔-克莫金矿的成矿流体密度为 0.67~0.96g/cm^3，集中在 0.80~0.95g/cm^3，流体温度在 170~270℃，流体盐度在 1.0%~7.0%，捕获压力在 89.7~375.7bar，集中在 115~220bar，估算成矿深度为 0.90~3.76km。显微激光拉曼光谱测试结果表明成矿流体属富含 CO_2 流体，即岗岔-克莫金矿成矿流体为中低温、中等盐度、低密度、富含 CO_2 的流体。

由于流体富含 CO_2 是金矿化的主要标志（Mumm et al.，1997；Chi，2006），尽管其不能作为搬运 Au 的有效载体，但它作为缓冲剂是必不可少的。当热液体系中混有 H_2S 时，将会大大增加 Au 的溶解度，形成 Au 的络合物，抑或是直接呈气相状态作为 Au 的溶剂（Chi，2006；徐九华，2007；卢焕章，2008；秦志鹏等，2009）。成矿过程中，由于相分离作用导致 Au 在相分离过程中与 CO_2 一起在有利的物理化学条件下发生沉淀，并富集成矿（卢焕章，2008）。岗岔-克莫金矿的流体属于富含 CO_2 的流体，所以是有利金成矿的流体。该矿床 H-O 同位素位于雨水线和原生岩浆水之间区域，并在靠近岩浆水一侧，而且总体与西秦岭地区典型金矿具有一致的范围，相比典型岩浆水的 $\delta^{18}O_水$ 值稍低，说明来自天水的加入改变了成矿流体的 $\delta^{18}O_水$。显然，岗岔-克莫金矿的成矿流体主要来源于岩浆流体，并混有一定比例的大气降水。

12.2.4 成矿物质来源

12.2.4.1 硫同位素特征

西秦岭地区大多数金矿床的硫同位素变化范围主要落于花岗岩的硫同位素范围内，说明硫源与岩浆活动有关（肖力等，2009），也暗示了区域硫源的一致性。

岗岔-克莫金矿矿体中黄铁矿的 $\delta^{34}S_{CDT}$ 在 $0.6‰ \sim 1.3‰$ 之间，平均值为 $0.975‰$，与典型幔源硫的比值范围（$-3‰ \sim 3‰$，Ohmoto，1972；Chaussidon et al.，1990；Rollison，1993）接近，表明黄铁矿的硫同位素具有地幔硫特征，暗示成矿物质的来源较深。因此，认为该矿床硫源应该以深源岩浆硫为主。

12.2.4.2 铅同位素特征

岗岔-克莫金矿矿体中黄铁矿、含矿围岩和侵入体的铅同位素组成特征值 μ（$^{238}U/^{204}Pb$）值变化范围 $9.42 \sim 9.47$，高于正常铅 μ 值范围（$8.686 \sim 9.238$），属于地幔铅（$9.107 \sim 9.378$）范畴，w（$^{238}U/^{204}Pb$）值变化范围为 $36.81 \sim 38.14$，介于上地壳值（41.860）与地幔值（31.844）之间（Doe，1979）。在 Pb 同位素构造环境判别图解上，铅同位素组成比较集中，除个别样品外大多落于地幔演化线与造山带演化线之间，且靠近造山带演化线一侧。另外，矿石铅、赋矿地层及岩体铅也主要落于下地壳与造山带之间，并靠近下地壳一侧。矿石铅与赋矿地层和岩体铅组成具有相似性，尤其与岩体铅较为一致。另外，从 $\Delta\beta$-$\Delta\gamma$ 图解也可知，矿石铅主要落于上地壳与地幔混合的俯冲带之岩浆作用区，且靠近造山带一侧，岩体铅和赋矿地层铅则更为趋向于造山带铅区域，且部分落在上地壳与地幔混合的俯冲带和造山带的分界线上。因此，岗岔-克莫金矿的成矿物质可能来源于壳幔混源，与造山作用有关。

12.2.4.3 $^{87}Sr/^{86}Sr$ 同位素特征

靳晓野（2013）测得德乌鲁岩体的 $^{87}Sr/^{86}Sr$ 初始值为 $0.7073 \sim 0.7074$，其中的暗色包体 $^{87}Sr/^{86}Sr$ 初始值为 0.7074，老豆石英闪长斑岩的 $^{87}Sr/^{86}Sr$ 初始值为 $0.7076 \sim 0.7078$。

岗岔-克莫金矿黄铁矿的 $^{87}Sr/^{86}Sr$ 初始值为 $0.71026 \sim 0.71035$，明显大于德乌鲁岩体和老豆金矿床，但均在大陆地壳 $^{87}Sr/^{86}Sr$ 初始值（0.7190，Sun，2002）和地幔 $^{87}Sr/^{86}Sr$ 初始值（0.707，Faure，1986）之间，显示出成矿物质来源的壳幔混源特征。

综合岗岔-克莫金矿矿体、围岩地层和侵入体的 S、Pb 同位素及 $^{87}Sr/^{86}Sr$ 同位素初始值测试结果，认为其成矿物质具有多来源复杂性，既有地壳物质的贡献，也有地幔物质的加入，应该是地壳和地幔混合来源，也说明来自深部的流体对成矿起了重要作用。这一点与西秦岭地区金矿的物质来源具有一致性。

12.3 成矿模式

前述可知，岗岔-克莫金矿是主要赋存于三叠系地层中，受断裂构造控制明显，成矿热液具有低盐、低密度流体特征，属于低硫型浅成低温热液矿床。

受区域性多期岩浆活动的影响，以岩浆热液为主的热流体活动也具有多期次活动特点，显然这一地质背景下的岗岔-克莫金成矿作用也必然具有多期次叠加成矿特点。S、Pb、H-O、Sr 同位素组成表明，岗岔金矿的成矿流体来自深部，并受大气降水的影响，成矿物质既有地壳的贡献，也有地幔源的贡献，总体显示成矿物质来源较深。矿区火山机构裂隙系统叠加后期近南北向西倾断裂系统，形成复合的导矿和容矿构造体系，深部可能存在的晚于 233Ma 的隐伏岩体提供热源，驱动成矿流体和成矿物质沿着复合导容矿构造系统向上迁移，由于具有多斑结构特点和发育"珠滴构造"的侵出相岩石封堵了矿物质免于逃逸，深部仍有大量成矿物质被圈闭囤积，所以深部具有较大成矿潜力。

基于如上的推测，提出岗岔-克莫金矿的成矿模式如下：

晚二叠-早三叠世，阿尼玛卿洋洋壳在本区表现为北向消减俯冲，俯冲的洋壳脱水加之软流圈上涌导致岩石圈地幔发生部分熔融并产生富水的基性岩浆，这些岩浆底侵到上覆岩石并由于密度障和浮力的双重作用，不断上侵并与地壳物质相互作用（即壳幔交互作用），同时由于来自深部的基性岩浆不断注入和提供热源与流体，演化产生更富流体的安山质-英安质岩浆，使得岩浆整体密度不断降低，具备足够的浮力时便沿着深大断裂向上运移，在浅部地壳形成岩浆房。

在 250~240Ma 期间，不断受到来自深部补给的岩浆房进一步分异和演化，并逐渐形成富挥发分的岩浆且继续上移侵位，直至到达更浅部或喷发出地表形成火山机构。这些岩浆迁移侵位过程中，由于有利的物理化学条件导致大量长石斑晶析出，岩浆变得黏稠，限制了含有金属硫化物的熔流体分异，并被圈闭形成"珠滴构造"，这一富含长石晶体的"晶粥"缓慢上侵，即使继续有流体注入并进一步活化晶粥，仍然不能彻底稀释而改变"岩浆粥"的黏稠特性，最多是不均匀的部分活化（比如局部弥散形成"珠滴构造"），使得一些"岩浆粥"像"挤牙膏"一样顺着构造薄弱处被挤出地表，形成侵出岩。由于冷却作用，浸出地表的岩石或者尚未浸出的次火山岩快速固结，再次发挥了封堵作用，使得大量挥发分和金属物质没有扩散逃逸，而是被封堵在下面。

233~225Ma 期间，本区又有一次岩浆活动，深部再次孕育形成新的岩浆以及分异的流体继续上侵运移。由于早期固结在上部的火成岩形成"岩帽"，阻止了岩浆及其含矿流体上移，因此会在岩浆顶部发生自交代作用，便可能有斑岩型矿化产生。当然这些岩浆和流体如果遇到石炭系碳酸岩层，则发生激烈的矽卡岩化作用，抑或形成矽卡岩化矿床。显然矽卡岩化产生的富含二氧化碳的流体继续活化萃取了被封堵的成矿物质，形成富含挥发分的含矿流体，并继续涌向浅部。当遇有"岩帽"的封堵作用时，不断蓄积内压达到一定程度时便发生隐蔽爆破，爆破释压的同时将会卸载成矿物质，形成隐爆角砾型矿床。所以，233~225Ma期间可能是岗岔-克莫地区的重要成矿期，特别是"金三角"区西南部的下家门沟口一带，深部形成斑岩型矿化、矽卡岩型矿化和隐爆角砾岩化矿床的成矿潜力是存在的。

由于火山机构形成裂隙系统的复杂性，一些未能被封堵的含矿流体会沿裂隙向上运移，顺着火山机构裂隙系统或者叠加其上的断裂卸载充填，则形成了浅成低温热液矿床。目前在岗岔矿段北部的探明储量就是这种类型的矿床。

此外，岗岔-克莫金矿区出露的侵入体年龄与成矿年龄存在约17Ma的时间差，意味着深部存在为岗岔金成矿作用提供热源的与成矿关系密切的岩珠或岩基。如果这种推测属实，岗岔-克莫金矿区深部存在斑岩型成矿的可能是非常大的。

12.4　找矿预测

12.4.1　区域成矿地质条件

12.4.1.1　区域构造演化与成矿作用

西秦岭自太古宙以来经历了多种构造体制的转化及多阶段演化的历史，造就了多期构造热事件和大规模成矿作用的发生。三叠纪的印支运动，西秦岭地区发生了典型俯冲碰撞和造山隆起事件。217~210Ma进入碰撞造山作用尾声，开始进入陆内构造演化（卢欣祥等，1996）。值得注意的是三叠纪开始的陆内造山活动非常活跃，一些地方发育了强烈的陆相火山活动以及中酸性岩浆侵入活动（张国伟等，2001；卢欣祥等，2008）。

矿区处于西秦岭印支断褶带，属西秦岭褶皱系的新堡—力士山复背斜南翼。矿区的地层强烈变形，次级尖棱褶皱、倒转褶皱十分发育，层间劈理非常发育。背斜的核部和向斜的两翼有较多的石英脉、方解石脉及花岗闪长岩脉侵入。区域成矿构造多为北西-北西西向区域性断裂，岗岔-克莫一带的力士山—围当山断裂带和中南部的夏河—合作断裂带同属于这一方向。这些区域性断裂带及其旁侧的次级断层构成本区的断裂构造系统，为后期的岩浆-热液活动提供了上升通道和有利的成矿空间。力士山—围当山断裂带和夏河—合作断裂带之间的二叠系、三叠系地层中出现大量金矿（点），且分布严格受北西西向断裂带及其次级断裂控制（刘晓林等，2011）。因此，该区域两组（或多组）断裂相交部位应是有利的找矿地段。

12.4.1.2　岩浆活动与成矿

矿区及外围广泛分布三叠纪的火山岩和侵入岩，说明三叠纪该区岩浆活动异常强烈。该区的主要侵入体呈北西-南东带状分布，地表多显示侵位于二叠系—三叠系地层中，岩性为花岗斑岩、花岗闪长岩、斑状黑云母二长花岗岩、花岗岩、石英闪长岩等，侵位时间一般在早-中三叠世，显然这些岩体的侵入活动与成矿关系密切。一般看来，岩浆活动是可以为成矿提供热源和成矿物质，也常常提供运移成矿物质的流体，特别是由岩浆侵位作用形成的同岩浆构造还会成为矿质的运移通道和容矿空间。该区域岩体与已发现的金矿化空间关系密切，说明岩浆作用为金成矿提供了充足的热源、流体和成矿物质等。

非常值得一提的是，西秦岭地区金矿化与各类脉岩在时空上密切伴生是一个非常普遍的现象（陈源，1993；殷勇，2011），认为脉岩与金矿化是同一构造-岩浆活动的系列产物。因此二者不仅在时空上密切伴生，而且物质成分也具有同源和继承演化的成因联系（殷勇，2011）。按照已有的研究结果，脉岩常常是原生或近原生岩浆快速上升侵位固结的产物，因此脉岩可看作连通深部的通道（罗照华等，2008）。殷勇（2011）统计了脉岩的金含量，认为金矿密集区各类脉岩中金的含量一般明显高于地层中金的含量，说明脉岩源区富金，所以金矿密集区脉岩的发育对金成矿具有重要指示意义。

岗岔-克莫一带火山岩-火山碎屑岩是重要赋矿围岩。矿区的安山质角砾凝灰岩、凝灰岩、安山岩，以及局部堆积的集块岩和角砾岩等显示多个喷发旋回，而且这些岩石的金丰度明显较高。在矿区平硐岩壁可以清楚地看到，岗岔-克莫金矿赋矿地层出现角砾岩→凝灰岩→安山岩构成的喷发序列，并广泛发育蚀变特征，暗示火山机构具有控矿作用。

由于金矿体主要赋存于火山地层的破碎/裂隙带内，说明火山岩的形成时间较早，显然含矿流体会继承火山构造裂隙运移或堆积成矿物质，因此赋金裂隙与火山机构存在密切关系。目前在矿区及外围发现三处火山口，因此火山岩相展布特征以及火山裂隙系统是找矿的重要线索。

12.4.2 主要找矿标志

从区域上已有的金矿床/点的产出特征看，下列地质特征被认为是主要找矿标志：

（1）石炭系下统巴都组、上统下加岭组与东扎口组、二叠系大观山组、三叠系下统隆务河组薄层碳-泥-硅板岩、泥质岩、硅质岩等属于本区含金地层。

（2）受区域性北西向断裂破碎带控制的更次一级断裂破碎带以及不同方向的断裂交汇部位，尤其在地表氧化呈褐色铁染的断裂破碎蚀变带更是明显的找矿标志。

（3）黄铁矿化及硅化，特别是石英细脉是金矿化的有效标志。

（4）中基性侵入岩及岩脉是寻找金矿的重要标志。

（5）金矿化与金属硫化物关系最为密切，特别是黄铁矿、毒砂、辉锑矿等硫化物广泛出现时，是非常重要的找矿标志。

对照区域找矿标志，总结岗岔-克莫金矿区的主要找矿标志如下：

（1）中酸性侵入岩体（脉）及其内外接触带是重要的找矿地段，特别是出现多斑结构岩石的地段，深部具有找矿潜力。

（2）褐铁矿化、赤铁矿化、黄铁绢云岩化、硅化、毒砂化等蚀变矿物是主要的找矿标志，特别是伴随这些蚀变出现的石英细脉也是重要找矿标志。

（3）破碎带是找矿的构造标志，特别是破碎带发育严重褐化是找矿的直接标志。

（4）火山机构裂隙系统以及隐爆充填裂隙或震碎特征是深部找矿的重要标志。

（5）富含金属硫化物或富气的"珠滴构造"是本区的重要找矿标志。

12.4.3　矿区深部预测

肖力等（2009）估算西秦岭地区金资源总量约7000t。目前该地区金矿床的勘查开采深度一般在深度300m范围之内，有些矿床达到了500m深度，个别矿区勘探深度超过了800m。这说明西秦岭深部存在"第二找矿空间"甚至"第三找矿空间"，暗示深部找矿潜力巨大。岗岔-克莫金矿床的勘查深度多在500m之内，已有的矿化线索显示，其深部存在较大的找矿潜力。

12.4.3.1　蚀变矿物近红外光谱特征与找矿预测

彭自栋（2015）根据蚀变矿物的近红外光谱特征，确定了岗岔-克莫矿区的主要蚀变矿物组合为伊利石、白云母、高岭石、地开石、蒙脱石等，次要蚀变矿物组合为绿泥石、绿帘石、白云石、方解石等。其中近矿蚀变矿物组合为伊利石+白云母+次生石英，即绢英岩化；远矿蚀变矿物组合为高岭石+地开石+蒙脱石±其他矿物（白云石、方解石、绿泥石、绿帘石）。显然，绢英岩化是岗岔-克莫金矿区的有效找矿标志。特别是根据钻孔岩心发现绢英岩化蚀变呈反复出现特征，推测矿区深部存在多次成矿流体叠加蚀变作用，暗示矿区深部依然存在金矿化体。

王书豪（2020）在彭自栋（2015）研究的基础上，采集研究区部分钻孔岩心样品和地表岩石样品进行了近红外光谱填图，并采用多元综合定位预测方法进行了找矿靶区预测。

钻孔岩心样品采自 ZK07-4、ZK07-6 和 ZK07-7 三个钻孔，共采集样品 317件。其中，矿体附近采样间距为 1～2m，非矿体岩段采样间距为 5～8m。另外，以岗岔-克莫矿区的下家门沟口区域作为重点区域，也进行了地表近红外光谱填图，共布设 17 条剖面，采集样品 346 件。取样位置见图 12-1 中标为重点研究区域的长方框内。

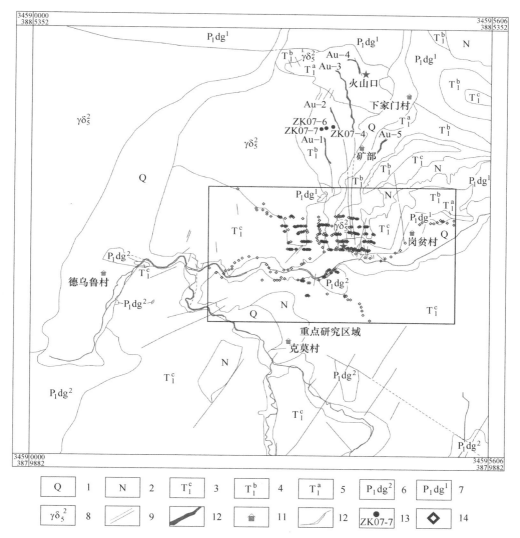

图 12-1　岗岔-克莫矿区近红外分析取样钻孔位置及地表样品位置分布图

1—第四系；2—第三系；3—三叠系（火山岩）；4—三叠系（火山碎屑岩）；

5—三叠系（集块岩）；6—二叠系大观山组（粉砂岩）；7—二叠系大观山组（凝灰质板岩、碳质板岩）；

8—花岗闪长岩；9—断层；10—矿体；11—村庄、驻地；12—河流；

13—取样钻孔位置及编号；14—地表取样位置

扫一扫查看彩图

根据近红外光谱测量结果，钻孔岩心样品共识别出 14 种蚀变矿物，根据出现频数由高到低依次是白云母、伊利石、地开石、高岭石、蒙脱石、石英、锂云母、方解石、金云母、透绿泥石、绿帘石、滑石、坡缕石、石膏等。其中，白云母、伊利石、地开石、高岭石、蒙脱石、石英为主要蚀变矿物。地表样品共识别出 17 种蚀变矿物，其中，白云母、伊利石、绿泥石、蒙脱石、绿帘石、高岭石出现频数较大（大于 60%），且在研究区内分布比较广泛。而地开石、阳起石、滑石、白云石、方解石、石膏、蛋白石、叶蜡石、蛇纹石、明矾石和坡缕石则只在局部零星出现。显然，广泛分布的白云母、伊利石、绿泥石、蒙脱石、绿帘石、高岭石等六种蚀变矿物的空间分布规律对深部矿化具有指示意义。

A　钻孔岩心主要蚀变矿物空间分布

三个代表性钻孔岩心样品的近红外光谱测试数据（见图 12-2）显示，白云母的相对含量较高，且发育范围较宽，几乎遍布整个钻孔，这说明该钻孔岩石广泛发育了绢英岩化，是最主要的蚀变类型。同时，对比白云母相对含量与金品位后发现，白云母的相对高值区多与金品位的高值区重合。伊利石的分布范围也比较广泛，其相对含量高值区与金品位高值区有很好的对应关系。显然，白云母和伊利石与金矿化成因联系密切。

地开石在钻孔中断续分布，多分布在钻孔浅部，在深部地开石的分布并不集中，而且地开石的分布与金品位并没有明显的联系。高岭石集中分布在近地表的区域，在钻孔深部分布稀疏且相对含量较低，而且高岭石相对含量高值区与金品位低值区相对应，金品位的高值区几乎没有高岭石分布。次生石英出现频率较少，但是集中分布在金品位的高值区，其他部位几乎没有分布，所以硅化也与金矿化关系密切。蒙脱石分布比较稀疏，其相对含量与金品位没有明显的对应关系。

为更直观表达蚀变矿物与金矿化的关系，将 ZK07-4、ZK07-6、ZK07-7 钻孔主要蚀变矿物相对含量采用 surfer 软件形成相对含量等值线图，并投影到由三个钻孔形成的第 07 勘探线剖面图上（见图 12-3）。可以看出，白云母分布广泛，其相对含量高值区主要在 Au3-9 矿体附近和高程 2700m 以下的矿体附近，白云母的分布在空间上与矿体的距离较近，其成因也与金矿化密切相关。伊利石相对含量高值区主要集中分布在 Au-3 矿体的上、下盘，其高值区与金矿体的位置对应较好。地开石主要分布于 Au-3 矿体的上盘，且与矿体的距离较远。高岭石主要分布在近地表区域，与矿体空间距离较远，深部也有少量高岭石分布，但相对含量小且分布比较分散。次生石英分布区域比较小，围绕 Au-3 矿体集中分布，这也进一步说明了硅化与金矿化成因联系密切。本区蒙脱石相对含量较低，零星出现在少量样品中，主要分布在浅部，相对高值区空间上与矿体距离也比较远。

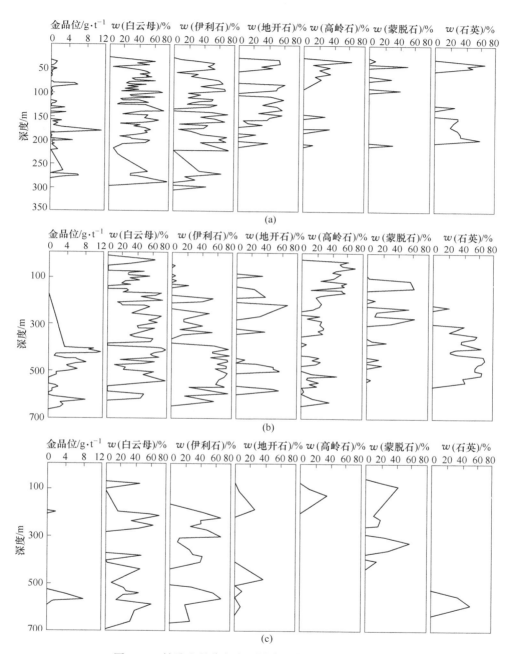

图 12-2　钻孔金品位与主要蚀变矿物相对含量折线图

（a）ZK07-4 钻孔；（b）ZK07-6 钻孔；（c）ZK07-7 钻孔

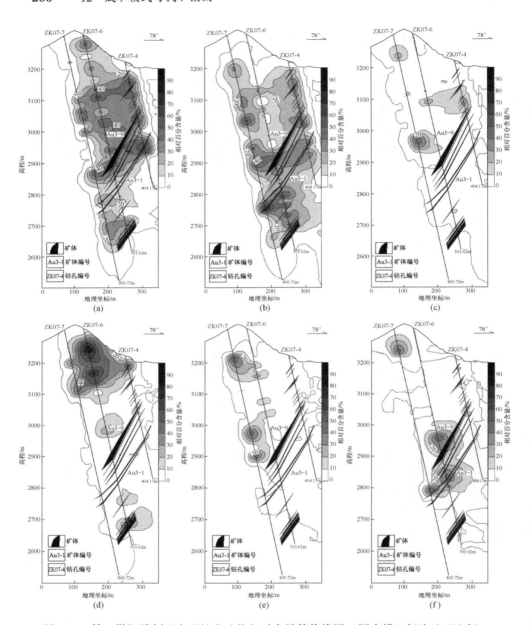

图 12-3 第 7 勘探线剖面主要蚀变矿物相对含量等值线图（图中横坐标为地理坐标）

（a）白云母相对含量；（b）伊利石相对含量；（c）地开石相对含量；

（d）高岭石相对含量；（e）蒙脱石相对含量；（f）石英相对含量

扫一扫查看彩图

B 地表蚀变矿物分布

地表样品近红外光谱测试数据显示，重点研究区内白云母十分发育，分布范围较广，相对丰度较高的地段主要位于下家门沟口两侧，尤其是沟口东侧区域。同样地，伊利石的空间分布也非常广泛，丰度较高的地段基本与白云母重叠，也位于下家门沟口两侧。但是，伊利石高值区较白云母具有更大的分布范围。

蒙脱石在下家门沟口一带也有广泛分布，但是相对含量普遍不高，一般为20%~30%，只有靠近沟口的区域相对含量较高，达到40%~50%。

高岭石仅在部分样品中零星出现，且空间分布较为狭窄，其相对丰度高值区位于靠近沟口位置的一个东西向条带内。

绿泥石的空间分布面积较广，但仅占据了重点研究区的西南部外围区域。在白云母和伊利石相对丰度较高的下家门沟口附近，则未识别出绿泥石。绿帘石在空间上同样分布于重点研究区的西南部，但是与绿泥石相比，其分布范围则更为集中，即主要分布在更靠近沟口区域。

C 地表蚀变带划分与金矿化

光学显微镜下观察结果表明，由近红外光谱识别出的蚀变矿物如次生石英、绢云母等，常常与黄铁矿、毒砂等紧密共生，这说明绢英岩化是本区主要的近矿蚀变类型。

根据上述蚀变矿物的分布规律和相对含量变化特点，将短波红外光谱识别出的白云母与伊利石相对含量相加、蒙脱石与高岭石相对含量相加、绿泥石与绿帘石相对含量相加，分别作为蚀变带划分单元，并将其中矿物组合含量大于50%的区域标注于地质图（见图12-4）。可以清楚地看出，研究区内存在三个典型的蚀变分带。即以下家门沟口东侧为核心区，依次划分为绢云岩化带、过渡带和青磐岩化带。核心区绢云岩化带的蚀变矿物组合几乎全部由白云母和伊利石组成；最外围青磐岩化带的蚀变矿物组合以绿泥石和绿帘石为主；二者之间的过渡带中，除具有绢云岩化带和青磐岩化带的矿物组合之外，还出现了蒙脱石+高岭石的典型泥化蚀变的矿物组合。

我们知道，典型的斑岩矿床蚀变分带模型，就是以含矿斑岩为中心，蚀变带呈环状分布，由内到外依次为钾硅酸盐化带、绢英岩化带、泥化带、青磐岩化带（Lowell et al.，1970）。这样看来，岗岔-克莫金矿区可能存在以下家门沟口为中心的斑岩成矿系统。

D 伊利石近红外光谱特征及其对金矿化的指示

前人研究认为（Frey，1987；王河锦等，2007），热液蚀变条件下伊利石的结晶度对其形成温度有较好的指示性。伊利石结晶度通常依据X射线粉晶衍射结果计算，以10Å衍射峰的半高宽来表示，简称XRD-IC。相对高温条件下形成的伊利石结晶度较高，表现为XRD-IC值较小；而相对低温条件下形成的伊利石结晶度则较低，表现为 XRD-*IC* 值较大。

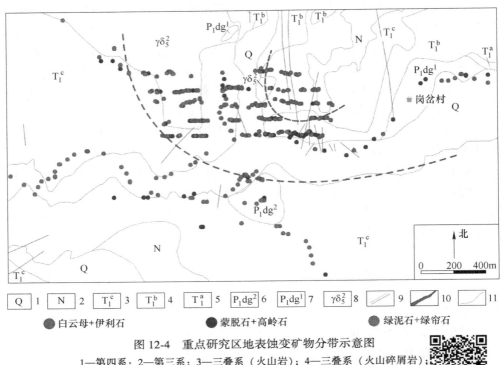

图 12-4　重点研究区地表蚀变矿物分带示意图

1—第四系；2—第三系；3—三叠系（火山岩）；4—三叠系（火山碎屑岩）；
5—三叠系（集块岩）；6—二叠系大观山组（粉砂岩）；7—二叠系大观山组
（凝灰质板岩、炭质板岩）；8—花岗闪长岩；9—断层；10—矿体；11—河流　扫一扫查看彩图

　　Pontual 等（1997）认为，利用近红外光谱特征也可计算伊利石结晶度：用近红外光谱 2200nm 处的吸收峰深度与其 1900nm 处的吸收峰深度的比值表示伊利石的结晶度，以 SWIR-*IC* 值表示。而且有研究者发现（Chang et al.，2011；徐庆生等，2011），SWIR-*IC* 与 XRD-*IC* 之间存在很好的负相关关系。

　　从第 7 勘探线剖面可以看出，伊利石 SWIR-*IC* 值高值区与矿体具有很好的叠合关系（见图 12-5）。伊利石 SWIR-*IC* 值一般在矿体的附近达到最高，远离矿体则相对减小。同时，无矿段的伊利石 SWIR-*IC* 值明显较小。显然，岗岔-克莫矿区伊利石 SWIR-*IC* 值的大小可以很好地反映伊利石结晶度的变化趋势，进而指示伊利石的结晶温度的空间变化情况，从而反映矿区内热液活动轨迹。

　　地表伊利石 SWIR-*IC* 值为特征参数的填图结果（见图 12-6）显示，研究区的 SWIR-*IC* 值在 0.12~2.93 之间变化，主要集中在 0.59~1.47 之间。可以看出，在下家门沟口附近的区域内 SWIR-*IC* 值存在明显的高值区，一般大于 1.17。而研究区外围伊利石 SWIR-*IC* 值则较小，一般小于 0.88。这表明，在下家门沟口

区域的伊利石结晶度较高，逐渐向外延伸则伊利石结晶度随之降低。下家门沟口区域的伊利石具有较高的结晶温度。因此可以判断，下家门沟口区域可能是岗岔-克莫金矿的热液中心。

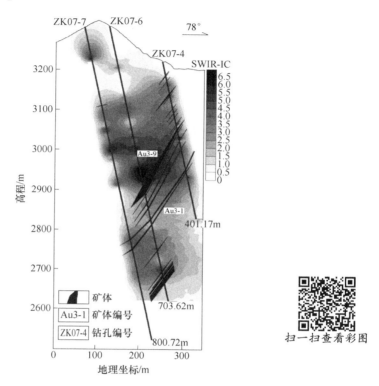

图 12-5 第 7 勘探线剖面伊利石 SWIR-IC 值等值线图

12.4.3.2 多元综合定位预测

随着地理信息技术（GIS）的广泛应用，找矿勘查工作不断走向数字化，GIS 技术为多元地学信息的综合利用提供了平台。岗岔-克莫金矿大量细致的研究工作，积累了丰富的地质、地球物理、地球化学以及蚀变特征等方面的找矿信息。因此，利用 GIS 平台提取多元找矿信息，可以实现岗岔-克莫矿区多元地学信息集成和定位预测。

A 统计单元划分与赋值

由于地质、地球物理、地球化学以及蚀变特征等地学信息一般为线状信息或面状信息，较难实现数据的统计过程，因此需要首先对研究区域进行统计单元划分。目前常用的统计单元划分方法有网格法和地质单元法两种。本研究采用网格法进行统计单元划分，即按照一定的间距把研究区划分成形状相同、面积相等的若干统计单元，各单元网格相互连接，可以覆盖整个研究区域。

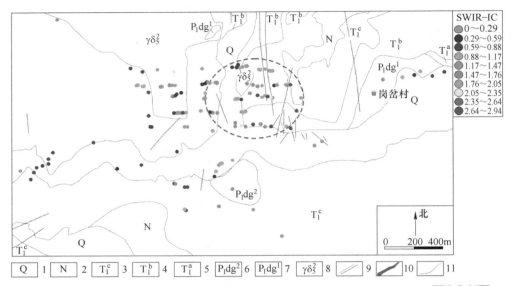

图 12-6   岗岔-克莫金矿区伊利石 *SWIR-IC* 值分布趋势

1—第四系；2—第三系；3—三叠系（火山岩）；4—三叠系（火山碎屑岩）；
5—三叠系（集块岩）；6—二叠系大观山组（粉砂岩）；7—二叠系大观山组
（凝灰质板岩、炭质板岩）；8—花岗闪长岩；9—断层；10—矿体；11—河流   扫一扫查看彩图

统计单元大小的确定取决于数据资料的精度，同时会影响到找矿预测的定位估计精度。统计单元越小，估算精度越高，同时工作量也相应越大。因此，根据矿区研究精度实际情况，采用 55m×55m 的划分间距，将数据资料较为丰富的主要工作区划分为 3600 个统计单元，如图 12-7 所示。

岗岔-克莫矿区已有的各类地质信息包括两类，其一是定性数据，如断裂构造和岩体接触带等；其二是定量数据，如元素含量、电阻率和极化率数值等。为了研究方便，对上述地质信息进行预处理，确定异常下限，并圈定单个信息图层中的异常区域。具体做法是，将所有定量数据转化为定性数据，也就是将统计单元内的某种地质信息只划分为"有"和"无"两种属性，或者划分为"有异常"或"无异常"两种属性。这样的定性数据实际只有符号意义。相应地，对单个统计单元赋值时，取值为"1"代表该统计单元内"有"某种地质信息或某种地质信息"有异常"；取值为"0"则代表该统计单元内"无"某种地质信息或某种地质信息"无异常"。

B   多元地学信息提取及信息体系构建

a   地质信息

岗岔-克莫矿区主要的赋矿层位为三叠系隆务河组的火山岩-火山碎屑岩组合，目前已知矿体均赋存于这一层位中。同时，矿区内断裂控矿作用显著，由于

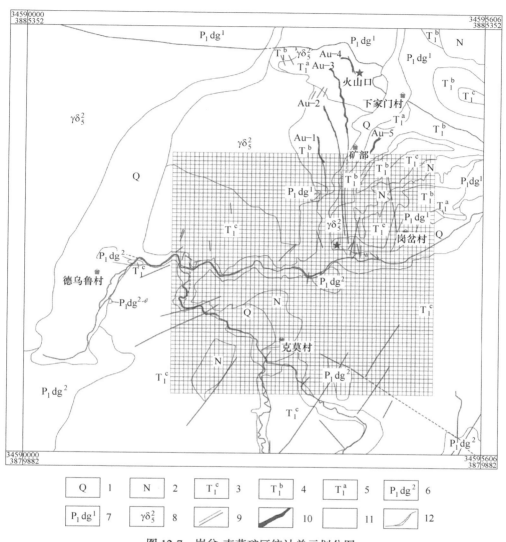

图 12-7 岗岔-克莫矿区统计单元划分图

1—第四系；2—第三系；3—三叠系（火山岩）；4—三叠系（火山碎屑岩）；
5—三叠系（集块岩）；6—二叠系大观山组（粉砂岩）；
7—二叠系大观山组（凝灰质板岩、碳质板岩）；8—花岗闪长岩；9—断层；
10—矿体；11—村庄、驻地；12—河流

扫一扫查看彩图

存在多处火山活动，断裂构造十分发育且产状比较复杂。同时，岗岔-克莫金矿的形成与岩浆活动时空关系密切，本矿区内已知矿体多产自于岩体的外接触带上。因此，提取地层信息、断裂构造信息和岩浆岩信息作为成矿有利信息层，将三叠系隆务河组地层区域内的统计单元、矿区内断裂构造经过的统计单元以及据

岩体接触带以外 200m 区域内的统计单元在相应的信息层中赋值为"1"，其他不具有此种成矿有利信息的统计单元则赋值为"0"。提取到的成矿有利地质信息层如图 12-8 所示。

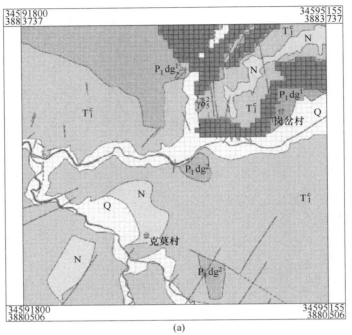

(a)

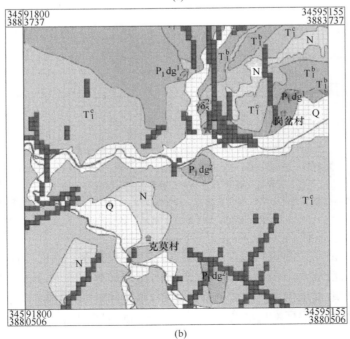

(b)

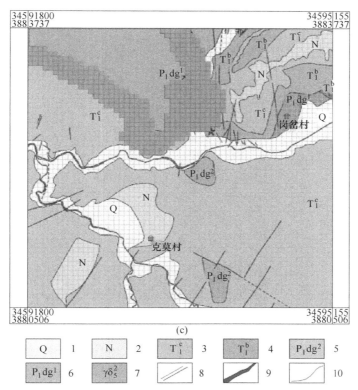

图 12-8 成矿有利地质信息层（地层，断裂构造和接触带）提取图

（a）成矿有利地层信息层；（b）断裂构造信息层；（c）岩体外接触带信息层
1—第四系；2—第三系；3—三叠系（火山岩）；4—三叠系（火山碎屑岩）；
5—二叠系大观山组（粉砂岩）；6—二叠系大观山组（凝灰质板岩、炭质板岩）；
7—花岗闪长岩；8—断层；9—矿体；10—河流

扫一扫查看彩图

b 地球化学信息

基于岗岔-克莫矿区已经完成的 1：10000 土壤地球化学勘查成果（徐立为，2016；聂潇，2017），结合前人的研究成果（刘春先等，2011；肖力，2014；鲍霖，2014），选择确定 Au、Ag、As、Sb、Pb、Zn 六种元素为成矿指示元素。按照数理统计方法确定这六种元素的异常下限值分别为 Au13.79×10^{-9}、Ag387.50×10^{-9}、As73.46×10^{-6}、Sb35.07×10^{-6}、Pb207.03×10^{-6}、Zn167.83×10^{-6}（徐立为，2016）。那么各统计单元赋值原则为高于异常下限的单元格赋值为"异常"，低于异常下限值的单元格赋值为"无异常"，据此生成 Au、Ag、As、Sb、Pb、Zn 六种元素的地球化学信息提取图，如图 12-9 所示。

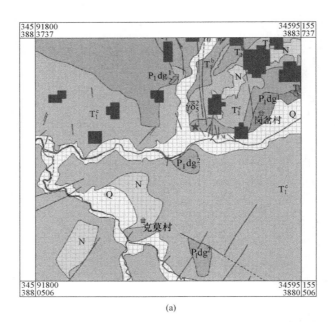

(a)

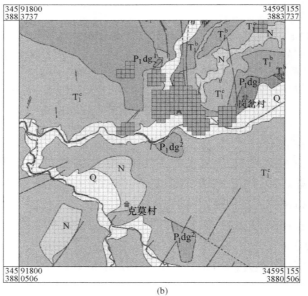

(b)

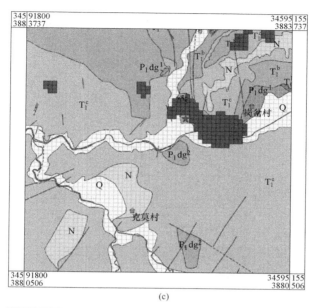

(c)

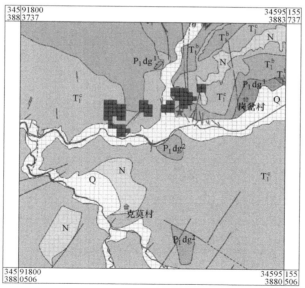

(d)

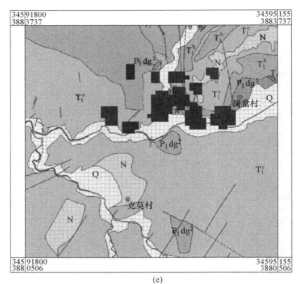

(e)

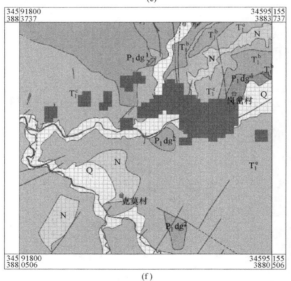

(f)

图 12-9　土壤地球化学元素异常信息层提取图

（a）Au 元素异常信息提取；（b）Ag 元素异常信息提取；（c）As 元素异常信息提取；
（d）Sb 元素异常信息提取；（e）Pb 元素异常信息提取；（f）Zn 元素异常信息提取
1—第四系；2—第三系；3—三叠系（火山岩）；
4—三叠系（火山碎屑岩）；5—二叠系大观山组（粉砂岩）；
6—二叠系大观山组（凝灰质板岩、炭质板岩）；
7—花岗闪长岩；8—断层；9—矿体；10—河流

扫一扫查看彩图

c　地球物理信息

根据岗岑-克莫金矿完成的激电中梯法和激电测深法地球物理测量成果，选择确定视极化率异常下限为2%，视电阻率的异常上限为500Ω·m。各统计单元按照如下原则赋值，视极化率大于2%，统计单元赋值为"异常"，视极化率小于2%，统计单元赋值为"无异常"；视电阻率小于500Ω·m，统计单元赋值为"异常"，视电阻率大于500Ω·m，统计单元赋值为"无异常"，由此生成地球物理异常信息层如图12-10所示。

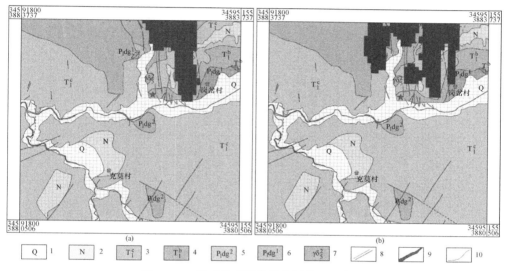

图 12-10　地球物理异常信息层提取示意图

(a) 激电中梯视极化率异常信息提取；(b) 视电阻率异常信息提取

1—第四系；2—第三系；3—三叠系（火山岩）；4—三叠系（火山碎屑岩）；
5—二叠系大观山组（粉砂岩）；6—二叠系大观山组（凝灰质板岩、炭质板岩）；
7—花岗闪长岩；8—断层；9—矿体；10—河流

扫一扫查看彩图

d　蚀变信息

根据前述，绢英岩化蚀变是岗岑-克莫矿区典型的近矿蚀变类型，可以作为重要的找矿信息，按照统计单元定性赋值基本原则，将出现绢英岩化蚀变的单元赋值为1，不出现绢英岩化蚀变的单元赋值为0，据此提取的绢英岩化蚀变信息层如图12-11所示。

C　综合信息定位预测

按照前面单一统计单元赋值的方式，将提取到的地质、地球物理、地球化学和蚀变特征四种类型共12个具体信息层，利用GIS平台的数据库功能，获得每个统计单元中信息异常数，并作为成矿有利度。为了便于与矿区地质图对比，本次只对成矿有利度大于等于5的统计单元进行着色，形成岗岑-克莫金矿区成矿有利地段预测图（见图12-12）。图12-12可以看作是在目前勘查工作的基础上，岗岔-克莫金矿中最有可能实现找矿突破的地段。

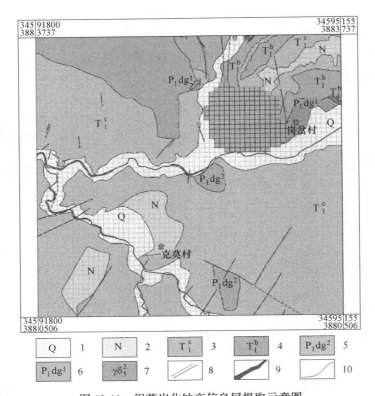

图 12-11 绢英岩化蚀变信息层提取示意图

1—第四系；2—第三系；3—三叠系（火山岩）；4—三叠系（火山碎屑岩）；

5—二叠系大观山组（粉砂岩）；6—二叠系大观山组

（凝灰质板岩、炭质板岩）；7—花岗闪长岩；

8—断层；9—矿体；10—河流

扫一扫查看彩图

将这一预测图与地质图对照发现，异常主要集中在下家门沟口及其东侧的弧形区域。这一地段除利用 GIS 平台的数据库功能提取的地质、地球物理、地球化学、蚀变特征等异常信息外，许多其他有利的地质证据也都出现在这一区域。如前面提及的"珠滴构造"、多斑结构超浅成闪长质岩体，以及隐爆角砾岩，碳酸盐囊等，都暗示下家门沟口一带具有较好的成矿前景。

总之，岗岔-克莫金矿区"金三角"区具有非常大的找矿前景，其中"金三角"区西南部的下家门沟口一带是最值得工程验证地区之一。

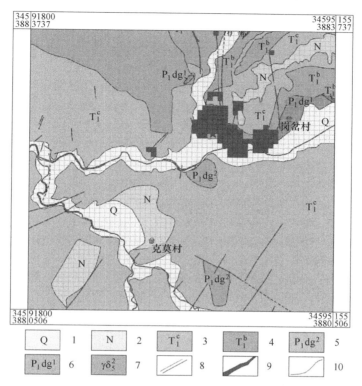

图 12-12　岗岔-克莫金矿成矿有利地段预测图

1—第四系；2—第三系；3—三叠系（火山岩）；4—三叠系（火山碎屑岩）；
5—二叠系大观山组（粉砂岩）；6—二叠系大观山组
（凝灰质板岩、炭质板岩）；7—花岗闪长岩；
8—断层；9—矿体；10—河流

扫一扫查看彩图

参 考 文 献

[1] 包随成. 甘肃省合作市录斗艘金矿矿体特征及围岩蚀变 [J]. 甘肃冶金, 2009, 31 (3): 49-51.

[2] 鲍霖. 甘肃岗岔金矿成矿预测研究 [D]. 北京: 中国地质大学 (北京), 2014.

[3] 蔡剑辉, 王立本, 李锦平. 不同产状和成因类型的金红石矿物学特征及其研究意义 [J]. 矿床地质, 2008, 27 (4): 531-538.

[4] 曹晓峰, Sanogo M L S, 吕新彪, 等. 甘肃枣子沟金矿床成矿过程分析——来自矿床地质特征、金的赋存状态及稳定同位素证据 [J]. 吉林大学学报 (地球科学版), 2012, 42 (4): 1039-1054.

[5] 曹煦, 李权衡, 叶荣, 王勇. 新疆210金矿床黄铁矿标型特征及地质意义 [J]. 新疆地质, 2015, 33 (1): 56-60.

[6] 曹烨, 李胜荣, 申俊峰, 等. 便携式短波红外光谱矿物测量仪 (PIMA) 在河南前河金矿热液蚀变研究中的应用 [J]. 地质与勘探, 2008, 44 (2): 82-86.

[7] 曾乔松, 陈广浩, 王核, 等. 基于多因复成矿床理论探讨阿舍勒铜矿的成因 [J]. 大地构造与成矿学, 2005, 29 (4): 545-550.

[8] 曾祥涛, 王建平, 刘必政, 等. 陕西省双王金矿床五号矿体黄铁矿标型特征研究 [J]. 地质与勘探, 2012, 48 (1): 76-84.

[9] 陈光远, 邵伟, 孙岱生. 胶东金矿成因矿物学与找矿 [M]. 重庆: 重庆出版社, 1989.

[10] 陈光远, 孙岱生, 张立, 等. 黄铁矿成因形态学 [J]. 现代地质, 1987, 1 (1): 60-76.

[11] 陈海燕, 李胜荣, 张秀宝, 等. 胶东金青顶金矿床黄铁矿热电性标型特征及其地质意义 [J]. 矿床地质, 2010, 29 (6): 1126-1138.

[12] 陈瀚之. 相山火山盆地打鼓顶期火山机构研究 [D]. 南昌: 东华理工大学, 2015.

[13] 陈懋弘, 毛景文, 陈振宇, 等. 滇黔桂 "金三角" 卡林型金矿含砷黄铁矿和毒砂的矿物学研究 [J]. 矿床地质, 2009, 28 (5): 539-557.

[14] 陈明辉, 郭素雄, 徐军伟, 等. 德乌鲁岩体内外接触带金多金属成矿区成岩成矿地质地球化学特征及成因探讨 [J]. 矿产与地质, 2016, 30 (4): 517-530.

[15] 陈升平, 肖克炎, 吴有才. 陕西东沟坝金银矿床黄铁矿标型性研究 [J]. 地球科学: 中国地质大学学报, 1994, 19 (1): 43-51.

[16] 陈曦, 赵岩, 赵旭, 等. 黄铁矿标型特征在矿床中的应用 [J]. 科技创新导报, 2009, (4): 54-54.

[17] 陈衍景, 倪培, 范宏瑞, 等. 不同类型热液金矿系统的流体包裹体特征 [J]. 岩石学报, 2007, 23 (9): 2085-2108.

[18] 陈衍景, 张静, 张复新, 等. 西秦岭地区卡林 - 类卡林型金矿床及其成矿时间, 构造背景和模式 [J]. 地质论评, 2004, 50 (2): 134-153.

[19] 陈衍景. 秦岭印支期构造背景、岩浆活动及成矿作用 [J]. 中国地质, 2010, 37 (4): 854-865.

[20] 陈永清, 韩学林, 赵红娟, 等. 内蒙花敖包特 Pb-Zn-Ag 多金属矿床原生晕分带特征与

深部矿体预测模型 [J]. 地球科学（中国地质大学学报），2011，36（2）：236-246.

[21] 陈毓川，王平安，秦克令，等. 秦岭地区主要金属矿床成矿系列的划分及区域成矿规律探讨 [J]. 矿床地质，1994，（4）：289-298.

[22] 陈毓川，朱裕生，肖克炎，等. 中国成矿区（带）的划分 [J]. 矿床地质，2006，25（7）：1-6.

[23] 陈源. 西秦岭北带与金矿有关的脉岩 [J]. 黄金，1993（8）：1-6.

[24] 陈振宇，曾令森，李晓峰，等. CCSD 主孔榴辉岩中金红石微量元素特征：LA-ICPMS 分析及其意义 [J]. 岩石学报，2009（7）：1645-1657.

[25] 陈振宇，李秋立. 大别山金河桥榴辉岩中金红石 Zr 温度计及其意义 [J]. 科学通报，2008，52（22）：2638-2645.

[26] 陈振宇，王登红，陈毓川，等. 榴辉岩中金红石的矿物地球化学研究及其意义 [J]. 地球科学：中国地质大学学报，2006，31（4）：533-538.

[27] 春乃芽. 利用 Excel 实现 R 型聚类分析 [J]. 物探与化探，2007，31（4）：374-376.

[28] 戴慧敏，宫传东，鲍庆中，等. 区域化探数据处理中几种异常下限确定方法的对比——以内蒙古查巴奇地区水系沉积物为例 [J]. 物探与化探，2010，34（6）：782-786.

[29] 邓晋福，肖庆辉，苏尚国，等. 火成岩组合与构造环境：讨论 [J]. 高校地质学报，2007（3）：392-402.

[30] 邓磊，王建国，李胜荣，等. 河北大西沟金矿床中石英热释光和黄铁矿热电性标型特征研究 [J]. 地质找矿论丛，2008，23（3）：213-217.

[31] 邓泽文，张渊，李绪俊. 山东黄埠岭金矿床 7 号脉原生晕地球化学特征 [J]. 世界地质，2012，31（2）：290-296.

[32] 翟德高，刘家军，韩思宇，等. 黑龙江三道湾子碲金矿床黄铁矿标型特征及矿床变化保存过程分析 [J]. 地质学报，2013，87（1）：81-90.

[33] 刁理品，黎树明. 贵州独山半坡锑矿 CSAMT 法深部找矿预测 [J]. 金属矿山，2017，（2）：81-88.

[34] 丁三平. 西秦岭—祁连造山带（东段）交接部位早古生代构造格架及构造演化 [D]. 西安：长安大学，2008.

[35] 董庆吉，陈建平，唐宇. R 型因子分析在矿床成矿预测中的应用——以山东黄埠岭金矿为例 [J]. 地质与勘探，2008（4）：64-68.

[36] 杜等虎，杨志明，刘云飞，等. 西藏厅宫斑岩铜矿床地质，蚀变及矿化特征研究 [J]. 岩石矿物学杂志，2015，34（4）：447-474.

[37] 杜子图，吴淦国. 西秦岭地区构造体系及金成矿构造动力学 [M]. 北京：地质出版社，1998.

[38] 杜子图. 西秦岭地区构造体系对金矿分布规律的控制作用 [D]. 北京：中国地质科学院，1997.

[39] 范效仁. 西秦岭构造演化与喷流成矿研究 [D]. 长沙：中南大学，2001.

[40] 冯建忠，汪东波，邵世才，等. 西秦岭小沟里石英脉型金矿床成矿地质特征及成因 [J]. 矿床地质，2002，21（2）：159-167.

[41] 冯建忠，汪东波，王学明，等．西秦岭三个典型金矿床稳定同位素地球化学特征［J］．中国地质，2004，31（1）：78-84.

[42] 冯建忠，汪东波，王学明，等．甘肃礼县李坝大型金矿床成矿地质特征及成因［J］．矿床地质，2003，22（3）：257-263.

[43] 冯益民，曹宣铎，张二朋，等．西秦岭造山带结构造山过程及动力学［C］．"九五"全国地质科技重要成果学术交流会，2000.

[44] 冯益民，曹宣铎，张二朋，等．西秦岭造山带的演化、构造格局和性质［J］．西北地质，2003，36（1）：1-10.

[45] 傅良魁，等．电法勘探教程［M］．北京：地质出版社，1983.

[46] 甘甫平，王润生，马蔼乃，等．基于光谱变异的遥感岩矿蚀变信息提取［J］．地球学报，2003，24（增刊）：315-318.

[47] 甘肃省地质矿产局．甘肃省区域地质志［M］．北京：地质出版社，1989：244-268.

[48] 高菊生，王瑞廷，张复新，等．南秦岭下寒武系黑色岩系中夏家店金矿床地质地球化学特征［J］．中国地质，2006，33（6）：1371-1378.

[49] 高婷．西秦岭西段北部重要侵入体年代学、地质地球化学、形成构造环境及与成矿作用关系［D］．西安：长安大学，2011.

[50] 高晓英，郑永飞．大别造山带超高压变质岩副矿物地质测温［J］．科学通报，2013，58（22）：2153-2158.

[51] 高长贵，刘勇胜，宗克清，等．超高压榴辉岩金红石中高场强元素变化的控制因素及其地球动力学意义［J］．地球科学：中国地质大学学报，2008，33（4）：487-503.

[52] 高振敏，杨竹森，李红阳，等．黄铁矿载金的原因和特征［J］．高校地质学报，2000，6（2）：156-162.

[53] 葛良胜，邓军，杨立强，等．中国金矿床：基于成矿时空的分类探讨［J］．地质找矿论丛，2009（2）：91-100.

[54] 耿建珍，张健，李怀坤，等．10μm尺度锆石U-Pb年龄的LA-MC-ICP-MS测定［J］．地球学报，2012，33（6）：877-884.

[55] 龚夏生，田惠新，范良明，等．德昌巴洞金红石矿物的初步研究［J］．成都理工大学学报（自然科学版），1980（1）：1-5.

[56] 郭俊华，李建忠，吴春俊，等．陕甘川"金三角"金矿地质特征及找矿前景分析［J］．黄金科学技术，2009（6）：6-11.

[57] 郭现轻，闫臻，王宗起，等．西秦岭谢坑矽卡岩型铜金矿床地质特征与矿区岩浆岩年代学研究［J］．岩石学报，2011，27（12）：3811-3822.

[58] 韩春明，袁万明，于福生，等．甘肃省玛曲县大水金矿床地球化学特征［J］．地球学报，2004，25（2）：127-132.

[59] 何希杰，劳学苏．回归分析中临界相关系数的求值方法［J］．河北工程技术高等专科学校学报，1993，4（2）：12-19.

[60] 侯满堂．陕西镇安太白庙金矿黄铁矿热电性特征研究及其应用［J］．黄金，2000，21（7）：5-9.

［61］胡楚雁．黄铁矿的微量元素及热电性和晶体形态分析［M］．现代地质，2001，15（2）：238-241.

［62］胡大千．黄铁矿电子—空穴心在金矿找矿勘探中的应用［J］．地质与勘探，1993，29（9）：33-37.

［63］霍夫斯．稳定同位素地球化学［M］．丁悌平，译．北京：中国科学技术大学出版社，1976：235-242.

［64］霍福臣，李永军．西秦岭造山带的演化［J］．甘肃地质学报，1996（1）：3-4，6-17.

［65］贾大成，唐烁，裴尧，等．吉林延边金苍矿化带黄铁矿地球化学特征及找矿意义［J］．吉林大学学报：地球科学版．2012，42（4）：1069-1075.

［66］贾慧敏．甘肃省南部大水金矿区岩浆岩特征与成矿作用研究［D］．西安：长安大学，2011.

［67］姜常义，安三元．论火成岩中钙质角闪石的化学组成特征及其岩石学意义［J］．矿物岩石，1984，4（3）：10-15.

［68］姜春发．中央造山带主要地质构造特征［J］．地学研究，1993，（27）：68，108

［69］姜春发．中央造山带几个重要地质问题及其研究进展（代序）［J］．地质通报，2002，21（8）：453-455.

［70］姜春发，等．中央造山带开合构造［M］．北京：地质出版社，2000.

［71］金维浚，张旗，何登发，等．西秦岭埃达克岩的SHRIMP定年及其构造意义［J］．岩石学报，2005（3）：959-966.

［72］金松桥．西秦岭成矿带的划分［J］．西北地质，1985，14（1）：19-25.

［73］靳晓野，李建威，隋吉祥，等．西秦岭夏河—合作地区德乌鲁杂岩体的侵位时代、岩石成因及构造意义［J］．地球科学与环境学报，2013，35（3）：20-38.

［74］柯昌辉，吕新彪，王玉奇，等．河南省罗山县金城金矿黄铁矿标型特征及其意义［J］．岩石矿物学杂志，2012，31（2）：225-234.

［75］赖万昌，葛良全，周四春，等．新一代高灵敏度手提式X荧光仪的研制［J］．物探与化探，2002，26（4）：321-324.

［76］雷时斌，齐金忠，朝银银．甘肃阳山金矿带中酸性岩脉成岩年龄与成矿时代［J］．矿床地质，2010（5）：869-880.

［77］黎彤．化学元素的地球丰度［J］．地球化学杂志，1976，5（3）：167-175.

［78］李碧乐，孙丰月，王昭坤．山东招远金岭金矿埠南矿区1号脉流体特征及成矿物理化学条件研究［J］．大地构造与成矿学，2004，28（3）：314-319.

［79］李成禄，李胜荣，罗军燕，等．山西繁峙义兴寨金矿黄铁矿热电系数与导型特征及其地质意义［J］．现代地质，2009，23（6）：1056.

［80］李春昱．中国板块构造的轮廓［J］．中国地质科学院院报，1980，2（1）：11-22.

［81］李道喜，赵军．甘肃合作德乌鲁岩体控矿规律及找矿方向［J］．甘肃冶金，2006（3）：52-53.

［82］李红兵，曾凡治．金矿中的黄铁矿标型特征［J］．地质找矿论丛，2005，20（3）：199-203.

[83] 李怀坤, 朱士兴, 相振群, 等. 北京延庆高于庄组凝灰岩的锆石 U-Pb 定年研究及其对华北北部中元古界划分新方案的进一步约束 [J]. 岩石学报, 2010, 26 (7): 2131-2140.

[84] 李惠. 热液金矿床原生叠加晕的理想模式 [J]. 地质与勘探, 1993, 29 (4): 46-51.

[85] 李惠, 张国义, 禹斌. 金矿区深部盲矿预测的构造叠加晕模型及找矿效果 [M]. 北京: 地质出版社, 2006: 1-48.

[86] 李惠, 禹斌, 李德亮, 等. 化探深部预测新方法综述 [J]. 矿产勘查, 2010, 1 (2): 156-160.

[87] 李惠, 张文华, 刘宝林, 等. 中国主要类型金矿床的原生晕轴向分带序列研究及其应用准则 [J]. 地质与勘探, 1999 (1): 34-37.

[88] 李建威, 隋吉祥, 靳晓野, 等. 西秦岭夏河—合作地区与还原性侵入岩有关的金成矿系统及其动力学背景和勘查意义 [J]. 地学前缘, 2019, 26 (5): 17-32.

[89] 李杰, 申俊峰, 李金春, 等. 甘肃岗岔金矿床同位素地球化学特征及成矿物质来源探讨 [J]. 矿物岩石地球化学通报, 2016, 35 (5): 976-983.

[90] 李杰. 甘肃岗岔-克莫一带金矿黄铁矿标型特征及矿床成因研究 [D]. 北京: 中国地质大学 (北京), 2016.

[91] 李金春, 申俊峰, 刘海明, 等. 西秦岭岗岔金矿赋矿围岩成岩时代及其地质意义 [J]. 现代地质, 2016, 30 (1): 36-49.

[92] 李晶, 陈衍景, 李强之, 等. 甘肃阳山金矿碳氢氧同位素与成矿流体来源 [J]. 岩石学报, 2008, 24 (4): 817-826.

[93] 李胜荣, 陈光远, 邵伟, 等. 胶东乳山金矿金青顶矿区黄铁矿热电性研究 [J], 有色金属矿产与勘查, 1994, 3 (5): 303-307.

[94] 李胜荣, 等. 结晶学与矿物学 [M]. 北京: 地质出版社, 2008.

[95] 李通国, 金治鹏. 甘肃西秦岭地区地球化学特征及找矿预测 [J]. 物探与化探, 2009, 33 (2): 123-127.

[96] 李霞, 王义天, 王瑞廷, 等. 西秦岭凤太矿集区丝毛岭金矿床地球化学特征 [J]. 岩石学报, 2010, 26 (3): 717-728.

[97] 李晓峰, 陈文, 毛景文, 等. 江西银山多金属矿床蚀变绢云母 40Ar-39Ar 年龄及其地质意义 [J]. 矿床地质, 2006 (1): 17-26.

[98] 李晓峰, 华仁民, 季俊峰, 等. 江西银山多金属矿床伊利石的形成与流体成矿作用的初步研究 [J]. 地质科学, 2002, 37 (1): 86-95.

[99] 李逸凡, 李洪奎, 汤启云, 等. 山东旧店金矿黄铁矿标型特征及其地质意义 [J]. 黄金科学技术, 2015, 23 (2): 45-50.

[100] 李永琴. 西秦岭造山带演化与金成矿规律 [J]. 甘肃科技纵横, 2005 (6): 53-54.

[101] 李永琴, 赵建群, 赵彦庆. 西秦岭金成矿系统分析 [J]. 甘肃地质, 2006 (1): 47-52.

[102] 李佐臣, 裴先治, 李瑞保, 等. 西秦岭糜署岭花岗岩体年代学、地球化学特征及其构造意义 [J]. 岩石学报, 2013, 29 (8): 2617-2634.

[103] 连长云, 章革, 元春华, 等. 短波红外光谱矿物测量技术在热液蚀变矿物填图中的应用

——以土屋斑岩铜矿床为例 [J]. 中国地质, 2005, 32 (3): 483-495.

[104] 梁树能, 甘甫平, 闫柏锟, 等. 白云母矿物成分与光谱特征的关系研究 [J]. 国土资源遥感, 2012, 24 (3): 111-115.

[105] 刘斌, 段光贤. NaCl-H_2O 溶液包裹体的密度式和等容式及其应用 [J]. 矿物学报, 1987 (4): 345-352.

[106] 刘斌. 利用不混溶流体包裹体作为地质温度计和地质压力计 [J]. 科学通报, 1986 (18): 1432-1436.

[107] 刘波, 乔宝成, 姜治民, 等. 阿荣旗谢永贵家庭农场一带土壤化探的数学地质异常提取 [J]. 矿床地质, 2013, 32 (6): 1300-1307.

[108] 刘成东, 莫宣学, 罗照华, 等. 东昆仑造山带花岗岩类 Pb-Sr-Nd-O 同位素特征 [J]. 地球学报, 2003, 24 (6): 584-588.

[109] 刘冲昊, 刘家军, 王建平, 等. 陕西省略阳县铧厂沟金矿北矿带地球化学原生晕特征及其地质意义 [J]. 中国地质, 2012, 39 (5): 1397-1405.

[110] 刘崇民. 金属矿床原生晕研究进展 [J]. 地质学报, 2006 (10): 1528-1538.

[111] 刘春先, 李亮, 隋吉祥. 甘肃早子沟金矿的矿化特征及矿床成因 [J]. 地质科技情报, 2011 (6): 66-74.

[112] 刘海明. 甘肃合作市岗岔金矿成因矿物学与成矿流体研究 [D]. 北京: 中国地质大学 (北京), 2015.

[113] 刘家军, 郑明华, 刘建明, 等. 西秦岭寒武系层控金矿床中硒的矿化富集及其找矿前景 [J]. 地质学报, 1997 (3): 266-273.

[114] 刘家军, 郑明华, 刘建明等. 西秦岭大地构造演化与金成矿带的分布 [J]. 大地构造与成矿学, 1997, 21 (4): 307-314.

[115] 刘家军, 郑明华, 刘建明, 等. 西秦岭寒武系金矿床中硫同位素组成及其地质意义 [J]. 长春科技大学学报, 2000, 30 (2): 150-156.

[116] 刘建宏. 甘肃西秦岭区域成矿模式 [J]. 甘肃地质, 2006 (2): 5-9.

[117] 刘平平, 秦克章, 苏尚国, 等. 新疆东天山图拉尔根大型铜镍矿床硫化物珠滴构造的特征及其对通道式成矿的指示 [J]. 岩石学报, 2010 (2): 523-532.

[118] 刘珊, 陈亮, 段先哲, 等. 土壤地球化学测量在黔东八瓢达冲金矿勘查中的应用与找矿效果 [J]. 物探与化探, 2016, 40 (1): 27-32.

[119] 刘升有. 西秦岭北缘德乌鲁矽卡岩型铜矿床地质特征及成矿模式讨论 [J]. 西北地质, 2015, 48 (2): 176-185.

[120] 刘圣伟, 甘甫平, 闫柏琨, 等. 成像光谱技术在典型蚀变矿物识别和填图中的应用[J]. 中国地质, 2006, 33 (1): 178-186.

[121] 刘士毅, 孙文珂, 孙焕振等. 我国物探化探找矿思路与经验初析 [J]. 物探与化探, 2004, 28 (1): 1-9.

[122] 刘树文, 杨朋涛, 李秋根, 等. 秦岭中段印支期花岗质岩浆作用与造山过程 [J]. 吉林大学学报 (地球科学版), 2011, 41 (6): 1928-1943.

[123] 刘晓林. 甘肃夏河——合作一带构造蚀变岩型金矿地质特征及找矿标志 [J]. 甘肃冶

金，2011，33（2）：99-103.

[124] 刘勇，方方，冯民等．X 射线荧光技术在野外勘查金矿中的应用 [J]．四川地质学报，2012，32（1）：104-105.

[125] 卢焕章，范宏瑞，倪培，等．流体包裹体 [M]．北京：科学出版社，2004.

[126] 卢焕章．CO_2 流体与金矿化：流体包裹体的证据 [J]．地球化学，2008（4）：321-328.

[127] 卢欣祥，董有，常秋岭，等．秦岭印支期沙河湾奥长环斑花岗岩及其动力学意义 [J]．中国科学（D 辑：地球科学），1996（3）：244-248.

[128] 卢欣祥，李明立，王卫，等．秦岭造山带的印支运动及印支期成矿作用 [J]．矿床地质，2008，27（6）：762-773.

[129] 卢欣祥，尉向东，董有，等．小秦岭—熊耳山地区金矿时代 [J]．黄金地质，1999（1）：12-17.

[130] 罗根明，张克信，林启祥，等．西秦岭地区晚二叠世——早三叠世沉积相分析和沉积古环境再造 [J]．沉积学报，2007（3）：332-342.

[131] 罗锡明，齐金忠，袁士松，等．甘肃阳山金矿床微量元素及稳定同位素的地球化学研究 [J]．现代地质，2004，18（2）：203-209.

[132] 罗照华，刘嘉麒，赵慈平，等．深部流体与岩浆活动：兼论腾冲火山群的深部过程[J]．岩石学报，2011，27（10）：2855-2862.

[133] 罗照华，卢欣祥，陈必河，等．碰撞造山带斑岩型矿床的深部约束机制 [J]．岩石学报，2008，24（3）：447-456.

[134] 罗照华，卢欣祥，郭少丰，等．透岩浆流体成矿体系 [J]．岩石学报，2008，24（12）：2669-2678.

[135] 罗照华，卢欣祥，刘翠，等．岩浆热液成矿理论的失败：原因和出路 [J]．吉林大学学报：地球科学版，2011a，41（1）：1-11.

[136] 罗照华，卢欣祥，许俊玉，等．成矿侵入体的岩石学标志 [J]．岩石学报，2010（8）：2247-2254.

[137] 罗照华，莫宣学，卢欣祥，等．透岩浆流体成矿作用——理论分析与野外证据 [J]．地学前缘，2007，14（3）：165-183.

[138] 罗照华，苏尚国，刘翠．岩浆成矿系统的尺度效应 [J]．地球科学与环境学报，2014，36（1）：1-9.

[139] 骆必继，张宏飞，肖尊奇．西秦岭印支早期美武岩体的岩石成因及其构造意义 [J]．地学前缘，2012，19（3）：199-213.

[140] 骆必继．西秦岭造山带印支期岩浆作用及深部过程 [D]．武汉：中国地质大学（武汉），2013.

[141] 景亮兵，秦秀峰，朱思才，等．便携式元素分析仪在埃塞俄比亚特拉喀密提 VMS 型矿床勘查中的应用 [J]．矿产勘查，2011，2（6）：795-799.

[142] 马德锡，杨进，陈孝强，等．便携式 X 荧光仪在多金属矿区的应用 [J]．物探与化探，2013，37（1）：63-66.

[143] 马昌前，杨坤光，唐仲华，等．花岗岩类岩浆动力学——理论方法及鄂东花岗岩类例析

[J]. 武汉：中国地质大学出版社，1994.

[144] 马星华，陈斌，赖勇，等. 斑岩铜钼矿床成矿流体的出溶，演化与成矿：以大兴安岭南段敖仑花矿床为例 [J]. 岩石学报，2010，26（5）：1397-1410.

[145] 毛景文，李晓峰，李厚民. 中国造山带内生金属矿床类型，特点和成矿过程探讨 [J]. 地质学报，2005，79（3）：343-372.

[146] 毛景文，李厚民，王义天，等. 地幔流体参与胶东金矿成矿作用的氢氧碳硫同位素证据 [J]. 地质学报，2005（6）：839-857.

[147] 毛景文，李晓峰，张荣华，等. 深部流体成矿系统 [M]. 北京：北京大学出版社，2005：1-361.

[148] 毛景文，李荫清. 河北省东坪碲化物金矿床流体包裹体研究 [J]. 地幔流体与成矿关系矿床地质，2001，20（1）：23-36.

[149] 毛景文，周振华，丰成友，等. 初论中国三叠纪大规模成矿作用及其动力学背景 [J]. 中国地质，2012，39（6）：1437-1471.

[150] 毛政利，彭省临，赖健清，等. 铜陵凤凰山铜矿床斑岩型矿体原生叠加晕特征及其成矿预测意义 [J]. 世界地质，2003（4）：361-365.

[151] 孟恺，申俊峰，卿敏，等. 近红外光谱分析在毕力赫金矿预测中的应用 [J]. 矿物岩石地球化学通报，2009，28（2）：148-156.

[152] 聂潇. 甘南合作市岗岔——克莫金矿成因矿物学特征及其找矿意义 [D]. 北京：中国地质大学（北京），2017.

[153] 牛翠祎，薛为民，李绍儒. 西秦岭成矿带金矿资源综合信息预测评价 [J]. 黄金科学技术，2009，17（2）：1-7.

[154] 潘兆橹，万朴. 应用矿物学 [M]. 武汉：武汉工业大学出版社，1993.

[155] 庞阿娟，李胜荣，王潇，等. 胶东杜家崖金矿黄铁矿热电系数，热电阻率与金矿化关系研究 [J]. 矿物岩石地球化学通报，2012，31（5）：495-504.

[156] 裴先治，李勇，陆松年，等. 西秦岭天水地区关子镇中基性岩浆杂岩体锆石 U-Pb 年龄及其地质意义 [J]. 地质通报，2005（1）：23-29.

[157] 彭惠娟，李洪英，裴荣富，等. 云南中甸红牛——红山矽卡岩型铜矿床矿物学特征与成矿作用 [J]. 岩石学报，2014，（1）：237-56.

[158] 彭惠娟，汪雄武，侯林，等. 西藏甲玛铜多金属矿床岩浆——热液过渡阶段的矿物学证据 [J]. 成都理工大学学报：自然科学版，2012，39（1）：40-48.

[159] 彭自栋. 甘肃岗岔金矿短波红外找矿应用及伊利石成因矿物学研究 [D]. 北京：中国地质大学（北京），2015.

[160] 朴寿成，连长云. 一种确定原生晕分带序列的新方法—重心法 [J]. 地质与勘探，1994，23（1）：63-658.

[161] 浦瑞良，宫鹏. 高光谱遥感及其应用 [M]. 北京：高等教育出版社，2000.

[162] 秦志鹏，汪雄武，周云，等. 富 CO_2 流体与金矿化的关系 [J]. 矿物学报，2009，29（S1）：240-241.

[163] 曲晓明，侯增谦，国连杰，等. 冈底斯铜矿带埃达克质含矿斑岩的源区组成与地壳混

染：Nd、Sr、Pb、O 同位素约束 [J]. 地质学报，2004，78（6）：813-821.

[164] 任纪舜. 论中国大陆岩石圈构造的基本特征 [J]. 地质通报，1991，10（4）：289-293.

[165] 任纪舜，张正坤，牛宝贵，等. 论秦岭造山带——中朝与扬子陆块的拼合过程 [J]. 秦岭造山带学术讨论会论文选集，西安：西北大学出版社，1991：99-110.

[166] 任小华，金文洪，王瑞廷，等. 南秦岭略阳干河坝金矿床地质地球化学特征 [J]. 中国地质，2007，34（5）：878-886.

[167] 任小华. 陕西勉略宁地区金属矿床成矿作用与找矿靶区预测研究 [D]. 西安：长安大学，2008.

[168] 陕亮，郑有业，许荣科，等. 硫同位素示踪与热液成矿作用研究 [J]. 地质与资源，2009，18（3）：197-203.

[169] 邵洁莲. 金矿找矿矿物学 [M]. 武汉：中国地质大学出版社，1988.

[170] 邵伟，陈光远，孙岱生. 黄铁矿热电性研究方法及其在胶东金矿的应用 [J]. 现代地质，1990，4（1）：46-57.

[171] 邵跃. 热液矿床岩石测量（原生晕法）找矿 [M]. 北京：地质出版社，1997：5-29.

[172] 邵跃. 矿床元素原生分带的研究及其在地球化学找矿中的应用 [J]. 地质与勘探，1984（2）：47-55.

[173] 邵跃. 原生晕方法中的几个问题 [J]. 地质与勘探，1964（3）：21-24.

[174] 申俊峰，李胜荣，马广钢，等. 玲珑金矿黄铁矿标型特征及其大纵深变化规律与找矿意义 [J]. 地学前缘，2013，20（3）：55-75.

[175] 申俊峰，李胜荣，杜佰松，等. 金矿床的矿物蚀变与矿物标型及其找矿意义 [J]. 矿物岩石地球化学通报，2018，37（2）：157-167.

[176] 宋焕斌. 黄铁矿标型特征在金矿地质中的应用 [J]. 地质与勘探，1989，25（7）：31-37.

[177] 宋学信，张景凯. 中国各种成因黄铁矿的微量元素特征 [J]. 中国地质科学院矿床地质研究所所刊，1986（2）：166-175.

[178] 隋吉祥，李建威. 西秦岭夏河——合作地区枣子沟金矿床成矿时代与矿床成因 [J]. 矿物学报，2013，33（S2）：346-347.

[179] 孙丰月，金巍，李碧乐，等. 关于脉状热液金矿床成矿深度的思考 [J]. 长春科技大学学报，2000，30（S1）：27-29.

[180] 孙省利，曾允孚. 西成矿化集中区热水沉积岩物质来源的同位素示踪及其意义 [J]. 沉积学报，2002（1）：41-46.

[181] 孙卫东，李曙光，Yadong Chen，等. 南秦岭花岗岩锆石 U-Pb 定年及其地质意义 [J]. 地球化学，2000（3）：209-216.

[182] 孙振亚，刘永康. 卡林型金矿超显微金的分析电镜研究 [J]. 电子显微学报，1993（2）：186-187.

[183] 谭文娟，杨合群，张小平，等. 祁连及邻区成矿区带的划分 [J]. 地质找矿论丛，2012，27（1）：9-15.

[184] 唐耀林，真允庆. 黄铁矿的热电性在金矿勘查中的地质意义 [J]. 矿产与勘查，1991，

（1）：39-47.

[185] 佟景贵，李胜荣，肖启云，等．贵州遵义中南村黑色岩系黄铁矿的成分标型与成因探讨 [J]．现代地质，2004，18（1）：41.

[186] 汪洋．钙碱性火成岩的角闪石全铝压力计——回顾，评价和应用实例 [J]．地质论评，2014，60（4）：839-850.

[187] 王崇云．地球化学找矿基础 [M]．北京：地质出版社，1987：39-43.

[188] 王河锦，陶晓风，Rahn M．伊利石结晶度及其在低温变质研究中若干问题的讨论 [J]．地学前缘，2007，14（1）：151-156.

[189] 王鹏，董国臣，李志国，等．辽西北票二道沟金矿的成矿特点和黄铁矿热电性特征[J]．现代地质，2013，（2）：314-323.

[190] 王濮，潘兆橹，翁玲宝，等．系统矿物学 [M]．北京：地质出版社，1987.

[191] 王汝成，王硕，邱检生，等．CCSD 主孔揭示的东海超高压榴辉岩中的金红石：微量元素地球化学及其成矿意义 [J]．岩石学报，2005，21（2）：465-474.

[192] 王润生，甘甫平，闫柏琨，等．高光谱矿物填图技术与应用研究 [J]．国土资源遥感，2010（1）：1-13.

[193] 王润生，杨苏明，阎柏琨．成像光谱矿物识别方法与识别模型评述 [J]．国土资源遥感，2007（1）：1-9.

[194] 王书豪．甘肃合作岗岔—克莫金矿蚀变特征及找矿预测 [D]．北京：中国地质大学（北京），2018.

[195] 王晓霞，王涛，张成立．秦岭造山带花岗质岩浆作用与造山带演化 [J]．中国科学：地球科学，2015，45（8）：1109-1125.

[196] 王振亮，张寿庭．X 荧光仪在鸭鸡山铜钼矿地质勘查中的应用 [J]．矿床地质，2010，29（2）：847-848.

[197] 韦萍，莫宣学，喻学惠，等．西秦岭夏河花岗岩的地球化学、年代学及地质意义 [J]．岩石学报，2013，29（11）：3981-3992.

[198] 魏斐，刘玉琳，郭国林，等．包古图斑岩铜矿床的钛矿物特征及其成因意义 [J]．岩石学报，2009（3）：645-649.

[199] 魏佳林，曹新志，王庆峰，等．新疆阿希金矿床黄铁矿标型特征及其地质意义 [J]．地质科技情报，2011，30（5）：89-96.

[200] 温志亮，郭周平，杨鹏飞，等．西秦岭李坝式金矿床地球化学特征及找矿方向研究 [J]．地质与勘探，2008，44（6）：1-7.

[201] 吴福元，李献华，杨进辉，等．花岗岩成因研究的若干问题 [J]．岩石学报，2007，23（6）：1217-1238.

[202] 吴学益，卢焕章，吕古贤，等．黔东南锦屏—天柱地区构造控岩控金特征模拟实验及其力学分析 [J]．大地构造与成矿学，2006，30（3）：355-368.

[203] 夏林圻，夏祖春，徐学义，等．利用地球化学方法判别大陆玄武岩和岛弧玄武岩 [J]．岩石矿物学杂志，2007，26（1）：77-89.

[204] 夏庆霖，成秋明，陆建培，等．便携式 X 射线荧光光谱技术在泥河铁矿岩心矿化蚀变

信息识别中的应用 [J]. 地球科学——中国地质大学学报, 2011, 36 (2): 336-340.

[205] 相爱芹. 短波红外技术在矿物填图与遥感岩性识别中的应用研究 [D]. 长沙: 中南大学, 2007.

[206] 肖力, 赵玉锁, 张文利, 等. 西秦岭成矿带中东段金 (铅锌) 多金属矿成矿规律及资源潜力评价 [M]. 北京: 地质出版社, 2009.

[207] 肖力, 张继武, 崔龙, 等. 西秦岭地区金矿控矿因素和资源潜力分析 [J]. 矿床地质, 2008, 29 (7): 12-17.

[208] 谢学锦, 欧阳宗昕. 中国的勘查地球化学的回顾与展望 [J]. 地质论评, 1982 (6): 598-602.

[209] 修连存, 修铁军, 陆帅, 等. 便携式矿物分析仪研制 [C]. 当代中国近红外光谱技术——全国第一届近红外光谱学术会议论文集, 北京, 2006: 193-202.

[210] 修连存, 郑志忠, 俞正奎, 等. 近红外分析技术在蚀变矿物鉴定中的应用 [J]. 地质学报, 2007, 81 (1): 584-459.

[211] 修连存, 郑志忠, 俞正奎, 等. 近红外光谱仪测定岩石中蚀变矿物方法研究 [J]. 岩矿测试, 2009, 28 (6): 519-523.

[212] 徐东, 刘建宏, 赵彦庆. 甘肃西秦岭地区金矿控矿因素及找矿方向 [J]. 西北地质, 2014, (3): 83-90.

[213] 徐国风. 金矿找矿矿物学 [J]. 地质与勘探, 1987, 2: 30-34.

[214] 徐九华, 谢玉玲, 丁汝福, 等. CO_2-CH_4 流体与金成矿作用: 以阿尔泰山南缘和穆龙套金矿为例 [J]. 岩石学报, 2007 (8): 2026-2032.

[215] 徐立为. 甘肃合作市岗岔—克莫金矿区成矿预测与找矿方向 [D]. 北京: 中国地质大学 (北京), 2017.

[216] 徐巧, 杨新雨, 付水兴, 等. 便携式 X 荧光分析仪在智利科皮亚波泥沟铜矿勘查中的应用 [J]. 矿产勘查, 2012, 3 (4): 1545-548.

[217] 徐庆生, 郭建, 刘阳, 等. 近红外光谱分析技术在帕南铜—钼—钨矿区蚀变矿物填图中的应用 [J]. 地质与勘探, 2011, 47 (10): 107-112.

[218] 徐少康, 刘振山. 八庙—青山金红石矿床金红石特征及成因 [J]. 河南地质, 1997, 15 (4): 252-259.

[219] 徐学义, 陈隽璐, 高婷, 等. 西秦岭北缘花岗质岩浆作用及构造演化 [J]. 岩石学报, 2014, 30 (2): 371-389.

[220] 徐学义, 李婷, 陈隽璐, 等. 西秦岭西段花岗岩浆作用与成矿 [J]. 西北地质, 2012, 45 (4): 76-82.

[221] 许虹, 李鸿超. 土岭—石湖金矿床黄铁矿找矿矿物学研究 [J]. 地质找矿论丛, 1992, 7 (4): 67-74.

[222] 许志琴, 卢一伦, 汤耀庆, 等. 东秦岭复合山链的形成——变形, 演化及板块动力学 [M]. 北京: 中国环境科学出版社, 1988.

[223] 许志琴, 牛宝贵, 刘志刚. 秦岭—大别 "碰撞-陆内" 型复合山链的构造体制及陆内板块动力学机制 [J]. 秦岭造山带学术讨论会论文选集. 西安: 西北大学出版社, 1991:

139-147.

[224] 薛君治，白学让，陈武. 成因矿物学 [M].2 版. 武汉：中国地质大学出版社，1991.

[225] 严育通，李胜荣，贾宝剑，等. 中国不同成因类型金矿床的黄铁矿成分标型特征及统计分析 [J]. 地学前缘，2012，19（4）：214-226.

[226] 阳前果. 激发极化法勘探铅锌矿床的应用研究 [D]. 成都：成都理工大学，2014.

[227] 杨秉进，鲁燕伟. 甘肃老豆村及外围金多金属成矿区成矿地质特征及找矿方向 [J]. 甘肃冶金，2004（2）：1-4.

[228] 杨贵才，齐金忠. 甘肃省文县阳山金矿床地质特征及成矿物质来源 [J]. 黄金科学技术，2008，16（4）：20-24.

[229] 杨进辉，马红梅，周新华，等. 山东蓬莱金矿黄铁矿成分环带的成因及成矿意义 [J]. 地质科学，2000，35（2）：168-174.

[230] 杨经绥，许志琴，马昌前，等. 复合造山作用和中国中央造山带的科学问题 [J]. 中国地质，2010，37（1）：1-11.

[231] 杨朋涛，刘树文，李秋根，等. 何家庄岩体的年龄和成因及其对南秦岭早三叠世构造演化的制约 [J]. 中国科学：地球科学，2013，43（11）：1874-1893.

[232] 杨朋涛，刘树文，李秋根，等. 南秦岭铁瓦殿岩体的成岩时代及地质意义 [J]. 地质学报，2012，86（9）：1525-1540.

[233] 杨小峰，刘长垠，张泰然，等. 地球化学找矿方法 [M]. 北京：地质出版社，2007.

[234] 杨雨，范国琳，姚国金，等. 甘肃省岩石地层 [M]. 武汉：中国地质大学出版社，1997：272-275.

[235] 杨赞中，石学法，于洪军，等. 矿物热电性标型及其在大洋地质找矿中的应用 [J]. 矿物岩石，2007，27（1）：11-17.

[236] 杨志明，侯增谦，李振清，等. 西藏驱龙斑岩铜钼矿床中 UST 石英的发现：初始岩浆流体的直接记录 [J]. 矿床地质，2008，27（2）：188-199.

[237] 杨志明，侯增谦，杨竹森，等. 短波红外光谱技术在浅剥蚀斑岩铜矿区勘查中的应用——以西藏念村矿区为例 [J]. 矿床地质，2012，31（4）：699-717.

[238] 姚书振，周宗桂，吕新彪. 秦岭成矿带成矿特征和找矿方向 [J]. 西北地质，2006，39（2）：156-177.

[239] 姚涛，陈守余，廖阮颖子. 地球化学异常下限不同确定方法及合理性探讨 [J]. 地质找矿论丛，2011，26（1）：96-101.

[240] 要梅娟，申俊峰，李胜荣，等. 河南嵩县前河金矿黄铁矿的热电性，热爆特征及其与金矿化的关系 [J]. 地质通报，2008，27（5）：649-656.

[241] 殷鸿福等. 秦岭及邻区三叠系 [M]. 武汉：中国地质大学出版社，1992.

[242] 殷鸿福，彭元桥. 秦岭显生宙古海洋演化 [J]. 地球科学，1995（6）：605-612.

[243] 殷鸿福，童金南. Relationship between sequence stratigraphical boundary and chronostratigraphical boundary [J]. 中国科学通报：英文版，1995（16）：1357-1362.

[244] 殷鸿福，张克信. 中央造山带的演化及其特点 [J]. 地球科学：中国地质大学学报，1998，23（5）：437-442.

[245] 殷先明. 甘肃西秦岭金矿资源潜力分析和远景评价 [J]. 甘肃地质学报, 2004, 13 (1): 10-15.

[246] 殷先明, 杜玉良, 殷勇. 甘肃花岗岩类成矿作用研究与找矿方向 [J]. 西北地质, 2005 (4): 25-31.

[247] 殷先明, 孙均鹄, 陶炳昆. 甘肃省矿业发展战略及对策 [J]. 中国地质经济, 1990 (5): 13-17.

[248] 殷先明. 西秦岭中生代花岗岩类岩浆作用及成矿 [J]. 甘肃地质, 2015, 24 (1): 1-10, 58.

[249] 殷勇, 殷先明. 西秦岭北缘与埃达克岩和喜马拉雅型花岗岩有关的斑岩型铜—钼—金成矿作用 [J]. 岩石学报, 2009 (5): 1239-1252.

[250] 殷勇. 初议甘肃省深部找矿 [J]. 甘肃地质, 2013, 22 (4): 45-49.

[251] 殷勇. 甘肃北山花岗岩与金矿成矿作用 [J]. 甘肃地质, 2011, 20 (4): 26-34.

[252] 于岚. 甘肃岷县寨上金矿床地质地球化学特征与成因探讨 [D]. 西安: 西北大学, 2004.

[253] 于胜尧, 张建新, 宫江华. 南阿尔金巴什瓦克高压/超高温麻粒岩中金红石 Zr 温度计及其地质意义 [J]. 地学前缘, 2011, 18 (2): 140-150.

[254] 喻学惠, 莫宣学, 赵志丹, 等. 甘肃西秦岭两类新生代钾质火山岩: 岩石地球化学与成因 [J]. 地学前缘, 2009 (2): 79-89.

[255] 袁兆宪, 徐德义, 陈志军, 等. 便携式 X 荧光仪在研究矿化顺序中的应用 [J]. 吉林大学学报 (地球科学版), 2012, 42 (S2): 326-223.

[256] 岳远刚. 东昆仑南缘三叠系沉积特征及其对阿尼玛卿洋闭合时限的约束 [D]. 西安: 西北大学, 2014.

[257] 张成立, 王涛, 王晓霞. 秦岭造山带早中生代花岗岩成因及其构造环境 [J]. 高校地质学报, 2008 (3): 304-316.

[258] 张德贤, 束正祥, 曹汇, 等. 西秦岭造山带夏河—合作地区印支期岩浆活动及成矿作用——以德乌鲁石英闪长岩和老豆石英闪长斑岩为例 [J]. 中国地质, 2015, 42 (5): 1257-1273.

[259] 张方方, 王建平, 刘冲昊, 等. 陕西双王金矿黄铁矿晶体形态和热电性特征对深部含矿性的预测 [J]. 中国地质, 2013, 40 (5): 1634-1643.

[260] 张复新, 陈衍景, 张静, 等. 大陆动力学与成矿作用 [M]. 北京: 地震出版社, 2001: 90-99.

[261] 张复新, 陈衍景, 李超, 等. 金龙山—丘岭金矿床地质地球化学特征及成因: 秦岭式卡林型金矿成矿动力学机制 [J]. 中国科学: D 辑, 2000 (S1): 73-81.

[262] 张国伟, 程顺有, 郭安林, 等. 秦岭—大别中央造山系南缘勉略古缝合带的再认识[J]. 地质通报, 2004, 23 (9): 846-853.

[263] 张国伟, 董云鹏, 赖绍聪, 等. 秦岭—大别造山带南缘勉略构造带与勉略缝合带[J]. 中国科学: D 辑, 2003, 33 (12): 1121-1135.

[264] 张国伟, 郭安林, 姚安平. 中国大陆构造中的西秦岭—松潘大陆构造结 [J]. 地学前

缘，2004，11（3）：23-32.

[265] 张国伟，柳小有. 关于"中央造山带"几个问题的思考［J］. 地球科学：中国地质大学学报，1998，23（5）：443-448.

[266] 张国伟，梅志超，周鼎武，等. 秦岭造山带的形成及其演化［M］. 西安：西北大学出版社，1988.

[267] 张国伟，孟庆任. 秦岭造山带的造山过程及其动力学特征［J］. 中国科学：D辑，1996，26（3）：193-200.

[268] 张国伟，程顺有，郭安林，等. 秦岭—大别中央造山系南缘勉略古缝合带的再认识——兼论中国大陆主体的拼合［J］. 地质通报，2004（9）：846-853.

[269] 张国伟，董云鹏，姚安平. 秦岭造山带基本组成与结构及其构造演化［J］. 陕西地质，1997（2）：1-14.

[270] 张国伟，董云鹏，姚安平. 造山带与造山作用及其研究的新起点［J］. 西北地质，2001，34（1）：1-9.

[271] 张国伟，郭安林，刘福田，等. 秦岭造山带三维结构及其动力学分析［J］. 中国科学（地球科学英文版），1996，第A1期（1-9）：1674-1731.

[272] 张国伟，孟庆仁，于在平，等. 秦岭造山带三维结构及其动力学特征［J］. 中国科学，1996，26（3）：193-200.

[273] 张国伟，于在平，董云鹏，等. 秦岭区前寒武纪构造格局与演化问题探讨［J］. 岩石学报，2000（1）：11-21.

[274] 张国伟，张本仁，袁学诚，等. 秦岭造山带与大陆动力学［M］. 北京：科学出版社，2001：1-885.

[275] 张国伟，张本仁，袁学诚. 秦岭造山带造山过程和岩石圈三维结构［M］. 北京：科学出版社，1996.

[276] 张汉成，肖荣阁，安国英，等. 熊耳群火山岩系金银多金属矿床热水成矿作用［J］. 中国地质，2003，30（4）：400-405.

[277] 张宏飞，靳兰兰，张利，等. 西秦岭花岗岩类地球化学和Pb-Sr-Nd同位素组成对基底性质及其构造属性的限制［J］. 中国科学：D辑，2005，35（10）：914-926.

[278] 张宏飞，陈岳龙，徐旺春，等. 青海共和盆地周缘印支期花岗岩类的成因及其构造意义［J］. 岩石学报，2006（12）：2910-2922.

[279] 张宏飞，欧阳建平，凌文黎，等. 南秦岭宁陕地区花岗岩类Pb、Sr、Nd同位素组成及其深部地质信息［J］. 岩石矿物学杂志，1997（1）：23-26，28-33.

[280] 张辉，冯明伸，郑存江，等. 难浸金精矿生物预氧化过程中细菌浸出液含金的原因及其控制［J］. 岩矿测试，2000，19（4）：307-310.

[281] 张立中，曹新志. 贵州水银洞金矿床黄铁矿标型特征［J］. 地质找矿论丛，2010，25（2）：101-106.

[282] 张鹏，张寿庭，邹灏，等. 便携式X荧光分析仪在萤石矿勘查中的应用［J］. 物探与化探，2012，36（5）：718-722.

[283] 张旗，王焰，李承东，等. 花岗岩的Sr-Yb分类及其地质意义［J］. 岩石学报，2006，

22（9）：2249-2269.

[284] 张旗，殷先明，殷勇，等．西秦岭与埃达克岩和喜马拉雅型花岗岩有关的金铜成矿及找矿问题［J］．岩石学报，2009，25（12）：3103-3122.

[285] 张乾，潘家永，邵树勋．中国某些金属矿床矿石铅来源的铅同位素诠释［J］．地球化学，2000（3）：231-238.

[286] 张维吉，李永军．北秦岭晚远古—早古生代北裂陷槽的沉积变质作用及其构造演化［J］．1993，15（A1）：1-9.

[287] 张新虎，任丰寿，余超，等．甘肃成矿系列研究及矿产勘查新突破［J］．矿床地质，2015，34（6）：1130-1142.

[288] 张银波．河南西峡金红石矿矿石特征及品位的概率分布［J］．河南地质，1992，10（4）：241-250.

[289] 张运强，李胜荣，陈海燕，等．胶东照岛山金矿黄铁矿成分与热电性标型特征研究［J］．矿物岩石．2010（3）：23-33.

[290] 张作衡．西秦岭地区造山型金矿床成矿作用和成矿过程［D］．北京：中国地质科学院，2002.

[291] 赵亨达．黄铁矿热电性研究及在金矿找矿中的应用［J］．矿物学报，1990，10（3）：278-284.

[292] 赵嘉农，任富根．河南汝阳大摄坪铜矿杏仁组构矿石的特征及其意义［J］．前寒武纪研究进展，2002，25（2）：97-104.

[293] 赵江天，杨逢清．甘肃合作地区早，中三叠世盆地—斜坡沉积环境分析［J］．沉积与特提斯地质，1991（5）：27-34.

[294] 赵利清，邓军，原海涛，等．台上金矿床蚀变带短波红外光谱研究［J］．地质与勘探，2008，44（5）：58-63.

[295] 赵鹏大，胡旺亮，李紫金．矿床统计预测［M］．北京：地质出版社，1983：217-233.

[296] 赵琦．原生晕垂直分带的元素比重指数计算法［J］．物探与化探，1989，18（2）：157-159.

[297] 赵一鸣．金红石矿床的类型、分布及其主要地质特征［J］．矿床地质，2008，27（4）：520-530.

[298] 郑永飞，陈江峰．稳定同位素地球化学［M］．北京：科学出版社，2000：218-247.

[299] 周会武，王伟，张发荣．甘肃夏河—合作地区金矿特征及找矿思路［J］．甘肃地质学报，2003，12（1）：63-69.

[300] 周俊烈，随风春，张世新．甘肃省合作市德乌鲁岩体及外围金多金属成矿区成矿地质特征［J］．地质与勘探，2010，46（5）：779-787.

[301] 周翔，余心起，王德恩，等．皖南东源含 W、Mo 花岗闪长斑岩及成矿年代学研究［J］．现代地质，2011，25（2）：201-210.

[302] 周学武，李胜荣，鲁力，等．辽宁丹东五龙矿区石英脉型金矿床的黄铁矿标型特征研究［J］．现代地质，2005，19（2）：231.

[303] 朱炳泉．地球科学中同位素体系理论与应用—兼论中国大陆壳幔演化［M］．北京：科

学出版社，1998.

[304] 朱奉三. 加强金矿床模式研究与应用的意义和设想 [J]. 地质与勘探，1989，25
　　　（5）：28.

[305] 朱赖民，张国伟，李犇，等. 秦岭造山带重大地质事件、矿床类型和成矿大陆动力学
　　　背景 [J]. 矿物岩石地球化学通报，2008（4）：384-390.

[306] 朱赖民，张国伟，刘家军，等. 西秦岭—松潘构造结中的卡林型—类卡林型金矿床：
　　　成矿构造背景、存在问题和研究趋势 [J]. 矿物学报，2009，29（S1）：201-204.

[307] 朱永峰，安芳. 热液成矿作用地球化学：以金矿为例 [J]. 地学前缘，2010，17（2）：
　　　45-52.

[308] 朱永峰，曾贻善，艾永富. 长英质岩浆中液态不混溶与成矿作用关系的实验研究 [J].
　　　岩石学报，1995，11（1）：1-8.

[309] 朱永峰. 长英质岩浆中不混溶流体的运移机理—兼论成矿作用发生的条件 [J]. 地学
　　　前缘，1994（4）：119-125.

[310] 邹万鹏. NITON 矿石元素分析仪在古鲁韦镍矿上的应用效果 [J]. 吉林地质，2012，31
　　　（2）：91-94.

[311] Alonso-Perez R，Müntener O，Ulmer P. Igneous garnet and amphibole ractionation in the roots
　　　of island arcs：experimental constraints on andesitic liquids [J]. Contributions to Mineralogy
　　　and Petrology，2009，157（4）：541-558.

[312] Ames L，Tilton G R，Zhou G. Timing of collision of the Sino-Korean and Yangtse cratons：
　　　U-Pb zircon dating of coesite-bearing eclogites [J]. Geology，1993，21（4）：339-342.

[313] Anderson J L，Smith D R. The effects of temperature and f_{O_2} on the Al-in-hornblende barometer
　　　[J]. American Mineralogist，1995，80：549-559.

[314] Chaussidon M，Lorand J P. Sulphur isotope composition of orogenic spinellherzolite massifs
　　　Ariege（North-Eastern Pyrenees，France）：An ion microprobe study [J]. Geochimica et
　　　Cosmochimica Acta，1990，54（10）：2835-2846.

[315] Barker J A，Minzies M A，Thirlwall M F，et al. Petrogenesis of quaternary intraplate
　　　volcanism，Sana'a，Yemen：implication and polybaric melt hybridization [J]. Journal of
　　　Petrology，1997，38：1359-1390.

[316] Battaglia S. Applying x-ray geothermometer diffraction to a chlorite [J]. Clays & Clay
　　　Minerals，1999，47（1），54-63.

[317] Bau M，Dulski P. CoMParative study of yttrium and rare-earth element behaviours in
　　　fluorinerich hydrothermal fluids [J]. Contributions to Mineralogy and Petrology，1995，119
　　　（2）：213-223.

[318] Blundy J D，Holland T J B. Calcic amphibole equilibria and a new amphibole-plagioclase
　　　geothermometer [J]. Contributions to mineralogy and petrology，1990，104（2）：208-224.

[319] Bodnar R J. Synthetic fluid inclusions：XⅢ. The system H_2O-NaCl. Experimental determination
　　　of the halite liquidus and isochores for a 40wt% NaCl solution [J]. Geochimica et
　　　Cosmochimica Acta，1994，58（3）：1053-1063.

[320] Boyle R W. The geochemistry of gold and its deposits [J]. Geological Survey of Canada. Bulletin. 1979, 280-584.

[321] Brannon J C, Podosek F A, Mclimans R K. Alleghenian age of the Upper Mississippi Valley zinc-lead deposit determined by Rb-Sr dating of sphalerite [J]. Nature, 1992, 356 (6369): 509-511.

[322] Campbell I H, Griffiths R W. The evolution of mantle's chemical structure [J]. Lithos, 1993, 30: 389-399.

[323] Candela P A, Blevin P L. Do some miarolitic granites preserve evidence of magmatic volatile phase permeability? [J]. Economic Geology, 1995, 90 (8): 2310-2316.

[324] Candela, P. A. Physics of aqueous phase evolution in plutonic environments [J]. American Mineralogist, 1991, 76.

[325] Cathelineau M. Cation Site Occupancy in Chlorites and Illites as a Function of Temperature [J]. Clay Minerals, 1988, 23 (4), 471-485.

[326] Cathelineau M, Nieva D A, Chlorite solid solution geothermometer: The Los Azufres (Mexico) geothermal system [J]. Contributions to Mineralogy & Petrology, 1985, 91 (3): 235-244.

[327] Chang Z S, Hedenquist J W, White N C, et al. Exploration tools for linked porphyry and epithermal deposits: Example from the Mankayan intrusion-centered Cu-Au district, Luzon, Philippines [J]. Economic Geology, 2011, 106: 1365-1398.

[328] Chaussidon M, Lorand J P. Sulphur isotope composition of orogenic spinel lherzolite massifs from Ariege (North-Eastern Pyrenees, France): An ion microprobe study [J]. Geochimica et Cosmochimica Acta, 1990, 54 (10): 2835-2846.

[329] Chi G, Dubé B, Williamson K, et al. Formation of the Campbell-Red Lake gold deposit by H_2O-poor, CO_2-dominated fluids [J]. Mineralium Deposita, 2006, 40 (6-7): 726-741.

[330] Christensen J N, Halliday A N. Rb-Sr ages and Nd isotopic compositions of melt inclusions from the Bishop Tuff and the generation of silicic magma [J]. Earth & Planetary Science Letters, 1996, 144 (3-4): 547-561.

[331] Clark R N, King T V V, Klejwa M, et al. High spectral resolution reflectance spectroscopy of minerals [J]. Journal of Geophysical Research: Solid Earth, 1990, 95 (B8): 12653-12680.

[332] Cloos M. Bubbling magma chambers, cupolas, and porphyry copper deposits [J]. International geology review, 2001, 43 (4), 285-311.

[333] Collins W J, Beams S D, White A J R, et al. Nature and origin of A-type granites with particular reference to southeastern Australia [J]. Contributions to Mineralogy and Petrology, 1982, 80: 189-200.

[334] Crowley J K, Williams D E, Hammarstrom J M, et al. Spectral reflectance properties (0.4–2.5Am) of secondary Fe-oxide, Fe-hydroxide, and Fe-sulphate-hydrate minerals associated with sulphide bearing mine wastes [J]. Geochemistry: Exploration Environment Analysis, 2003, 3: 219-228.

[335] DeCaritat P, Hutcheon I, Walshe J L, Chlorite geothermometry: a review [J]. Clays and Clay Minerals, 1993, 41 (2), 219-239.

[336] Deer W A, Howie R A, Zussman J. An Introduction to the Rock-Forming Minerals, Harlow: Longman Scientific and Technical [M]. United Kindom, 1992.

[337] Defant M J, Drummond M S. Mount St. Helens: Potential example of the partial melting of the subducted lithosphere in a volcanic arc [J]. Geology, 1993, 21 (6): 547-550.

[338] Degeling H S. Zr equilibria in metamorphic rocks [D]. Australian National University, 2003.

[339] Denniss A M, Colman T B, Cooper D C, et al. The combined use of PIMA and VULCAN technology for mineral deposit evaluation at the Parys Mountain mine, Anglesey, UK [C]. International Conference on Applied Geologic Remote Sensing, 13th, Vancouver, BC, Canada, Ann Arbor, Environmental Research Institute of Michigan, Proceedings, 1999: 25-32.

[340] Doe B R, Zartman R E. Plumbotectonics: the Phanerozoic [C]. In Barnes H L. Geochemistry of Hydrothennal Ore Deposits. NewYork: John Wiley and Sons, 1979: 22-70.

[341] Dong Y, Zhang G , Hauzenberger C, et al. Palaeozoic tectonics and evolutionary history of the Qinling orogen: Evidence from geochemistry and geochronology of ophiolite and related volcanic rocks [J]. Lithos, 2011, 122 (1-2): 39-56.

[342] Dong Y, Zhang X, Liu X, et al. Propagation tectonics and multiple accretionary processes of the Qinling Orogen [J]. Journal of Asian Earth Sciences, 2015, 104: 84-98.

[343] Du B, Shen J, Santosh M, et al. Genesis of the Gangcha gold deposit, West Qinling Orogen, China: Constraints from Rb-Sr geochronology, in-situ sulfur isotopes and trace element geochemistry of pyrite [J]. Ore Geology Reviews, 2021, 138: 104350.

[344] Duba D, Williams-Jones A E. The application of illite crystallinity, organic matter reflectance, and isotopic techniques to mineral exploration: A case study in southwestern Gaspe, Québec [J]. Economic Geology, 1983, 78: 1350-1363.

[345] Eide E A, Mcwilliams M O, Liou J G . 40 Ar/ 39 Ar geochronology and exhumation of highpressure to ultrahigh-pressure metamorphic [J]. Geology, 1994, 22 (7): 601-604.

[346] Eugster H P, Wones D R. Stability relations of the ferruginous biotite, annite [J]. Journal of Petrology, 1962, 3 (1): 82-125.

[347] Faure G. Principles of isotope geology [M]. New York: John Wiley and Sons Inc, 1986.

[348] Ferry J M, Watson E B. New thermodynamic models and revised calibrations for the Ti-inzircon and Zr-in-rutile thermometers [J]. Contributions to Mineralogy and Petrology, 2007, 154 (4): 429-437.

[349] Foley S F, Barth M G, Jenner G A. Rutile/melt partition coefficients for trace elements and an assessment of the influence of rutile on the trace element characteristics of subduction zone magmas [J]. Geochimica et cosmochimica acta, 2000, 64 (5): 933-938.

[350] Frey M. Very low-grade metamorphism of clastic sedimentary rocks, in Frey, M., ed., Low

temperature metamorphism: Glasgow [J]. Blackie and Son, 1987, 9-58.

[351] Frietsch R, Perdahl J A. Rare earth elements in apatite and magnetite in Kiruna-type iron ores and some other iron ore types [J]. Ore Geology Reviews, 1995, 9 (6): 489-510.

[352] Gerya T V, Perchuk L L, Triboulet C, et al. Petrology of the Tumanshet zonal metamorphic complex, eastern Sayan [J]. Petrology, 1997, 5 (6): 503-533.

[353] Groves D I, Goldfarb R J, Gebre-Mariam M, et al.. Orogenic gold deposits: A proposed classification in the context of their crustal distribution and relationship to other gold deposit types [J]. Ore Geology Reviews, 1998, 7 (17): 8-27.

[354] Haas J L. The effect of salinity on the maximum thermal gradient of a hydrothermal system at hydrostatic pressure [J]. Economic Geology, 1971, 66 (6): 940-946.

[355] Haggerty S E. Upper mantle mineralogy [J]. Journal of Geodynamics, 1995, 20 (4): 331-364.

[356] Hall D L, Sterner S M, Bodnar R J. Freezing point depression of NaCl-KCl-H_2O solutions [J]. Economic Geology, 1988, 83 (1): 197-202.

[357] Halter W E, Webster J D. The magmatic to hydrothermal transition and its bearing on ore-forming systems [J]. Chemical Geology, 2004, 210 (1-4): 1-6.

[358] Hammarstrom J M, Zen E. Aluminum in hornblende; an empirical igneous geobarometer [J]. American Mineralogist, 1986, 71 (11-12): 1297-1313.

[359] Harris A C, Kamenetsky V S, White N C, et al.. Volatile phase separation in silicic magmas at Bajo de la Alumbrera porphyry Cu-Au deposit, NW Argentina [J]. Resource Geology, 2004, 54 (3): 341-356.

[360] Hedenquist J W, Lowenstern J B. The role of magmas in the formation of hydrothermal ore deposits [J]. Nature, 1994, 370 (6490): 519-527.

[361] Henderson P A. General geochemical properties and abundances of the rare earth elements [J]. Developments in geochemistry, 1984 (2): 1-32.

[362] Hollister L S, Grissom G C, Peters E K, et al. Confirmation of the empirical correlation of Al in hornblende with pressure of solidification of calc-alkaline plutons [J]. American Mineralogist, 1987, 72 (3-4): 231-239.

[363] Hunt G R. Spectral signatures of particulate minerals in the visible and near infrared [J]. Geophysics, 1977, 42 (3): 501-513.

[364] Inoue A, Meunier A, Patrier-Mas P, et al.. Application of chemical geothermometry to low-temperature trioctahedral chlorites [J]. Clays and Clay Minerals, 2009, 57 (3), 371-382.

[365] Jin X Y, Li J W, Hofstra A H, et al. Magmatic-hydrothermal origin of the early Triassic Laodou lode gold deposit in the Xiahe-Hezuo district, West Qinling orogen, China: implications for gold metallogeny [J]. Mineralium Deposita, 2017, 52 (6): 883-902.

[366] Johnson M C, Rutherford M J. Experimental calibration of the aluminum-in-hornblende geobarometer with application to Long Valley caldera (California) volcanic rocks [J]. Geology, 1989, 17 (9): 837-841.

[367] Jowett E C, Fitting iron and magnesium into the hydrothermal chlorite geothermometer [J]. Program Abstr Vol GAC/MAC/SEG Joint Annu Meet, 1991: 27-29.

[368] Kong C S, Shen J, M Santosh, et al. Age and genesis of the Gangcha gold deposit, western Qinling orogen, China [J]. Geological Journal, 2018, 53 (5): 1871-1885.

[369] Kranidiotis P, Maclean W H, Systematics of chlorite alteration at the Phelps Dodge massive sulfide deposit, Matagami, Quebec [J]. Economic Geology, 1987, 82 (7): 1898-1911.

[370] Lackschewitz K S, Devey C W, Stoffers P, et al. Mineralogical, geochemical and isotopic characteristics of hydrothermal alteration processes in the active submarine felsic-hosted Pacmanus field, Manus Basin, Papua New Guinea [J]. Geochimica et Cosmochimica Acta, 2004, 68 (21): 4405-4427.

[371] Lensky N G, Navon O, Lyakhovsky V. Bubble growth during decompression of magma: experimental and theoretical investigation [J]. Journal of Volcanology and Geothermal Research, 2004, 129 (1): 7-22.

[372] Li S, Xiao Y, Liou D, et al. Collision of the North China and Yangtze blocks and formation of coesite-bearing eclogite [J]. Chemical Geology, 1993, 109 (1-4): 89-111.

[373] Li X, Mo X, Huang X, et al. U-Pb zircon geochronology, geochemical and Sr-Nd-Hf isotopic compositions of the Early Indosinian Tongren Pluton in West Qinling: Petrogenesis and geodynamic implications [J]. Journal of Asian Earth Sciences, 2015, 97 (1): 38-50.

[374] Liu J, Liu C, Carranza E, et al. Geological characteristics and ore-forming process of the gold deposits in the western Qinling region, China [J]. Journal of Asian Earth Sciences, 2015, 103: 40-69.

[375] Liu S, Li Q, Tian W, et al. Petrogenesis of Indosinian Granitoids in Middle-Segment of South Qinling Tectonic Belt: Constraints from Sr-Nd Isotopic Systematics [J]. Acta Geological Sinica English Edition, 2011, 85 (3): 610-628.

[376] Liu Y S, Hu Z C, Zong K Q, et al. Reappraisement and refinement of zircon U-Pb isotope and trace element analyses by LA-ICP-MS [J]. Chinese Science Bulletin, 2010, 55 (15): 1535-1546.

[377] Lowell J D, Guilbert J M. Lateral and vertical alteration-mineralization zoning in porphyry ore deposits [J]. Economic Geology, 1970, 65: 373-408.

[378] Lowenstern J B. Dissolved volatile concentrations in an ore-forming magma [J]. Geology, 1994, 22 (10), 893-896.

[379] Ludwig K R. User's manual forIsoplot 3.0: A geochronological toolkit for Microsoft Excel [M]. Berkeley Geochronology Center, 2003: 1-71.

[380] Luo B, Zhang H, Xu W, et al. The Middle TriassicMeiwu Batholith, West Qinling, Central China: Implications for the Evolution of Compositional Diversity in a Composite Batholith [J]. Journal of Petrology, 2015, 56 (6): 1139-1172.

[381] McDonald R, Rogers N W, Fitton J G. Plume lithosphere interactions in the generation of the basalts of the Kenys rift, East Africa [J]. Journal of Petrology, 2001, 42: 877-900.

［382］ Meinhold G. Rutile and its applications in earth sciences ［J］. Earth-Science Reviews, 2010, 102 (1-2): 1-28.

［383］ Meng Q, Zhang G. Geologic framework and tectonic evolution of the Qinling orogen, central China ［J］. Tectonophysics, 2000, 323 (3-4): 183-196.

［384］ Meng Q, Zhang G. Timing of collision of the North and South China blocks: Controversy and reconciliation ［J］. Geology, 1999, 27 (2): 123-126.

［385］ Meyer M, John T, Brandt S, et al. Trace element composition of rutile and the application of Zr-in-rutile thermometry to UHT metamorphism (Epupa Complex, NW Namibia) ［J］. Lithos, 2011, 126 (3): 388-401.

［386］ Mumm A S, Oberthür T, Vetter U, et al. High CO_2 content of fluid inclusions in gold mineralisations in the Ashanti Belt, Ghana: a new category of ore forming fluids? ［J］. Mineralium Deposita, 1998, 33 (3): 320-322.

［387］ Nakai S, Halliday A N, Kesler S E, et al. Rb-sr Dating of sphalerites from Tennessee and the genesis of Mississippi valley type ore-deposits ［J］. Nature, 1990, 346 (6282): 354-357.

［388］ Ohmoto H. Systematics of Sulfur and Carbon Isotopes in Hydrothermal Ore Deposits ［J］. Economic Geology, 1972, 67 (5): 551-578.

［389］ Polat A, Kerrich R. Magnesian andesites, Nb-enriched basalt-andesites and adakites from Late Archean 2. 7 Ga Wawa greenstone belts, Superior Province, Canada: Implications for late Archean subduction zone petrogenetic processes ［J］. Contributions to Mineralogy and Petrology, 2001, 141 (1): 36-52.

［390］ Pontual S, Merry N, Gamson P. Spectral interpretation field manual, G-MEX. Arrowtown, New Zealand, AusSpec International Pty. Ltd ［J］. Unpublished Manual, 1997, 1: 168.

［391］ Potter R, Clynne M A, Brown D L . Freezing point depression of aqueous chloride solutions ［J］. Economic Geology, 1978, 73 (2): 284-285.

［392］ Rapp R P, Shimizu N, Norman M D, et al. Reaction between slab-derived melts and peridotite in the mantle wedge: experimental constraints at 3. 8 GPa ［J］. Chemical Geology, 1999, 160 (4): 335-356.

［393］ Recich M, Kesler S E, Utsunomiya S, et al. Solubility of Gold in Arsenian Pyrite ［J］. Geochimica et Cosmochimica Acta, 2005, 69: 2781-2796.

［394］ Rice C M, Darke K E, Still J W, et al. Tungsten-bearing rutile from the Kori Kollo gold mine, Bolivia ［J］. Mineralogical Magazine, 1998, 62 (3): 421-429.

［395］ Ridolfi F, Renzulli A, Puerini M. Stability and chemical equilibrium of amphibole in calc-alkaline magmas: an overview, new thermobarometric formulations and application to subductionrelated volcanoes ［J］. Contributions to Mineralogy and Petrology, 2010, 160 (1): 45-66.

［396］ Rollison H R. 岩石地球化学 ［M］. 杨学明, 杨晓勇, 陈双喜, 译. 合肥: 中国科学技术大学出版社, 2000.

［397］ Rudnick R L, Fountain D M. Nature and composition of the continental crust: a lower crustal perspective [J]. Reviews of geophysics, 1995, 33 (3): 267-309.

[398] Schmidt M W. Amphibole composition in tonalite as a function of pressure: an experimental calibration of the Al-in-hornblende barometer [J]. Contributions to mineralogy and petrology, 1992, 110 (2-3): 304-310.

[399] Shinohara H, Hedenquist J W. Constraints on magma degassing beneath the Far Southeast porphyry Cu-Au deposit [J]. Philippines. Journal of Petrology, 1997, 38 (12): 1741-1752.

[400] Shinohara H, Kazahaya K, Lowenstern J B. Volatile transport in a convecting magma column: Implications for porphyry Mo mineralization [J]. Geology, 1995, 23 (12): 1091-1094.

[401] Sibson R H. Crustal stress, faulting and fluid flow [J]. Geological Society, London, Special Publications, 1994, 78 (1): 69-84.

[402] Stalder R, Foley S F, Brey G P, et al.. Mineral-aqueous fluid partitioning of trace elements at 900~1200℃ and 3.0~5.7GPa: New experimental data for garnet, clinopyroxene, and rutile, and implications for mantle metasomatism [J]. Geochimica et Cosmochimica Acta, 1998, 62 (10): 1781-1801.

[403] Sui J X, Li J W, Wen G, et al. The Dewulu reduced Au-Cu skarn deposit in the Xiahe-Hezuo district, West Qinling orogen, China: Implications for an intrusion-related gold system [J]. Ore Geology Reviews, 2017, 80: 1230-1244.

[404] Sun S S, McDonough W F. Chemical and isotopic systematics of oceanic basalts: implications for mantle composition and processes [J]. Geological Society, London, Special Publications, 1989, 42 (1): 313-345.

[405] Tatsumi Y. Geochemical modeling of partial melting of subducting sediments and subsequent melt-mantle interaction: Generation of high-Mg andesites in the Setouchi volcanic belt, southwest Japan [J]. Geology, 2001, 29 (4): 323-326.

[406] Thieblemont D, Stein G, Lescuyer J L. Epithermal and porphyry deposits: the adakiteconection [J]. ComptesRendus de l'Academie des Sciences SerieIi Fascicule A-Sciences De La Terre Et Des Planetes, 1997, 325 (103-109).

[407] Thompson A B, Aerts M, Hack A C. Liquid immiscibility in silicate melts and related systems [J]. Reviews in Mineralogy and Geochemistry, 2007, 65 (1): 99-127.

[408] Thyne G, Boudreau B P, Ramm M, et al. Simulation of potassium feldspar dissolution and illitization in the Statfjord Formation, North Sea [J]. AAPG bulletin, 2001, 85 (4): 621-635.

[409] Tomkins H S, Powell R, Ellis D J. The pressure dependence of the zirconium-in-rutile thermometer [J]. Journal of Metamorphic Geology, 2007, 25 (6): 703-713.

[410] Veksler I V. Liquid immiscibility and its role at the magmatic-hydrothermal transition: a summary of experimental studies [J]. Chemical Geology, 2004, 210 (1-4): 7-31.

[411] Walshe J L, A six-component chlorite solid solution model and the conditions of chlorite formation in hydrothermal and geothermal systems [J]. Economic Geology, 1986, 81 (3),

681-703.

[412] Watson E B, Harrison T M. Zircon saturation revisited: temperature and composition effects in a variety of crustal magma types [J]. Earth and Planetary Science Letters, 1983, 64 (2): 295-304.

[413] Watson E B, Wark D A, Thomas J B. Crystallization thermometers for zircon and rutile [J]. Contributions to Mineralogy and Petrology, 2006, 151 (4): 413-433.

[414] White D E. Diverse origins of hydrothermal ore fluids [J]. Economic Geology, 1974, 69 (6): 954-972.

[415] Whitney J A, Stormer J C. The distribution of $NaAlSi_3O_8$ between coexisting microcline and plagioclase and its effect ongeothermometric calculations [J]. American Mineralogist, 1977: 62.

[416] Yang J H, Zhou X H. Rb-Sr, Sm-Nd, and Pb Isotope Systematics of Pyrite: Implications for the Age and Genesis of Lode Gold Deposit [J]. Geology, 2001, 29 (8): 711-714.

[417] Yang K, Browne P R L, Huntington J F, et al. Characterizing the hydrothermal alteration of theBroadlands-Ohaaki geothermal system, New Zealand, using short-wave infrared spectroscopy [J]. Journal of Volcanology and Geothermal Research, 2001, 106: 53-65.

[418] Yang K, Huntinton J F, Browne P R L, et al. An infrared spectral reflectance study of hydrothermal alteration minerals from the TeMihisector of the Wairakei geothermal system, New Zealand [J]. Geothermics, 2000, 29: 377-392.

[419] Ylagan R F, Altaner S P, Pozzuoli A. Reaction mechanisms of smectite illitization associated with hydrothermal alteration from Ponza Island, Italy [J]. Clays and Clay Minerals, 2000, 48 (6): 610-631.

[420] Yu Z, Meng Q. Late Paleozoic sedimentary and tectonic evolution of the Shangdan suture zone, Eastern Qinling, China [J]. Journal of Southeast Asian Earth Sciences, 1995, 11 (3): 237-242.

[421] Zack T, Foley S F, Rivers T. Equilibrium and disequilibrium trace element partitioning in hydrous eclogites (Trescolmen, Central Alps) [J]. Journal of Petrology, 2002, 43 (10): 1947-1974.

[422] Zack T, Moraes R, Kronz A. Temperature dependence of Zr in rutile: empirical calibration of a rutile thermometer [J]. Contributions to Mineralogy and Petrology, 2004, 148 (4): 471-488.

[423] Zack T, Von Eynatten H, Kronz A. Rutile geochemistry and its potential use in quantitative provenance studies [J]. Sedimentary Geology, 2004, 171 (1): 37-58.

[424] Zartman R E, Doe B R. Plumbotectonics-the model [J]. Tectonophysics, 1981, 75 (1): 135-162.

[425] Zeng Q, Mccuaig T C, Tohver E, et al. Episodic Triassic magmatism in the western South Qinling Orogen, central China, and its implications [J]. Geological Journal, 2014, 49 (4-5): 402-423.

[426] Zenk M, Schulz B. Zoned Ca-amphiboles, and related PT evolution in metabasites from the classical Barrovian metamorphic zones in Scotland [J]. Mineralogical Magazine, 2004, 68 (5): 769-786.

[427] Zhang H F, Gao S, Zhang B R, et al. Pb isotopes ofgranitoids suggest Devonian accretion of Yangtze (South China) craton to North China craton [J]. Geology, 1997, 25 (11): 1015-1018.

[428] Zhang L G. Lead isotopic compositions of feldspars and ores and their geologic significance [J]. Chinese Journal of Geochemistry, 1989, 8 (1): 25-36.

[429] Zhang L, Bai R, Li B, et al. Rutile TiO_2 particles exert size and surface coating dependent retention and lesions on the murine brain [J]. Toxicology letters, 2011, 207 (1): 73-81.

[430] Zheng Y F, Gao X Y, Chen R X, et al. Zr-in-rutile thermometry of eclogite in the Dabie orogen: constraints on rutile growth during continental subduction-zone metamorphism [J]. Journal of Asian Earth Sciences, 2011, 40 (2): 427-451.

[431] Zhu L M, Zhang G W, Chen Y J, et al. Zircon U-Pb ages and geochemistry of the Wenquan Mo-bearing granitioids in West Qinling, China: Constraints on the geodynamic setting for the newly discovered Wenquan Mo deposit [J]. Ore Geology Reviews, 2011, 39 (1-2): 46-62.